Wissenschaftliche Veröffentlichungen aus dem Siemens-Konzern

I. Band

Zweites Heft (abgeschlossen am 1. März 1921)

Mit 86 Textfiguren, 1 Bildnis und 1 Tafel

Unter Mitwirkung von

Richard Bauch, Hans Behrend, Heinrich von Buol, Dr. August Ebeling, August von Eicken, Dr. Fritz Evers, Dr. Robert Fellinger, Dr. Adolf Franke, Professor Rob. M. Friese, Professor Dr. Hans Gerdien, Dr. Robert Jaeger, Dr.-Jng. e. h. Carl Köttgen, Martin Lebegott, Professor Dr. Leon Lichtenstein, Fritz Lüschen, Dr. Georg Masing, Dr. Carl Michalke, Dr. Friedrich Natalis, August Rotth, Dr. Walter Schottky, Franz Schrottke, Dr. Ernst Wilke-Dörfurt

herausgegeben von

Professor Dr. Carl Dietrich Harries

Geheimer Regierungsrat

Berlin

Verlag von Julius Springer

1921

ISBN-13:978-3-642-98857-8   e-ISBN-13:978-3-642-99672-6
DOI: 10.1007/978-3-642-99672-6

No.

Inhaltsübersicht.

Anfragen, die den Inhalt dieses Heftes betreffen, sind zu richten an die Zentralstelle für wissen-schaftlich-technische Forschungsarbeiten des Siemens-Konzerns, Siemensstadt bei Berlin, Verwaltungs-gebäude.

August Raps †.

Von

A. Franke.

Die junge Starkstromtechnik stellte in den achtziger Jahren des vorigen Jahrhunderts eine solche Fülle verlockender Aufgaben, daß sie die besten Kräfte an sich zog und die Bearbeitung des älteren Zweiges der Elektrotechnik darunter Schaden litt. Im Hause Siemens & Halske, in dem die selbsterregende Dynamo entstanden war, zeigte sich dieser Übelstand in erheblichem Grade. Selbst dem ebenfalls jungen und aufblühenden Fernsprechwesen wurde nicht die genügende Aufmerksamkeit gewidmet. In der Fabrikation wurden die zur wohlfeilen Massenherstellung auf diesem Gebiete unentbehrlichen Blechbearbeitungsmethoden gering geschätzt gegenüber der gewohnten Präzisionsmechanik, und der Bau größerer Fernsprechzentralen wurde nicht rechtzeitig aufgenommen. Auch die Entwicklung der Meßinstrumente wurde nicht in der früheren erfolgreichen Weise gepflegt. In klarer Erkenntnis dieses Mangels ging Wilhelm von Siemens nach einer Studienreise durch die Vereinigten Staaten an seine Behebung. Er suchte eine Kraft, welche die Neubelebung des Schwachstromgebietes führend in die Hand nehmen sollte, und fand sie in dem Privatdozenten und Assistenten am Physikalischen Institut zu Berlin, Dr. August Raps.

Die glückliche Wahl führte zu den gewünschten Erfolgen. Raps, der im Juli 1893 im Alter von 28 Jahren in die Firma eintrat und 3 Jahre später, nach dem Tode von Hermann Siemens, Direktor der im Berliner Werk verbliebenen Abteilungen für Schwachstrom, Meßinstrumente und Wassermesser wurde, hat 26 Jahre hindurch seine ganze Kraft der gestellten Aufgabe geweiht. In dieser Zeit ist aus der mit etwa 1000 Arbeitern übernommenen, fast ausschließlich für behördliche Aufträge arbeitenden Fabrik das Wernerwerk mit 17 000 Beschäftigten geworden, dessen Entwicklungsarbeit auf seinen vielseitigen Arbeitsgebieten in allen Ländern Anerkennung gefunden hat. Dazu wurde das Werk auf eine breite Grundlage gestellt: durch Befriedigung der Bedürfnisse der Privatkundschaft und Pflege der Auslandsbeziehungen der Abnehmerkreis wesentlich erweitert und überall den neuzeitlichen Forderungen durch neue Konstruktionen und Erfindungen Rechnung getragen. Beim Übergange zur Massenherstellung galt es die bewährte Präzision der Arbeit zu erhalten. Die Ähnlichkeit der Fabrikate hinsichtlich der Herstellungsmethoden erlaubte, dieselben Maschinen für alle vorkommenden Zwecke zu verwenden und dadurch deren größte und regelmäßigste Ausnutzung zu erzielen. Insbesondere wurde hierdurch und durch zusammenfassende Organisation des Ganzen erzielt, daß Fortschritte, die auf einem Gebiete in irgendeiner Hinsicht errungen waren, den anderen ohne weiteres zugute kamen.

Im Fernsprechwesen nahm Raps vor allem alsbald nach seinem Eintritt den Ämterbau in Angriff und entwickelte diesen Zweig nach einigen Jahren mühevoller

Konstruktionsarbeit zu einem der bedeutendsten des Werkes. Später kamen die selbsttätigen Vermittlungsämter hinzu, die bis dahin in Amerika mühselig um Anerkennung rangen und in Europa nur in kleinerem Maße versuchsweise verwendet worden waren. Die Vervollkommnungs- und Einführungsarbeiten des Wernerwerks brachten sie bald zu allgemeiner Geltung. Für die Verbesserungen der Fernsprechleitungen wurde besonders durch die Entwicklung der Pupinschen Erfindung, deren Erwerb Raps 1902 in den Vereinigten Staaten selbst durchführte, gesorgt, in den letzten Jahren kamen Arbeiten an Verstärkerrelais hinzu. Telegraphie und Feuermeldewesen wurden den neueren Anforderungen entsprechend ausgestaltet, elektrische Uhren neu aufgenommen und Signalapparate entwickelt, die in Bergwerken und in der Handelsflotte, in hervorragendem Maße aber in der Kriegsmarine Einführung fanden. Die Entwicklung der elektrischen Meßinstrumente in ihrer ungeheuren Mannigfaltigkeit für technische und wissenschaftliche Zwecke, die Vervollkommnung der Wassermesserkonstruktionen, der Bau elektromedizinischer Apparate, besonders auf dem Röntgengebiete, die Herstellung von Telefunkeneinrichtungen — das alles wurde in gleichem Maße gefördert. Doch fehlt hier der Raum, um die unzähligen Arbeiten im einzelnen auch nur anzudeuten. Auch die dem Werk angegliederte elektrochemische Abteilung der Firma hat eine Reihe wichtiger Arbeiten erfolgreich durchgeführt.

Allen diesen Zweigen hat Raps jederzeit sein volles Interesse zugewendet, überall hat er anregend, aufgabenstellend, fördernd und entscheidend mitgewirkt, nicht nur bei der technischen Entwicklung, in den wissenschaftlichen und technischen Laboratorien und Konstruktionsbureaux, sondern in gleichem Maße auch in Fragen der Fabrikation, der Organisation, der Verwaltung und des Vertriebes. Auf Einzelheiten, die sein besonderes Verdienst waren, komme ich noch zurück. Die Grundbedingung seiner Erfolge war, daß er in hervorragendem Maße die Eigenschaften des Führers besaß.

Raps stammte aus Köln, und das Temperament des Rheinländers war ihm eigen. Mit dem frohen humorvollen Sinn paarte sich in ihm ein strenges Gefühl der Pflicht und Verantwortung. Wohl ein Erbteil seines früh verstorbenen Vaters, eines Malers, war ein gewisser künstlerisch-genialer Zug in seinem Wesen, der ihn mitunter die Dinge aus dem Gefühl heraus erkennen ließ, die er durch Denken noch nicht ergründen konnte. Das Gefühlsleben spielte stets eine starke Rolle bei ihm, er arbeitete immer mit dem ganzen Herzen. Erregungen, nicht nur schmerzliche, sondern auch Freude über besondere Erfolge, konnten ihn im vertrauten Kreise zu Tränen bewegen. Sein Auge strahlte, besonders in seinen jüngeren Jahren, wenn er Gelegenheit hatte, die Arbeiten des Werkes vorzuführen. Eine Dame, die einst einer solchen Vorführung beiwohnte, sagte mir: „Es muß eine Lust sein, einem Manne mit solchem Auge zu folgen."

Bei alledem war aber seine Tätigkeit im Grunde doch vom Verstande beherrscht. Er besaß die gründliche physikalisch-wissenschaftliche Durchbildung Helmholtzscher Schule, die es ihm leicht machte, in alle die vielseitigen Probleme seiner Arbeitsgebiete einzudringen, und eine scharfe Kritik des eigenen Denkens. „Ich weiß, was ich nicht weiß", war eines seiner Lieblingsworte. Daraus folgte eine strenge Sachlichkeit in seinen Betrachtungen und Entscheidungen; persönliche Momente, mochte es sich um seine Person oder andere handeln, mußten in den Hintergrund treten gegenüber der Förderung der Sache.

Ein dritter hervortretender Zug war sein tiefer Sinn für das Praktische, der sich in besonderer Liebe für die Fragen der Herstellung, insbesondere des Apparatebaues äußerte. Schon als Knabe hatte er sich die Pfeife für seinen ersten Rauchversuch selbst gebaut, allerdings mit dem Erfolge, daß er nie wieder rauchte. Später schenkte dem Gymnasiasten seine Mutter eine Drehbank, auf der er sich ein Spektrometer und anderes baute, und die er bis zu seinem Ende liebevoll bewahrte. Erst in der praktischen Vollendung hatte die neue Idee für ihn den wahren Wert, und nie ließ er nach in zäher Ausdauer, bevor nicht durch oft mühselige Arbeit die letzte Feinheit herausgeholt, die letzte Schwäche beseitigt war. Das gleiche verlangte er mit Ernst von seinen Mitarbeitern.

Diesen gegenüber war es sein Hauptbestreben, dem einzelnen soviel Freiheit der Betätigung zu lassen, wie die Rücksicht auf die Zusammenfassung des Ganzen irgend zuließ. Insbesondere in der technischen Entwicklungsarbeit schätzte er den Wert freier Entfaltung der Kräfte hoch und stellte ohne Engherzigkeit die Mittel dafür zur Verfügung. Fühlte sich in dieser Hinsicht ein tüchtiger Mitarbeiter durch bureaukratische Vorschriften oder andere Schwierigkeiten beengt, so machte er ihm den Weg frei mit den Worten: „In diesem Hause soll keiner am Arbeiten gehindert werden." Aber auch auf geschäftlichem Gebiete bevorzugte er selbständige, verantwortungsfreudige Naturen mit starker Initiative. „Antreiben kann ich nicht zehn, zügeln will ich hundert." Die Tüchtigen förderte er nach Kräften, ohne allzuviel Rücksicht auf berufliche Vorbildung und Herkunft, selbst wenn sich mit der Tüchtigkeit unbequeme Eigenschaften paarten. „Lieber will ich mich mit einem herumschlagen müssen, wenn er nur etwas vorwärts bringt." „Wir müssen sie verbrauchen, wie sie geschaffen sind, und können sie nur auf den richtigen Platz stellen."

Bei alledem nahm er es mit dem „Zügeln" durchaus ernst. Innerhalb der gegebenen allgemeinen Richtlinien mußte ein jeder sich halten, und wer gegen den Geist des Ganzen sündigte, fand in ihm seinen Gegner. Personen, die in dem großen Getriebe mehr Reibungen verursachten als sie Nutzen stifteten, oder mehr an das eigene Ich, als an die Förderung der Sache dachten, mußten, wenn sie nicht besserungsfähig waren, weichen. In solchen Fällen ließ er wohl auch einmal seinem Temperament den Lauf und konnte scharf und hart werden. Andererseits befähigte es ihn wieder, mit wenigen Worten zu begeistern und anzufeuern, so daß die höchsten Leistungen erzielt wurden.

So konnte es ihm durch glückliche Wahl, Erziehung und Führung einer großen Zahl hervorragender Mitarbeiter gelingen, Großes zu leisten. Dabei fand er persönlich die Zeit und Kraft, auf fast allen Gebieten technisch mitzuarbeiten durch Anregungen und Vorschläge, deren Wirkungen wir vielfach beobachten können. Er stellte die Anforderungen hoch, oft bis an die Grenze des Erreichbaren und gönnte jedem Mitarbeiter gern die Freude des Erfolges. Einzelne Erfolge beruhen aber so sehr auf seiner persönlichen Tätigkeit, sind so sehr sein eigenstes Verdienst, daß ich sie hier besonders erwähnen muß.

In den ersten Jahren seines Wirkens bei Siemens & Halske war seine Tätigkeit naturgemäß hauptsächlich technischer Einzelarbeit gewidmet. Er nahm sich zunächst die Verbesserung des Regulators des Hughes-Telegraphenapparates vor, der bei seiner damaligen Konstruktion durch heftige Vibration des Apparates störend wirkte. Die Neukonstruktion von Raps ist noch heute in allgemeinem Gebrauch. Dann setzte er den von Weston herausgebrachten Drehspulmeßinstrumenten eine gleichwertige deutsche Konstruktion entgegen. Seine Arbeiten auf dem Gebiete der Elektrizitätszähler fanden einen vorzeitigen Abschluß durch den Übergang dieses Zweiges auf die Siemens-Schuckertwerke bei deren Gründung. Die elektrische Minenzündung durch hintereinandergeschaltete Glühzünder brachte er beim Heere und in Bergwerken zur Einführung durch Ausbildung einer federgetriebenen Dynamo. Seine Übungen als Reserveoffizier der Artillerie gaben ihm Anregung, den Lautfernsprecher zur Verwendung für das artilleristische Schießverfahren auszubilden. Seine bedeutungsvollste, wenn auch in der Öffentlichkeit kaum bekannte Arbeit ist aber die Schaffung der Signaleinrichtungen für die Feuerleitung der Kriegsmarine. Wohl 20 Jahre hat er unausgesetzt an ihrer Vervollkommnung gearbeitet. Der Dank des Kaisers an die Firma nach der Schlacht am Skagerrak war eine wohlverdiente Anerkennung für seine Mühen. Einige Zeilen aus der Feder eines Mannes, der an der Entwicklung dieses Zweiges teilgenommen hat, des Herrn Konteradmiral a. D. Pieper, werden am besten ein Bild dieser Arbeit geben. Er schreibt:

„Die Energie der machtvollsten Batterie ist an sich blind. Sie bedarf, um das Ziel zu finden und zu treffen, einer der Schußentfernung entsprechenden Erhöhung und der Seitenrichtung. Diese in der Seeschlacht in raschestem Tempo wechselnden Elemente werden vom Artilleriekommandostande mit Hilfe elektrischer Geberapparate an die Geschütze übermittelt, nachdem sie teilweise sogar vorher von den Apparaten automatisch berechnet worden sind.

Alle Marinen wetteiferten hierin, die anderen an Schnelligkeit und Präzision zu überbieten. Diese Aufgabe traf in Deutschland das schöpferische Genie des Professor Raps, der mit rascher Auffassung von der hohen Bedeutung der Arbeit überzeugt war.

Seine Lebensarbeit an der deutschen Flotte hatte ihren Ehrentag in der Skagerrak-Schlacht. Alle Feuerleitungsapparate der Artillerie waren aus dem von ihm geleiteten und zur höchsten Blüte gebrachten Wernerwerk hervorgegangen. Sie haben in der Schlacht eine glänzende Feuerprobe bestanden.

Der Wert seiner Arbeit findet seinen präzisesten Beweis in der artilleristischen Leitung der Nachtkämpfe gegen feindliche Schiffe und Torpedoboote. Hier wird eine auf das höchste gesteigerte Schnelligkeit und Präzision der Artillerieleitung verlangt, da es gilt, dem Torpedo zuvorzukommen. Darum seien einige Urteile des englischen Flottenführers am Skagerrak, des Admirals Jellicoe, speziell über die Nachtkämpfe angeführt:

"The enemy at once opened a rapid and accurate fire."
"The enemy again opened fire with great rapidity and accuracy."
"A heavy and accurate fire was opened by the enemy."
"There is no doubt at all that the German organisation for night action was of a remarkably high standard" . . .
"Their method of . . . bringing guns and searchlights rapidly on to any vessel sighted was excellent."

Diese unerwartete Präzision und Schnelligkeit der deutschen Artillerie ist den Engländern als dumpfer Schreck ins Gebein gefahren.

In genialer, gewissenhafter Arbeit waren die erforderlichen Werkzeuge ausgebaut. Mit glühender Begeisterung für die deutsche Flotte hatte Professor Raps persönlich an Bord unermüdlich die Schwierigkeiten des Schießens von bewegtem Schiff gegen bewegte Ziele studiert.

Manche Winternacht hatte er an praktischen Schießversuchen an Bord teilgenommen. Er beherrschte demgemäß die komplizierten Faktoren des Schießens auf See vollkommen.

Seine Genialität löste alle Aufgaben. Er war niemals damit zufrieden, Gutes zu leisten, sondern war stets bestrebt, die letzte Möglichkeit einer Entwicklung zu erschöpfen. Gerade die schwierigsten Aufgaben waren ihm nicht Arbeit, sondern höchste Lebensfreude seiner Meisterschaft. In jeder Phase der technischen Entwicklung steckte seine persönliche theoretische Arbeit. Jedes Instrument erprobte er praktisch persönlich und beherrschte es im Gebrauch.

Sein frisches, herzliches, glückliches Lachen, sobald ein Erfolg klar zutage trat, wird mir unvergeßlich bleiben.

Sein offenes Lachen offenbarte seinen Charakter und seine Seele, sein Vertrauen zum eigenen Können, seinen Optimismus in der Überwindung aller Schwierigkeiten. Sein charaktervoller Kopf trug das leuchtende Auge des Genies. Mit dem Genie paarte sich zäheste Arbeitskraft, so daß er von Erfolg zu Erfolg schreiten und sein Lachen stets glücklich und sieghaft sein konnte. Er war ein großer und feiner Künstler in der Beherrschung der Materie wie in der Behandlung der Menschen. Seine Mitarbeiter waren von ihm so gewählt, daß sie Geist von seinem Geiste waren. Er hatte sich einen mustergültigen Stab von vorzüglich begabten Ingenieuren, vornehmen Menschen, geschaffen, denen er wiederum von ganzem Herzen jeden Erfolg gönnte.

Er versuchte stets zu beweisen und zu überzeugen. Hierin und in seinem menschenfreundlichen Wesen offenbarte sich seine hervorragende Fähigkeit, ein Beamtenkorps und ein Werk von Weltbedeutung zu leiten. Ungehemmt und wohlaufgenommen strömte sein ganzes Wesen auf seine Untergebenen über. Die Spuren seines Geistes zeigten sich bei seinem jüngsten Mitarbeiter. Es war mir allezeit eine hohe Freude und Genuß, mit ihm und seinem Stabe zu arbeiten.

Die technische Konstruktion geht durch die Hände der Arbeiter, Werkführer und Meister. An Präzision der Arbeit wurde das Höchste verlangt und geleistet. Professor Raps' Geist der Pflichttreue und Gewissenhaftigkeit war auf seine Arbeiter übertragen, die zur Elite der deutschen Arbeiterschaft gehörten. Es ist dringend zu hoffen, daß dieser Weltruf bestehen bleibt zur Ehre des deutschen Arbeiters und zum Gedeihen des deutschen Volkes."
Zu Wilhelm von Siemens stand Raps dauernd in einem Verhältnis unbegrenzten Vertrauens. Den Blick immer auf die Fortschritte der Technik richtend, verfolgte jener die Arbeiten des Wernerwerkes mit liebevollem Interesse, nahm verschiedentlich persönlich daran teil. Wurde auch immer wieder ein großer Teil der Überschüsse der technischen Entwicklung geopfert, so daß Jahre hindurch die ausgewiesenen Gewinne nicht die Kapitalsaufwendungen für die fortwährenden Vergrößerungen zu rechtfertigen schienen, so hat doch Wilhelm von Siemens in der Überzeugung, daß die Sache ihren richtigen Weg ging, nie mit seiner vollen Unterstützung zurückgehalten.

An äußeren Ehrungen hat es Raps nicht gefehlt. Er nahm sie gern als Zeichen der Anerkennung der Leistungen des ganzen Werkes und aller seiner Mitarbeiter an.

Raps war nie ein Freund rauschender Geselligkeit. Die Erholung von seiner Arbeit schöpfte er aus der Stille seines Heims, in dem er gern in kleinem Kreise Freunde sah. Die Pflege der Musik war dabei seine besondere Freude, wozu die hervorragende Sangeskunst seiner Gattin viel Anregung und Gelegenheit bot. An seinen beiden Kindern hing er mit der ganzen Zärtlichkeit seines Herzens.

Meine nähere Bekanntschaft mit Raps stammt schon aus der Studienzeit; im Helmholtzschen Laboratorium lagen wir einige Monate hindurch im gleichen Zimmer unseren Arbeiten ob. Als er Direktor des Berliner Werkes wurde, veranlaßte er meinen Eintritt in die Firma; 23 Jahre hindurch habe ich die Freude gehabt, an seiner Seite, zunächst als sein Vertreter, später als sein Kollege an der erfolgreichen Arbeit teilnehmen zu dürfen. Selten wohl gelingt ein so vollständig harmonisches Zusammenarbeiten, wie es zwischen Raps und mir die langen Jahre hindurch stattfand. Obgleich natürlich jeder von uns gewissen Dingen besondere Aufmerksamkeit zuwandte, hatten wir doch nicht eigentlich getrennte Arbeitsgebiete, da jeder den anderen auf dem laufenden hielt und bei dessen Abwesenheit seine Geschäfte führte, und keine wichtige Entscheidung gefällt wurde, ohne daß wir uns gemeinsam zu einem Entschluß durchgerungen hätten, mit dem beide einverstanden waren. Gewiß waren unsere Temperamente und Veranlagungen sehr verschieden, und unsere Anschauungen konnten nicht immer übereinstimmen. Aber in keinem Falle hat uns eine Meinungsverschiedenheit zu persönlichen Verstimmungen geführt, weil zwischen uns kein anderer Wunsch aufkam, als sachlich den besten Weg zu finden.

Ich komme zum Schluß, dem traurigen, viel zu frühzeitigen Abschluß seines Lebens. Schon vor Jahren hatten sich bei ihm unliebsame Erscheinungen an den Nieren und eine Erweiterung des Herzens gezeigt, aber eine gründliche Kur und regelmäßige Erholungen in Neuenahr erhielten ihm seine Frische. Auch die schwere Zeit des Krieges überstand er gut bis auf eine vorübergehende Erkrankung. Der Zusammenbruch aber mit allen seinen schlimmen Begleiterscheinungen, der allgemeine Wirrwarr, die unerfreuliche Haltung eines großen Teils der Angestellten, vor allem die Auslieferung der deutschen Kriegsflotte und damit die Vernichtung seiner liebsten Lebensarbeit — das alles war zuviel für sein Herz, das an allem und jedem so innigen Anteil nahm. Wohl arbeitete er sich zwangsweise immer wieder zu seinem früher so selbstverständlichen Optimismus durch, wohl griff er manche Frage mit Energie an, die ihm für den Wiederaufbau am nötigsten schien — die alte Frische kehrte nicht zurück. Als dann im Oktober 1919 die Nachricht von dem Tode des von ihm so hochverehrten Wilhelm von Siemens kam, erlitt er in der folgenden Nacht einen schweren Zusammenbruch des Herzens.

Nur zweimal habe ich ihn während seiner langen Krankheit wiedersehen dürfen, da die Ärzte Aufregungen durch geschäftliche Unterhaltungen fernzuhalten wünschten, die sich zwischen uns nicht vermeiden ließen. Es waren Tage, an denen es ihm verhältnismäßig gut ging und er nicht so schwer mit der Atemnot zu kämpfen hatte. Während er sich, im Lehnstuhl sitzend, mit mir unterhielt, kam die ganze Elastizität seines Geistes wieder zum Vorschein. Zahlreiche Fragen hatte er sich notiert, die er an mich richten wollte, und Wünsche, die er mir ans Herz legte. In einer kurzen Stunde wurden alle wichtigen Dinge des Werkes, der Firma und der politischen Entwicklung besprochen, und er vermochte ihnen zu folgen wie in guten Tagen. In den letzten Worten, die er an mich richtete, kam wieder sein unzerbrechlicher Optimismus zum Durchbruch: „Das eine sehe ich klar, Franke, wenn einiges stehen bleibt in dem allgemeinen Zusammenbruch, so bleibt die Firma Siemens & Halske bestehen."

In der Nacht vom 19. zum 20. April 1920 erlöste ihn ein sanfter Tod von seinem schweren Leiden.

Die Theorie des Drehstrom-Manteltransformers.

Von **Richard Bauch**.

Mit 44 Textabbildungen.

Mitteilung aus der Abteilung Hochspannung der Siemens-Schuckertwerke G. m. b. H. zu Siemensstadt.

Einleitende Bemerkungen.

Der Manteltransformer für Mehrphasenströme nach DRP 93 254, der 1895 von K u r d a angegeben wurde und eine umfangreiche Anwendung gefunden hat, gehört neben dem Kerntransformer zu den wenigen Formen, die sich dauernd bewährt haben. Er zeigt eine Reihe von Vorzügen, von denen hier nur seine große mechanische Sicherheit gegen Kurzschlußströme genannt sei. Infolge seines magnetischen Aufbaues entstehen nun in diesem Transformer gewisse eigenartige Erscheinungen, die noch nicht untersucht sind, übrigens seinen praktischen Betrieb nicht gestört haben, deren noch unvollkommene Kenntnis aber gelegentlich zu Bedenken Anlaß gegeben hat. Diese zu beheben, ist der wesentliche Zweck der nachfolgenden Arbeit, die schon 1916/17 im Zusammenhange mit anderen Untersuchungen entstand und auch weiteren Fachkreisen Anregung bieten dürfte, weil sie zeigt, wie man verhältnismäßig leicht selbst sehr verwickelte Vorgänge rechnerisch verfolgen kann. Die Ergebnisse der durchgeführten Untersuchung sind am Schlusse übersichtlich zusammengefaßt. Sie zeigen, daß die fraglichen Erscheinungen praktisch geringe oder keine Bedeutung haben, so fesselnd sie auch in akademischer Hinsicht sind.

Das benutzte Rechnungsverfahren ist das der sogenannten Momentangleichung, d. h. die Vorgänge werden in ihrem momentanen Verlauf, und zwar zuerst ohne irgendwelche Annahme einer gegebenen Kurvenform der periodischen Erscheinungen usw. gefaßt. Erst wenn phasenverschobene Schwingungen zahlenmäßig addiert werden müssen, gehe ich zu der üblichen Annahme der Sinusform über. In diesem Fall benutze ich auch, wo die geometrische Berechnungsweise einfacher als die analytische oder trigonometrische ist, das sogenannte graphische Verfahren. Es ist also jede höhere Mathematik vermieden, so daß auch der Praktiker, der nur noch über die Kenntnis der niederen Algebra verfügt, die Arbeit verstehen kann. Da die Arbeit auch für den Konstrukteur verständlich sein soll, mußte ich besonders im Anfang manche rechnerische Breite in der Ableitung der einzelnen Resultate walten lassen, die man in rein theoretischen Arbeiten sonst nicht vorfindet.

Die Einfachheit des mathematischen Ausdruckes erforderte in mancher Beziehung eine Abweichung von der sonst üblichen Schreibweise. Besonders mußte ich die allgemein gebräuchlichen Symbole E und J für Spannungen und Ströme vermeiden weil ich sonst mit zuviel Indizes arbeiten müßte. Aus diesem Grunde werden die Momentanwerte von Spannungen resp. EMKen durch die griechischen Buchstaben a, β, γ ausgedrückt. Die lateinischen Buchstaben A, B, C, D resp. a, b, c bedeuten Momentanwerte von Strömen.

Der Maximalwert einer Schwingung, also die Amplitude der Sinuswelle, wird durch ein ′ hinter dem betreffenden Buchstaben angedeutet. Der Index (₋) bedeutet, daß diese Schwingung gegenüber ihrem ursprünglichen Wert um 90° in der Phase nacheilt.

E_Y resp. $E_\triangle$ bezeichnet die Sternspannung (auch Phasenspannung genannt) resp. die Dreieckspannung (auch verkettete Spannung).

Wird ein Buchstabe, der in der Rechnung den Momentanwert einer Spannung oder eines Stromes bezeichnet, als Index des φ benutzt, dann heißt dies, daß dieser Phasenverschiebungswinkel zu der im Index angegebenen Größe gehört. Dabei wird der Winkel φ stets positiv gezählt, nacheilendes φ wird also ausdrücklich in den Formeln als $-\varphi$ geschrieben.

Um die Rechnungen nicht zu sehr zu komplizieren, sind sie auf konstantes μ bezogen. Dadurch entsprechen die Resultate verschiedentlich nicht dem praktischen Verhalten, weil die Permeabilität im Manteltransformer unter Umständen sehr verschiedene Größen annehmen kann. Ich glaubte aber diese Vereinfachung in den meisten Fällen machen zu können, weil es sich im vorliegenden nicht darum handelt, den Einfluß der Permeabilität zu zeigen, sondern die Wechselwirkung der verschiedenen MMKe auf die Eisenwege möglichst klar hervortreten zu lassen. Würde ich die Änderung der Permeabilität stets berücksichtigt haben, dann würde sie die Resultate verschleiert haben, derart, daß man nicht mehr klar sehen kann, was ist die Folge der Wechselwirkung der MMKe und was ist die Folge der Änderung von μ.

Der Drehstrom-Manteltransformer unterscheidet sich in einer wichtigen Beziehung grundsätzlich vom Drehstrom-Kerntransformator. Bei letzterem bildet das Joch einen magnetischen Knotenpunkt, in dem die Kraftlinien der 3 Schenkel derart zusammentreffen, daß stets die Summe der Fluxe aller 3 Schenkel (abgesehen von der Jochstreuung) gleich Null sein muß. Beim Manteltransformer ist dies anders. Gesetzt den Fall, die eine Außenspule, Fig. 1, wäre allein erregt, dann bieten sich dem Flux beim Verlassen des linken Schenkels 3 Wege[1]): Ein Teil des Fluxes kann sich unmittelbar durch die ersten Querstege und Joch schließen, während ein Teil durch die zweiten Querstege und der dritte erst durch die Schlußstege und alle 3 Joche zum Schenkel zurückfließen kann. Schließt man also die mittlere und die rechte Außenspule kurz und erregt nur die linke Außenspule, dann kann ein Flux bestehen, ohne daß die Summe der Fluxe in allen 3 Spulen gleich Null ist. Demzufolge ist auch die Summe der 3 EMKe nicht gleich Null.

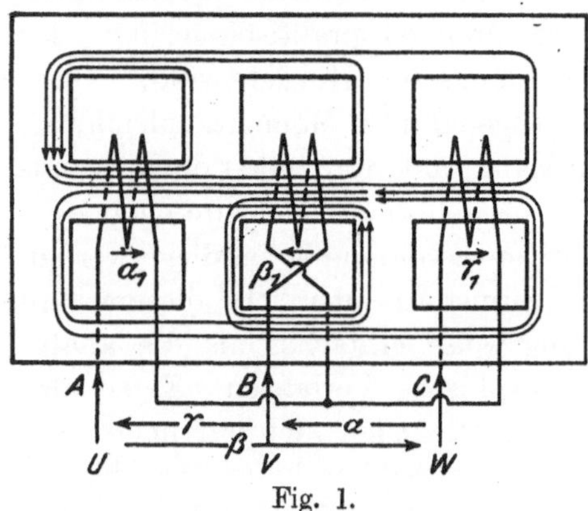

Fig. 1.

Es ist also die (magnetische) Kopplung der 3 Spulen nicht vollkommen.

Andererseits unterscheiden sich aber auch die Verhältnisse von denen, die bei der Sternschaltung von 3 Einphasen-Transformern auftreten. Es teilt sich zwar in beiden Fällen der Strom beim Austritt aus einer Spule, um durch die beiden anderen

---

[1]) In Fig. 1 ist der Kraftlinienweg nur auf je einer Hälfte der Figur angedeutet.

parallel liegenden zu fließen. Es besteht aber noch die magnetisch leitende Verbindung zwischen allen 3 Kernen. Daraus ergeben sich ganz eigenartige Vorgänge, die wir später kennenlernen werden.

Zur Lösung der Aufgabe betrachten wir die Vorgänge in einem unendlich kleinen Zeitintervall, d. h. wir arbeiten mit Momentangleichungen. Dementsprechend bezeichnen die Pfeile in den Figuren nur die Richtung in der der positive Wechsel der betreffenden Schwingung verläuft. Das richtige Vorzeichen, soweit dies vom angenommenen abweicht, ergibt dann das Rechnungsresultat.

Es bedeutet: $\quad \alpha,\ \beta,\ \gamma$ die aufgedrückten Spannungen

$\qquad \alpha_1,\ \beta_1,\ \gamma_1$ die EMKe in den Spulen

$\qquad \Phi_A,\ \Phi_B,\ \Phi_C$ die $\alpha_1,\ \beta_1,\ \gamma_1$ induzierenden Fluxe

$\qquad A,\ B,\ C$ die aufgenommenen Ströme.

I. Y/Y-Schaltung, a) uubelastet.

Wir wissen nur, daß

(1) $$\alpha + \beta + \gamma = 0 \qquad \text{und}$$

(2) $$A + B + C = 0 \qquad \text{ist.}$$

Unter Übertragung der Kirchhoffschen Regeln auf magnetische Vorgänge erhalten wir dann folgende Bedingungsgleichungen zur Bestimmung der 9 Unbekannten, wenn wir die verschiedenen Konstanten gleich 1 setzen.

(3) $$A - 2\,\Phi_A \cdot W - (2\,\Phi_A + \Phi_B)\,w = 0 = A - 2\,\Phi_A(W + w) - \Phi_B \cdot w \ ^1)$$

(4) $$B - 2\,\Phi_B(W + w) - (\Phi_A + \Phi_C)\,w = 0 \ ^1)$$

(5) $$C - 2\,\Phi_C(W + w) - \Phi_B \cdot w = 0 \ ^1)$$

(6) $$\alpha_1 = F(\Phi_A)$$

(7) $$\beta_1 = F(\Phi_B)$$

(8) $$\gamma_1 = F(\Phi_C)$$

(9) $$\alpha + \beta_1 - B \cdot r + C \cdot r - \gamma_1 = 0$$

(10) $$\beta + \gamma_1 - C \cdot r + A \cdot r - \alpha_1 = 0$$

(11) $$\gamma + \alpha_1 - A \cdot r + B \cdot r - \beta_1 = 0.$$

Hierin bedeutet

$\qquad W =$ magnetischer Widerstand der Kernbalken und Jochbalken

$\qquad w =$ magnetischer Widerstand der Querstege

$\qquad r =$ elektrischen Widerstand jeder Spule.

Setzen wir $2\,(W + w) = K\,w$ und vernachlässigen wir vorläufig den ohmischen Spannungsverlust, dann haben wir

(3 a) $$A - K\,w \cdot \Phi_A - w \cdot \Phi_B = 0$$

(4 a) $$B - K\,w \cdot \Phi_B - (\Phi_A + \Phi_C) \cdot w = 0$$

(5 a) $$C - K\,w \cdot \Phi_C - \Phi_B \cdot w = 0$$

(9 a) $$\alpha = \gamma_1 - \beta_1$$

(10 a) $$\beta = \alpha_1 - \gamma_1$$

(11 a) $$\gamma = \beta_1 - \alpha_1$$

$^1)$ In diesen Gleichungen ist der Einfachheit halber w für alle Querstege gleich groß angenommen, was selbst bei gleichen Abmessungen infolge der verschiedenen Dichten nicht ganz zutrifft.

Mittels Determinanten erhalten wir dann aus (3a) bis (5a)

$$(12) \qquad \Phi_A \cdot K\,(K^2 - 2)\,w = A\,(K^2 - 1) - B \cdot K + C$$

$$(13) \qquad \Phi_B \cdot K\,(K^2 - 2)\,w = B \cdot K^2 - (A + C) \cdot K$$

$$(14) \qquad \Phi_C \cdot K\,(K^2 - 2)\,w = C\,(K^2 - 1) - B \cdot K + A$$

Addieren wir zu (12) noch $+ A - A = 0$, dann erhalten wir

$$A\,(K^2 - 2) + (A + C) - B \cdot K = \Phi_A \cdot K\,(K^2 - 2)\,w$$

und unter Einsetzung von (2)

$$(15) \qquad \Phi_A = \frac{A\,(K^2 - 2) - B\,(K + 1)}{K\,(K^2 - 2)\,w}\,.$$

Die gleiche Einsetzung gibt uns

$$(16) \qquad \Phi_B = \frac{B \cdot K\,(K + 1)}{K\,(K^2 - 2)\,w}$$

Analog (15) erhalten wir

$$(17) \qquad \Phi_C = \frac{C\,(K^2 - 2) - B\,(K + 1)}{K\,(K^2 - 2)\,w}\,.$$

Wir sehen aus (15) bis (17), daß sich die beiden Außenspulen ähnlich verhalten und daß die Innenspule stark von ihnen abweicht.

Das Verhalten der Spulen bei Erregung einer einzelnen können wir aus (12) bis (14) ersehen, indem wir 2 Ströme gleich Null setzen. Wir betrachten hierbei einen Transformator, in dem $W = w$ also $k = 4$ ist.

a) Eine Außenspule erregt: $B = C = 0$

$$\Phi_A = 1{,}07\,\frac{A}{K\,w} = 1{,}07 \cdot \Phi_1$$

$$\Phi_B = -\,0{,}286\,\frac{A}{K\,w} = -\,0{,}286 \cdot \Phi_1$$

$$\Phi_C = 0{,}0714\,\frac{A}{K\,w} = 0{,}0714 \cdot \Phi_1,$$

wenn $\Phi_1 = A/K \cdot w$ der Flux eines Einphasen-Manteltransformers gleicher Abmessungen wie Kern, Querstege und Joch sie haben, ist.

b) Die Mittelspule erregt: $A = C = 0$

$$\Phi_A = -\,0{,}286 \cdot \Phi_1$$

$$\Phi_B = +\,1{,}142 \cdot \Phi_1$$

$$\Phi_C = -\,0{,}286 \cdot \Phi_1\,.$$

Der Einfluß ein- und desselben Magnetisierungsstromes ist also sehr verschieden und zwar nicht nur mit Bezug auf die anderen Spulen, sondern auch auf die eigene Spule. Bei dieser Rechnung ist μ für alle Fälle gleich groß angenommen, um die Betrachtungen dieser praktisch belanglosen Fälle nicht zu komplizieren.

Die Betrachtung der Gleichungen (15) bis (17) zeigt uns bereits verschiedene, interessante Eigenheiten des Manteltransformers.

I. Aus dem symmetrisch zu (16) gefügten Bau von (15) und (17) geht hervor, daß A und C unter sich gleiche Kurvenform haben müssen, wobei die eine Welle das Spiegelbild der anderen sein kann, und das bei Abweichung von der Sinusform B andere Gestalt hat als A und C.

II. Bei Sinusform haben A und C anderen Effektivwert als B.

III. Die Phasenverschiebung zwischen A und C ist bei Sinusform anders als zwischen A und B resp. C und B.

IV. Infolge der verschiedenen Kurvenform können die Stromwellen Harmonische dreifacher Ordnung enthalten. Es muß nur sein $A_3 + C_3 = -B_3$.

V. Es können in den Fluxen Harmonische dreifacher Ordnung auftreten infolge der verschiedenen Wege der Einzelfluxe. Doch muß mit Rücksicht auf (9a) bis (11a) die Amplitude dieser Glieder in allen 3 Wellen den gleichen Wert haben, selbst wenn die Grundharmonischen verschiedene Amplituden haben.

VI. Φ_A und Φ_C, infolgedessen auch α_1 und γ_1 haben unter sich gleichen aber von Φ_B resp. β_1 abweichenden Mittelwert.

Das Auftreten von Harmonischen dreifacher Ordnung ist eine Eigenschaft des Manteltransformers[1]) gegenüber dem Kerntransformator, dessen 3 Kraftlinienwege wenigstens theoretisch gleich groß sind und in einem Punkt vereint sind. Infolgedessen können beim Kerntransformer in den EMKen nur so schwache Harmonische dreifacher Ordnung auftreten, als von Joch zu Joch magnetisch gestreut werden können. Im Magnetisierungsstrom des Kerntransformers können theoretisch überhaupt keine Harmonischen dreifacher Ordnung auftreten, weil die 3 Ströme theoretisch gleiche Größe, Kurvenform und Phasenverschiebung haben müssen.

Aus den Folgerungen I bis III und Bedingungsgleichung (2) folgt für Sinuskurven

$$(18) \qquad\qquad B' = 2\,A'\cos\xi,$$

wenn A', B', die Amplituden der Stromwellen A und B und ξ der halbe Phasenverschiebungswinkel zwischen A' und C' ist, Fig. 2.

Wir wollen jetzt A', B' und C' bestimmen. Hierfür nehmen wir je einen theoretischen Flux für die Klemmenspannungen an, also

$$\alpha = F(\Phi_\alpha)$$
$$\beta = F(\Phi_\beta)$$
$$\gamma = F(\Phi_\gamma)$$

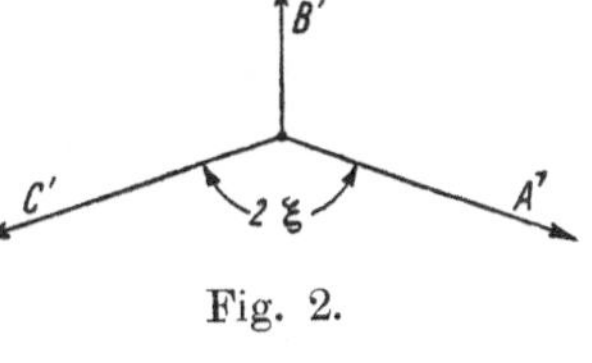

Fig. 2.

Aus (6) bis (7), (9a) bis (11a) und (15) bis (17) erhalten wir dann

$$(19) \qquad \Phi_\alpha = \frac{C(K^2-2) - B(K+1)^2}{K(K^2-2)\,w}$$

$$(20) \qquad \Phi_\beta = \frac{(A-C)(K^2-2)}{K(K^2-2)\,w}$$

$$(21) \qquad \Phi_\gamma = \frac{B(K+1)^2 - A(K^2-2)}{K(K^2-2)\,w}\,.$$

Fig. 3 zeigt das Diagramm dieser Fluxe für gleiche Amplituden aller 3 Dreiecksspannungen.

Danach ist

$$\Phi'_\triangle = (A'+C')\,\frac{K^2-2}{K(K^2-2)\cdot w}\cdot\sin\xi.$$

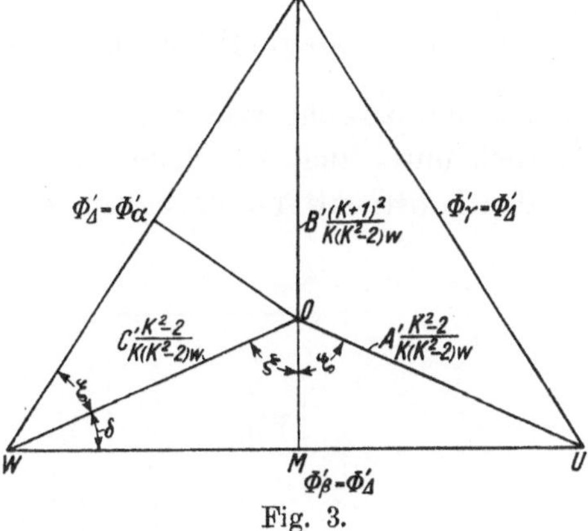

Fig. 3.

---

[1]) Es ist dies kein Nachteil.

Da $A' = C'$ so folgt

$$A' = C' = \Phi'_\triangle \cdot Kw \frac{1}{2\sin\xi} \,.$$

Nun ist

$$\Phi'_\triangle = \sqrt{3} \cdot \Phi'_1 \,.$$

Bezeichnen wir mit i_1 den effektiven Magnetisierungsstrom des entsprechenden Einphasen-Transformers, so daß

$$\sqrt{2} \cdot i_1 = \Phi'_1 \cdot Kw$$

ist, **dann ist**

(22) $$A' = C' = i_1 \cdot \sqrt{2}\, \frac{\sqrt{3}}{2\sin\xi} \,.$$

Aus (18) folgt

$$A' = B' \frac{1}{2\cos\xi} \,.$$

Setzt man A' aus (22) in (18) ein, dann erhält man

(23) $$B' = i_1 \cdot \sqrt{2} \cdot \sqrt{3}\, \mathrm{cotg}\,\xi \,.$$

Wir bestimmen jetzt ξ. In Fig. 3 ist

$$\overline{VM} = \overline{VW} \cdot \cos 30° = \Phi'_\triangle \frac{\sqrt{3}}{2} \,.$$

Außerdem ist

$$\overline{VM} = B' \frac{(K+1)^2}{K(K^2-2)w} + A' \frac{K^2-2}{K(K^2-2)w} \cdot \cos\xi \,.$$

Hierin den aus (18) folgenden Wert eingesetzt, gibt

$$\sqrt{3}\, \frac{i_1 \cdot \sqrt{2}}{Kw} \cdot \frac{\sqrt{3}}{2} = B' \frac{1}{K(K^2-2)w} \cdot \left\{ (K+1)^2 + \frac{1}{2}(K^2-2) \right\}$$

$$= \frac{i_1 \cdot \sqrt{2}}{Kw} \cdot \frac{\sqrt{3}}{2}\, \mathrm{cotg}\,\xi\, \frac{2(K+1)^2 + (K^2-2)}{K^2-2}$$

also

(24) $$\mathrm{tg}\,\xi = \frac{2(K+1)^2 + (K^2-2)}{(K^2-2)\cdot\sqrt{3}} = \frac{K\cdot[3(K+1)+1]}{\sqrt{3}\,(K^2-2)} \,.$$

Wir sehen, daß die Effektivwerte der Magnetisierungsströme $\dfrac{A'}{\sqrt{2}} = \dfrac{C'}{\sqrt{2}} = i_a$ und $\dfrac{B'}{\sqrt{2}} = i_m$ (i_a = Magnetisierungsstrom einer Außenspule, i_m = demselben der Mittelspule) sowohl von dem eines korrespondierenden Einphasen - Transformers als auch unter sich abweichen, und zwar ist diese Abweichung eine Funktion der aus den konstruktiven Verhältnissen folgenden Konstante K. Tabelle I und Fig. 4

Tabelle I.

$\dfrac{W}{w}$	K	$\varphi = 180° - \xi$	$\dfrac{i_m}{i_1}$	$\dfrac{i_a}{i_1}$	$\dfrac{i_a}{i_m}$
0	2	99° 50′	0,3	0,879	2,93
4	1	110° 45′	0,658	0,927	1,41
2	6	114° 5′	0,773	0,944	1,222
3	8	115° 35′	0,831	0,962	1,156
4	10	116° 30′	0,864	0,967	1,120

geben die hierauf bezüglichen Größen abhängig von K. Das darin angegebene Verhältnis $\dfrac{i_a}{i_m}$ ist nach (22) und (23)

$$(25) \qquad \frac{i_a}{i_m} = \frac{1}{2 \cos \xi}.$$

Beim Kerntransformer ist $\xi = 60°$ und $i_a = i_m$. Die Kurve für $\dfrac{i_a}{i_m}$ nähert sich asymptotisch dem Wert 1, so daß ein Manteltransformer für $K = \infty$ dieselben Verhältnisse seiner Magnetisierungsströme aufweist wie ein Kerntransformer. Dies geht auch aus (24) hervor. In der Praxis ist das Verhältnis $\dfrac{i_a}{i_m} = 1$ nie zu ereichen, gleichgültig wie man die magnetischen Abmessungen, u usw. auch wählen mag.

Wichtig ist die Abweichung, die φ durchweg gegen 120° aufweist, d. h. gegen die Verschiebung, die die Sternspannungen des Netzes hat. Daraus ergibt sich, daß selbst bei vollständigem Mangel an Leerverlusten eine Messung mit 3 Wattmetern, deren Stromspulen in je eine Zuführung zum Transformer und deren Spannungsspulen zwischen je eine Stromzuführung und den Netznullpunkt geschaltet wird, nicht überall den Ausschlag Null ergeben kann. Dies trifft nur bei dem Instrument zu, das an die Zuführung zur mittleren Spule V angeschlossen ist, während die mit den beiden Außenspulen U und W verbundenen etwas anzeigen müssen. Und zwar schlägt das eine Wattmeter positiv und das andere negativ aus. Ohne Leerverluste sind beide Ausschläge gleich groß. Die Kernverluste addieren wir zu je einem Drittel zu den aus den Magnetisierungsströmen folgenden[1]). Es wird also das mit der mittleren Spule verbundene Wattmeter $^1/_3$ der gesamten Kernverluste anzeigen. Das zweite Wattmeter zeigt mehr an, das dritte weniger, wobei letzterer Ausschlag positiv oder negativ sein kann.

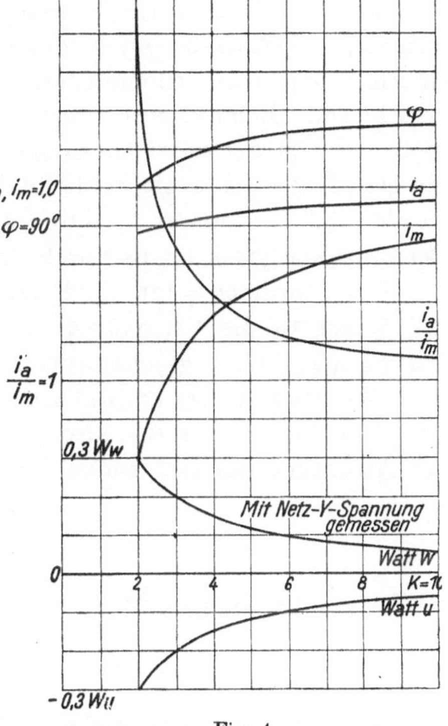

Fig. 4.

Tabelle II zeigt die aus den Werten der Tabelle I berechneten Phasenverschiebungen der 3 Magnetisierungsströme gegen die 3 Sternspannungen des Netzes und die sich aus ihnen und den Leerströmen ergebenden Watt, wobei als Leerstrom der

Tabelle II.

K	Zeitwinkel von						Phasenverschiebung			Watt		
	i_u	i_v	i_w	E_{Yu}	E_{Yv}	E_{Yw}	i_u/E_{Yu}	i_v/E_{Yv}	i_w/E_{Yw}	u	v	w
2	$+ 9°\,50'$	$-90°$	$-189°\,50'$	$+120°$	$0°$	$-120°$	$110°\,10'$	$90°$	$69°\,50'$	$-0{,}303$	0	$+0{,}303$
4	$+20°\,45'$	$-90°$	$-200°\,45'$	$+120°$	$0°$	$-120°$	$99°\,15'$	$90°$	$80°\,45'$	$-0{,}148$	0	$+0{,}148$
6	$+24°\,5'$	$-90°$	$-204°\,5'$	$+120°$	$0°$	$-120°$	$95°\,55'$	$90°$	$84°\,5'$	$-0{,}097$	0	$+0{,}097$
8	$+25°\,35'$	$-90°$	$-205°\,35'$	$+120°$	$0°$	$-120°$	$94°\,25'$	$90°$	$85°\,35'$	$-0{,}074$	0	$+0{,}074$
10	$+26°\,30'$	$-90°$	$-206°\,30'$	$+120°$	$0°$	$-120°$	$93°\,30'$	$90°$	$86°\,30'$	$-0{,}059$	0	$+0{,}059$

[1]) Das gilt nur für den Fall, daß die Verlustwatt sich gleichmäßig auf die drei Spulen verteilen, was nicht genau zutrifft. Für den vorliegenden Zweck ist die Annahme gleichmäßiger Verteilung aber angebracht.

Zahlenwert der fünften Spalte von Tabelle I eingesetzt ist. Fig. 4 zeigt die Kurven der Watt.

Auf eine ähnliche Erscheinung hat Rudolf Goldschmidt[1]) beim Kerntransformator hingewiesen. Auch dort sind die Magnetisierungsströme und die von den einzelnen Spulen aufgenommenen Watt verschieden. Die Ursache ist in beiden Fällen verschieden: Beim Kerntransformer sind die magnetischen Widerstände verschieden groß, der von der mittleren Spule erregte ist kleiner als der von jeder Außenspule erregte. In dem hier betrachteten Fall dagegen sind die magnetischen Widerstände gleich groß angenommen; die Verschiedenheit wird hier durch die verschiedene Beeinflussung jedes Kerns durch die 3 Spulen bedingt.

Wir berechnen jetzt die EMKe in den Spulen. Zu diesem Zweck setzen wir in (15) und (16) die Werte für A' und B' aus (22) und (23) ein, indem wir sinusförmigen Verlauf aller Schwingungen annehmen.

Der Effektivwert der EMK E_{Ym} in der mittleren Spule ist direkt proportional der Amplitude des Fluxes Φ_B, also proportional Φ'_B. Letzterer wieder ist proportional der Amplitude des erregenden Stromes, so daß

$$\Phi'_B = B' \frac{K(K+1)}{Kw(K^2-2)} = \frac{i\sqrt{2}}{Kw} \cdot \sqrt{3} \, \frac{K(K+1)}{K^2-2} \operatorname{cotg} \xi.$$

Hierin den reziproken Wert von (24) eingesetzt, gibt

$$\Phi'_B = \Phi'_1 \frac{3(K+1)}{3K+4}.$$

Da wir die Verhältnisse in einem Drehstromsystem betrachten, müssen wir 3 nach Stern geschaltete Einphasen-Transformer zum Vergleich heranziehen und demzufolge

$$\Phi_1 = \Phi_Y \quad \text{resp.} \quad E_1 = E_Y$$

setzen, wenn Φ_Y der, der Sternspannung E_Y des Netzes entsprechende Flux ist. Also

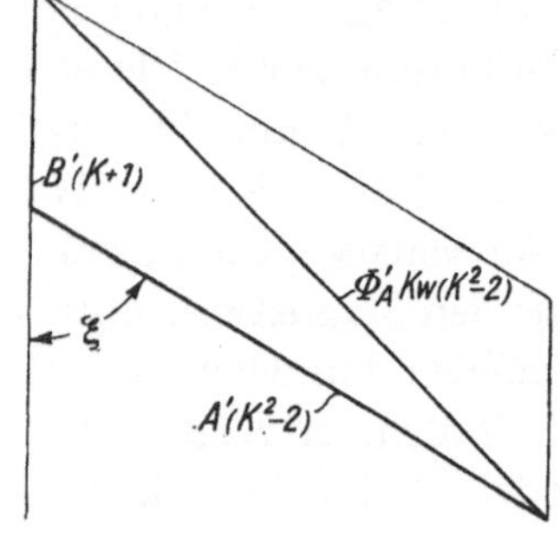

Fig. 5.

$$(26) \qquad E_{Ym} = E_1 \frac{3(K+1)}{3(K+1)+1}.$$

Zur Berechnung von Φ_A resp. der ihm proportionalen EMK in einer Außenspule E_{Ya} dient das Diagramm Fig. 5. Es ist

$$\Phi'_A \cdot Kw \cdot (K^2-2) = \sqrt{A'^2(K^2-2)^2 + B'^2(K+1)^2 + 2A'B'(K^2-2)(K+1)\cos\xi}.$$

Hierin die Werte von (22) und (23) eingesetzt, gibt

$$\Phi'_A \cdot Kw(K^2-2) \cdot 2\sin\xi = i_1 \cdot \sqrt{2} \cdot \sqrt{3} \sqrt{(K^2-2) + (K+1) \cdot 4\cos^2\xi[(K+1)+(K^2-2)]},$$

also

$$(27) \qquad E_{Ya} = E_Y \frac{\sqrt{3}}{2\sin\xi} \sqrt{1 + 4\cos^2\xi[(K+1)+(K^2-2)]\frac{K+1}{(K^2-2)^2}}.$$

Es ist nun noch die Phasenverschiebung zwischen E_{Ym} und E_{Ya} zu bestimmen. Wir setzen zu diesem Zweck

$$B = B'\sin\omega t$$

$$A = A'\sin(\omega t + 180^0 - \xi)$$

———————
¹) ETZ. 1900, S. 991.

in dem Zähler von (15) ein. Dann ist in der Formel

$$M \cdot \sin \delta + N \sin (\delta - \varphi) = (M^2 + N^2 + 2\,M\,N \cos \varphi)^{\frac{1}{2}} \cdot \sin (\delta - \zeta)$$

$$M = B'(K + 1)$$
$$N = A'(K^2 - 2)$$
$$\delta = \omega t + 180^0$$
$$\varphi = \xi$$
$$\zeta = \operatorname{arctg} \frac{N \sin \varphi}{M + N \cos \varphi}$$

also

$$(28) \qquad \zeta = \operatorname{arctg} \left\{ \frac{1}{\sqrt{3}} \left[2 + \frac{K}{K + 2} \right] \right\}.$$

Der Vektor Φ_A' liegt dann im Vektordiagramm um $180° - \zeta$ vor dem Vektor Φ_B'.

Wir haben jetzt die Gleichungen für die EMKe sämtlich abgeleitet. Tabelle III und Fig. 6 zeigt den Einfluß von K auf dieselben.

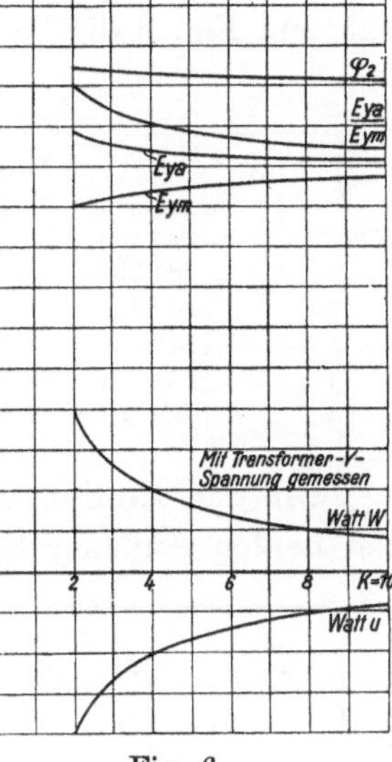

Fig. 6.

Tabelle III.

K	$\varphi_E = 180^0 - \zeta$	$\dfrac{E_{Y\,m}}{E_Y}$	$\dfrac{E_{Y\,a}}{E_Y}$	$\dfrac{E_{Y\,a}}{E_{Y\,m}}$
2	124° 40′	0,900	1,085	1,206
4	123° 0′	0,938	1,038	1,106
6	122° 10′	0,955	1,024	1,072
8	121° 40′	0,965	1,022	1,060
10	121° 20′	0,971	1,013	1,044

Diese Tabelle III und Fig. 6 zeigen nun verschiedenes Interessante: Erstens folgt aus der Verschiedenheit der EMKe, daß der sogenannte Nullpunkt des Transformers selbst dann, wenn seine 3 Klemmen mit Leitern gleicher Kapazität gegen Erde verbunden sind, nicht das Potential Null gegen Erde hat. Für $K = 4$ z. B. weicht $E_{Y\,m}$ vom Erdpotential um $E_Y - E_{Y\,m} = 1 - 0{,}938 \backsim 6\%$ ab. Daraus folgt, daß entweder die an den Transformer angeschlossenen Leiter verschieden große Ladeströme führen, indem sie verschiedenes Potential gegen Erde haben, oder — wenn ihnen durch irgendwelche Verhältnisse gleiches mittleres Potential aufgezwungen wird — daß bei Erdung des Transformer-Nullpunktes ein Ausgleichstrom zwischen ihm und Erde fließt. Letzteres gilt auch für Parallelschaltung von Mantel- und Kerntransformern bei gleichzeitiger Verbindung der Nullpunkte. Außerdem aber zeigen die Tabellen, daß bei der üblichen Ausführung der Transformer mit gleichem Querschnitt für alle 3 Kerne die gemachten Annahmen über die Verhältnisse der magnetischen Widerstände nicht zutreffen. Ehe wir aber den Einfluß betrachten, den die magnetischen Verschiedenheiten zwischen innerem und den beiden äußeren Systemen ausüben, wollen wir unsere Aufmerksamkeit der Phasenverschiebung zuwenden, die die EMKe in den beiden äußeren Spulen gegen die der mittleren Spule aufweisen. Diese Phasenverschiebungen weichen von der theoretischen (120°) ab. Sie weichen aber auch von denen ab, die die Magnetisierungsströme der beiden Außenspulen gegen den der Innenspule besitzen. Da nun der letztere um 90° gegen die EMK der Innenspule voreilen muß, so folgt aus der Verschiedenheit der Phasenverschiebungen, daß auch dann, wenn die Wattmeter das Produkt aus Leerstrom und Sternspannung des Transformers selbst messen, das Wattmeter an einer Außenspule negativ ausschlagen muß, während das an der anderen positiv ausschlägt. Tabelle IV gibt die Zahlen, während Fig. 6 die beiden Kurven gibt.

Tabelle IV.

| K | Phasenverschiebung von | | | $\dfrac{i_a}{i_1}$ | $\dfrac{E_{Ya}}{E_Y}$ | Watt |
	i_a gegen i_m	E_{Ya} gegen E_{Ym}	i_a gegen E_{Ya}			Außenspule
2	99° 50′	124° 40′	90° + 24° 50′	0,879	1,035	+ 0,400
4	110° 45′	123° 0′	90° + 12° 15′	0,927	1,038	+ 0,204
6	114° 5′	122° 10′	90° + 8° 5′	0,944	1,024	+ 0,136
8	115° 35′	121° 40′	90° + 6° 5′	0,962	1,022	+ 0,104
10	116° 30′	121° 20′	90° + 4° 50′	0,967	1,013	+ 0,083

Um den Einfluß magnetischer Unterschiede zwischen dem inneren System und den beiden Außensystemen zu studieren, brauchen wir nur eine Hälfte des Eisengerüstes zu betrachten, nämlich die oberhalb der Mittellinie in Fig. 7 gelegene.

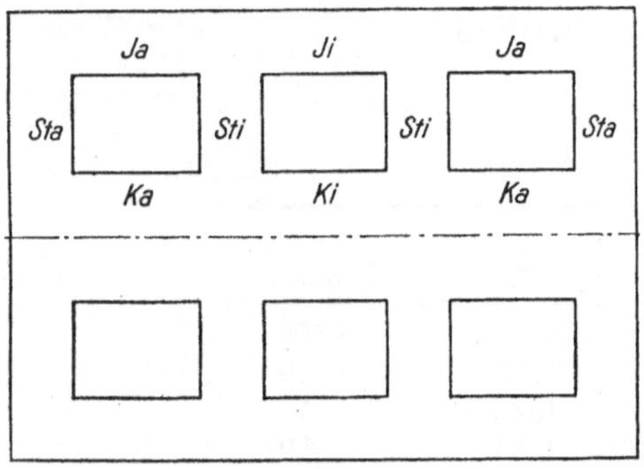

Die korrespondierenden Kernbalken und Jochbalken führen die gleichen magnetischen Flüsse, so daß in ihnen gleiche Dichten und bei gleichen Querschnitten auch gleiche Permeabilitäten vorhanden sind. Es ist also, wenn die Indices auf die Teile der Fig. 7 hinweisen

$$W_{Ki} = W_{Ji}$$
$$W_{Ka} = W_{Ja}.$$

Fig. 7.

Die beiden Außenstege $St\,a$ führen die gleichen Flüsse wie die ihnen benachbarten Balken Ka und Ja, so daß für sie noch die Gleichung gilt

$$2(W + w) = Kw,$$

wenn wir annehmen, daß $w_{Sti} = w_{Sta}$ ist. Das trifft nicht zu. Immerhin ist die Dichte in Sti nicht so sehr von der in Sta verschieden, wie die in Ki von der in Ka. Setzen wir den Widerstand von Ki und von Ji gleich zW gegenüber dem von Ka und Ja, den wir gleich W setzen, dann haben wir annähernd für das innere System den Gesamtwiderstand

$$2(zW + w) = m \cdot w.$$

Für die folgenden Zwecke sind diese Widerstandsgleichungen genau genug.

Die Bedingungsgleichungen (3) bis (5) lauten dann nach Einführung dieser Modifikationen

(3 b)
$$\Phi_A \cdot Kw + \Phi_B \cdot w = A$$

(4 b)
$$\Phi_B \cdot mw + \Phi_A \cdot w + \Phi_C \cdot w = B$$

(5 b)
$$\Phi_C \cdot Kw + \Phi_B \cdot w = C.$$

Hieraus erhalten wir

(15 b)
$$\Phi_A = \frac{A(mK - 2) - B(K + 1)}{Kw(mK - 2)}$$

$$(16\,\text{b}) \qquad \varPhi_B = \frac{B \cdot K\,(K+1)}{K\,w\,(m\,K-2)}$$

$$(17\,\text{b}) \qquad \varPhi_C = \frac{C\,(m\,K-2) - B\,(K+1)}{K\,w\,(m\,K-2)}\,.$$

Für die Magnetisierungsströme gelten auch hier die Gleichungen (22) und (23) unverändert. Wir erhalten dann auf uns bekanntem Wege

$$(26\,\text{b}) \qquad E_{Ym} = E_1\,\frac{3\,(K+1)}{2\,(K+2)+m}$$

$$(27\,\text{b}) \qquad E_{Ya} = E_1\,\frac{\sqrt{3}}{2\sin\xi}\cdot\sqrt{1 + [(K+1)+(m\,K-1)]\,\frac{K+1}{(m\,K-1)^2}\,4\cos^2\xi}$$

worin

$$(24\,\text{b}) \qquad \xi = \operatorname{arctg}\frac{1}{\sqrt{3}}\cdot\frac{K\,[m+2\,(K+2)]}{m\,K-2}\,.$$

Die Phasenverschiebung zwischen den Magnetisierungsströmen ist dann bestimmt durch

$$(28\,\text{b}) \qquad \operatorname{tg}\zeta = \frac{1}{\sqrt{3}}\cdot\left[1 + 2\,\frac{K+1}{m+2}\right]\,.$$

z ist stets kleiner als 1. Wir berechnen nun einen Fall für $z = 0{,}5$ bis $z = 0{,}9$ bei $K = 4$. Die Resultate zeigt Tabelle V und Fig. 8.

Tabelle V.

z	m	$180°-\xi$	$\dfrac{i_a}{i_1}$	$\dfrac{i_m}{i_1}$	$180°-\zeta$	$\dfrac{E_{Ym}}{E_1}$	$\dfrac{E_{Ya}}{E_1}$
0,4	2,8	105°	0,895	0,465	119° 20′	1,014	0,992
0,5	3,0	106°	0,901	0,500	120° 0′	1,000	1,000
0,6	3,2	107° 10′	0,906	0,533	120° 40′	0,987	1,005
0,7	3,4	108° 10′	0,911	0,565	121° 15′	0,975	1,013
0,8	3,6	109°	0,917	0,595	121° 55′	0,962	1,018
0,9	3,8	109° 50′	0,922	0,628	122° 25′	0,950	1,025

Wir können nun diese Tabelle dazu benutzen, um das Verhalten eines Manteltransformers bei verschiedenen primären Spannungen zu studieren. Wie bereits bemerkt, trifft die Annahme gleichen Widerstandes für alle 3 Kerne oder Jochbalken nicht zu, weil den Verschiedenheiten der EMKe in den Spulen auch Verschiedenheiten der magnetischen Dichten und damit auch der Widerstände entsprechen müssen. Da nun μ nicht konstant ist, muß das Verhältnis der Widerstände beim gleichen Verhältnis der EMKe für verschiedene mittlere Dichten variieren. Wenn man also für verschiedene angenommene E_1 die einzelnen nach Tabelle V aus z folgenden Werte E_{Ym} und E_{Ya} entnimmt und die ihnen entsprechenden B_m und B_a berechnet, so folgen aus einer Magnetisierungskurve verschiedene magnetische Widerstände der Schenkel und der Jochbalken W_m und W_a. Daraus ergibt sich wieder für jedes angenommene z ein anderes Verhältnis z'. Nimmt man nun verschiedene

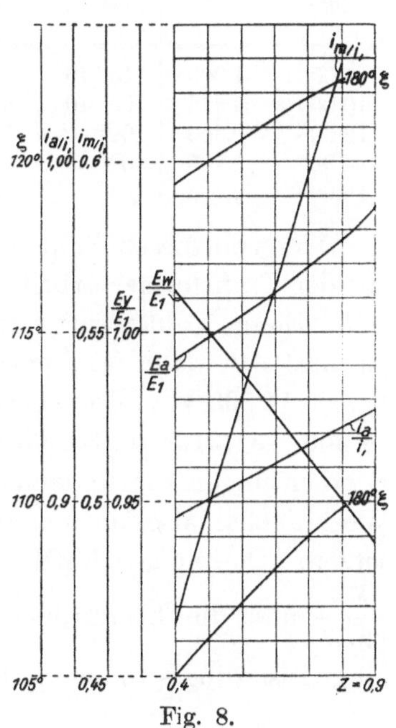

Fig. 8.

                     Richard Bauch.

B_1 an und trägt für die aus Tabelle V folgenden Werte $\dfrac{E_{Ya}}{E_1}$ das Verhältnis z und das Verhältnis z' als Funktion von $\dfrac{E_{Ya}}{E_1}$ in Kurvenform auf, dann werden sich beide Kurven in einem Punkt schneiden. Hierdurch erhalten wir ein B_a, für das wir dann aus Fig. 8 die betreffenden anderen Werte ablesen können. Den Rechnungsgang zeigt Tabelle VI für $B_1 = 14\,000$ Gauß. Aus der dazugehörigen Fig. 9 erhalten wir $z' = 0{,}705 = z$ für $B_a = 14\,175$. Gauß.

Tabelle VI.

$B = 14\,000$ Gauß.

Aus Tabelle V folgend			Aus Magnetkurve folgend		
z	B_a	B_m	W_a	W_m	z'
0,9	14 360	13 280	0,00214	0,00108	0,505
0,8	14 260	13 450	0,00192	0,00118	0,614
0,7	14 180	13 630	0,00188	0,00129	0,705
0,6	14 070	13 800	0,00165	0,00140	0,848

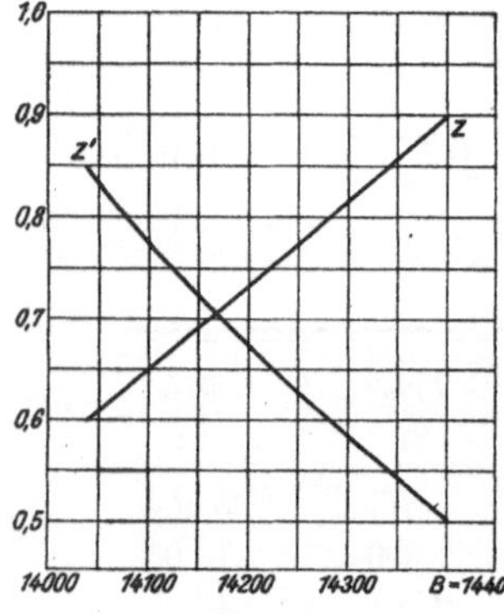

Fig. 9.

Dasselbe Verfahren ist für $B_1 = 5000$, 10 000, 12 000 und 16 000 Gauß angewendet. Die sich für die so gewonnenen z' aus Fig. 8 ergebenden Werte sind in Tabelle VII zusammengestellt. Ganz genau sind diese nicht, da aus der Verschiedenheit von B_m und B_a auch andere Werte für die Dichten in den Querstegen folgen. Die sich hieraus ergebenden Widerstände weichen von den angenommenen ab. Immerhin geben die Zahlen ein gutes Bild von dem Verhalten eines Transformers bei variabler Primärspannung.

Tabelle VII.

B_1	z'	$180° - \xi$	$\dfrac{i_m}{i_1}$	$\dfrac{i_a}{i_1}$	$180° - \zeta$	$\dfrac{E_{Ym}}{E_1}$	$\dfrac{E_{Ya}}{E_1}$	$\dfrac{i_a}{i_m}$	$\dfrac{E_{Ya}}{E_{Ym}}$
5 000	1,000	110° 45′	0,658	0,927	123° 0′	0,938	1,038	1,408	1,106
10 000	0,876	109° 40′	0,622	0,921	122° 15′	0,953	1,025	1,480	1,075
12 000	0,800	109°	0,595	0,917	121° 50′	0,962	1,020	1,541	1,062
14 000	0,705	108° 15′	0,565	0,912	121° 80′	0,974	1,013	1,614	1,041
16 000	0,724	108° 25′	0,572	0,913	121° 25′	0,972	1,015	1,596	1,044

Um von diesen Zahlen auf praktische Betriebswerte überzugehen, nehmen wir an, der Transformer arbeite normal mit $B_1 = 14\,000$ Gauß. Dem entsprechen 22,3 AW. Diesen Zahlenwert setzen wir gleich $10\,i_1$. Der Leerstrom mache 7% des Nennstromes aus, dann ist letzterer gleich 31,8 Amp. Die normale Primärspannung sei $E_\triangle = 14\,000$ V. Die Leerlaufverluste seien gleich 1% der Nennlast, also $14\,000 \cdot \sqrt{3} \cdot 31{,}8 \cdot 0{,}01/1000 = 7{,}73$ kW oder pro Phase 2,58 kW. Für das unseren Betrachtungen zugrunde gelegte Eisen Fig. 10 werden 2,55 Watt pro kg angegeben. Wir brauchen also nur den aus der Kurve abzugreifenden Wert in die Rechnung einzusetzen. Die Spulen-EMKe erhalten wir dann durch Multiplikation von B_1 mit $\dfrac{E_Y}{\sqrt{3} \cdot E_1}$ und die Leerströme durch Multiplikation des aus der Kurve abgelesenen Magnetisierungsstromes mit $\dfrac{i_a}{i_1}$ resp. mit $\dfrac{i_m}{i_1}$. Es bezeichnet φ in Tabelle VIII den Phasenverschiebungswinkel zwischen dem Magnetisierungsstrom einer Außenspule und der zugehörigen Sternspannung des Netzes, und zwar φ_u für die eine Außenphase, φ_w für die andere, Fig. 11.

Tabelle VIII.

E_Δ	i_1	i_a	i_m	E_1	E_{Ya}	E_{Ym}	φ_u	φ_w
5 000	0,148	0,137	0,097	2890	3000	2710	— 99° 15′	— 80° 45′
10 000	0,538	0,496	0,335	5780	5930	5510	— 100° 20′	— 79° 40′
12 000	0,984	0,902	0,585	6910	7050	6640	— 101° 0′	— 79° 0′
14 000	2,230	2,03	1,26	8070	8170	7860	— 101° 45′	— 78° 15′
16 000	4,970	4,53	2,84	9220	9370	8970	— 101° 35′	— 78° 25′

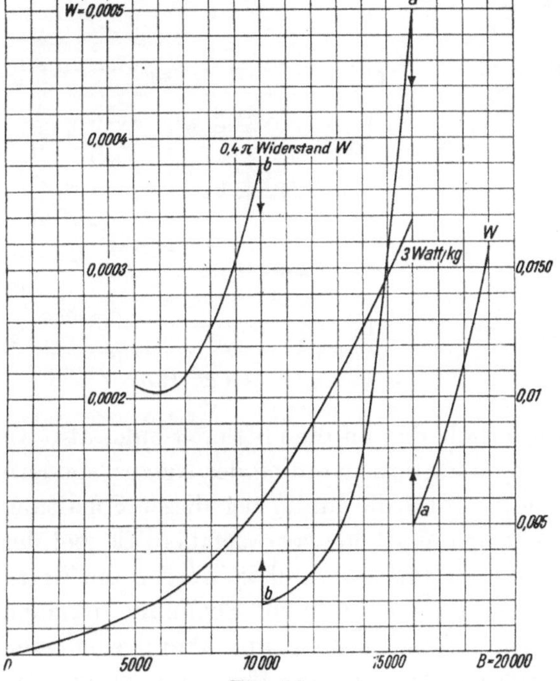

Fig. 10.

Wir berechnen jetzt wieder die Watt, die nach der Dreiwattmeter-Methode gemessen würden. Zu diesem Zweck bilden wir zuerst die Watt aus E_1 und i_a mit $\cos \varphi_u$ resp. $\cos \varphi_w$ und addieren dann dazu die Watt, die den Kernverlusten entsprechen. Für die mittlere Spule ist letzterer Wert allein

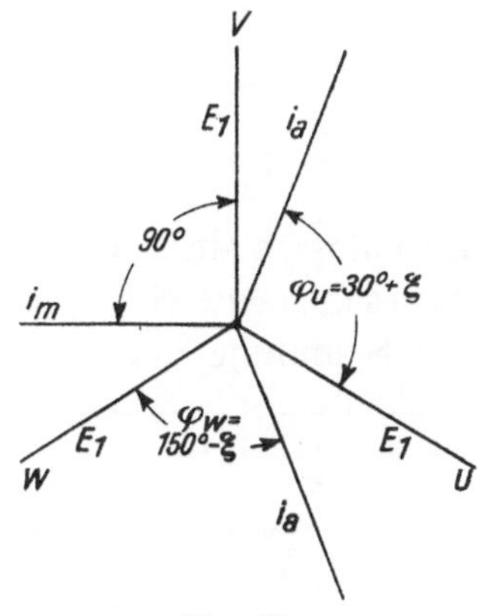

Fig. 11.

die Angabe des Wattmeters. Die betreffenden Zahlen ergibt Tabelle IX und Fig. 12a.

Tabelle IX.

E_Δ	$i_a \cdot E_1 \cdot \cos \varphi_u$	$i_a \cdot E_1 \cdot \cos \varphi_w$	Kernverluste pro Kern	Summe der kW			Summe aller kW
				u	v	w	
5 000	— 62,6	+ 62,6	+ 320	+ 0,257	+ 0,32	+ 0,383	0,96
10 000	— 507	+ 507	+ 1180	+ 0,673	+ 1,18	+ 1,687	3,54
12 000	— 1190	+ 1190	+ 1810	+ 0,620	+ 1,81	+ 3,000	5,43
14 000	— 3335	+ 3335	+ 2550	— 0,785	+ 2,55	+ 5,885	7,65
16 000	— 8570	+ 8570	+ 3370	— 5,200	+ 3,37	+ 11,940	10,11

Zum Vergleich mit den tatsächlichen Werten sind in Fig. 12b die Resultate der Messungen an einem 800 KVA-Transformer für 5750 V wieder gegeben.

Die einzelnen Größen werden bei 3000, 4500 und 6000 Volt gemessen. Sie sind in den Figuren durch gerade Linien verbunden. Die Untersuchungen wurden im Kriege mit Montageinstrumenten ausgeführt, worauf die Abweichung von $\frac{i_a}{i_m}$ bei 3000 Volt zurückzuführen ist. Abgesehen hiervon ist die Übereinstimmung zwischen Theorie und Meßergebnissen sehr gut.

In gleicher Weise sind in Tabelle X und Fig. 13 die Werte wiedergegeben, wenn die Spannungsspulen an den Nullpunkt des zu untersuchenden Transformers

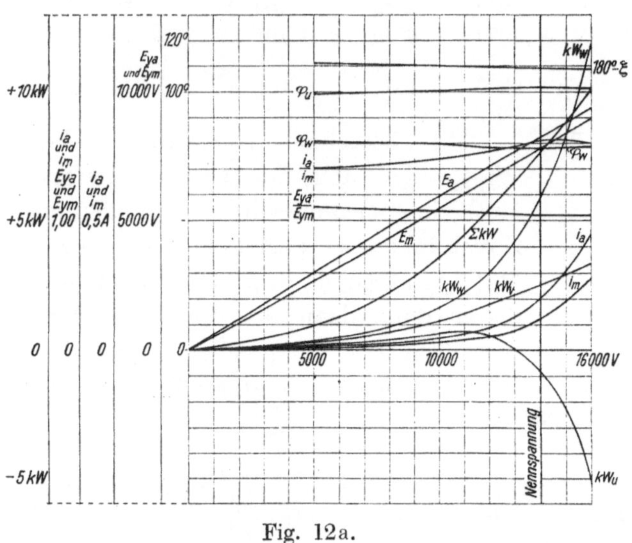

Fig. 12a.   Fig. 12b.

selber angeschlossen sind. In diesem Falle erhält das an die mittlere Spule, also an Phase V angeschlossene Wattmeter nicht die volle Sternspannung des Netzes, sondern die kleinere Spannung der mittleren Spule, so daß die an V bei dieser Schaltung gemessenen Watt kleiner ausfallen als bei der vorigen. In Phase U und W werden die Kernverluste mit einer zu hohen Spannung, nämlich E_a statt E_1 gemessen, die aber gegen den Wattstrom verschoben ist, und zwar um $180^\circ - \zeta - 120^\circ = 60^\circ - \zeta$. Es muß also der auf eine Außenspule entfallende Kernverlust mit

$$\frac{E_{Ya}}{E_1} \cdot \cos(60^\circ - \zeta)$$

multipliziert werden. Die Summe aller 3 Wattmeter-Angaben weicht bei letzterer Schaltung von der bei ersterer ab. Diese Abweichung ist der Fehler, mit dem man bei letzterer Schaltung mißt. Wenn er auch nur klein bei normalen Verhältnissen ist, so zeigt er doch, daß man sich auf diese Ablesungen nicht verlassen darf. Diese Schaltung hat also nicht nur gar keinen Wert, sondern ist direkt irreführend in ihren Resultaten. Die Dreiwattmeter-Methode mit künstlichem Nullpunkt hat vor der Aronschen Zweiwattmeter-Methode nur den scheinbaren Vorzug, daß sie die Berech-

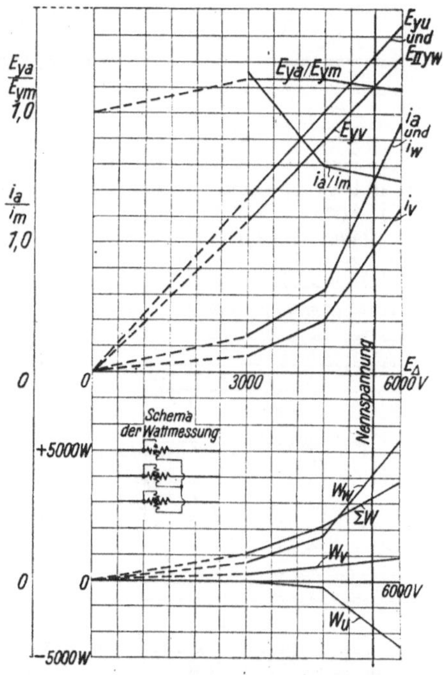

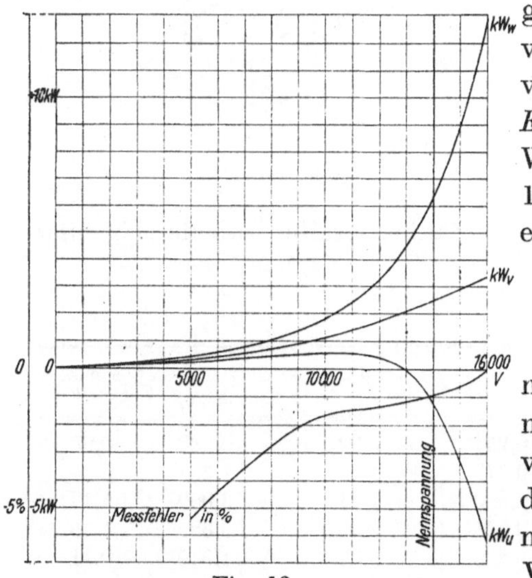

Fig. 13.

nung des Phasenwinkels der Leerströme zu gestatten scheint. Aber auch dies ist trügerisch; denn die Leerströme führen andere Harmonische höherer Ordnung als die Sternspannung des Netzes, so daß der aus E_1, i_a und den Watt berechnete „Leistungsfaktor" nicht gleich $\cos(\xi - \zeta)$ ist[1]. Es sei hier noch besonders hervorgehoben, was aus Tabelle IX und X ersichtlich, daß es mit der Dreiwattmetermethode nicht möglich ist, die Kernverluste der 3 magnetischen Kreise eines Mantel-Transformers einzeln zu messen.

Tabelle X.

E_Δ	Wattmeter-Angaben			Summe der Angaben kW	Wahre Kernverluste	Meßfehler	
	u	v	w			kW	$^0/_0$
5 000	+ 0,232	+ 0,300	+ 0,406	0,908	0,960	— 0,052	— 5,42
10 000	+ 0,546	+ 1,124	+ 1,812	3,482	3,540	— 0,058	— 1,64
12 000	+ 0,396	+ 1,740	+ 3,220	5,356	5,430	— 0,074	— 1,36
14 000	— 1,210	+ 2,480	+ 6,310	7,580	7,650	— 0,070	— 0,915
16 000	— 6,190	+ 3,365	+ 12,930	10,105	10,110	— 0,005	— 0,049

Y/Y-Schaltung, b) belastet.

Nachdem wir die Vorgänge im leerlaufenden Manteltransformer eingehend betrachtet haben, wollen wir uns dem belasteten zuwenden. Und zwar wollen wir zuerst den Fall der einspuligen Last untersuchen, d. h. den Fall, in dem nur eine Spule eine Last mit elektrischer Energie zu speisen hat. Dieser Fall tritt bei Y/Y-Schaltung und sekundärem Vierleitersystem ein. Hierfür wird aber der Manteltransformer in Y/Y-Schaltung nicht in der Praxis benutzt, weil seine 3 EMKe nicht gleich groß sind. Einspulige Last kann aber auch bei einem Defekt der Wicklung auftreten. Der Vorgang hierbei ist bei allen Transformern fast stets so, daß durch eine Überspannung ein Teil der Windungen einer Spule durch einen Überschlagsfunken geschlossen wird. Dieser Schluß

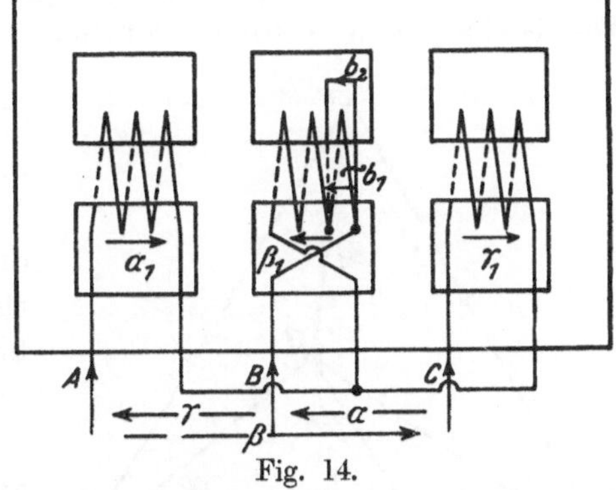

Fig. 14.

erhält dann seine Energie vor allem von der defekten Spule selber. Offenbar äußert sich aber eine solche Last, wie aus (15) bis (17) hervorgeht, verschieden, je nachdem, ob sie auf einem Außenschenkel oder auf dem Mittelschenkel auftritt.

Untersuchen wir zuerst die Vorgänge bei primärem Defekt der Mittelspule. Die benutzten Symbole zeigt Fig. 14. Die Bedingungsgleichungen sind (29) bis (39) für den der Praxis nahekommenden Fall, daß $K = 4$ ist. Die Einführung des allgemeinen K würde die an sich schon reichlich komplizierten Formeln nur vollständig unhandlich machen. Aus dem gleichen Grunde ist auch $z = 1$ zugrunde gelegt. Bei derartiger Last tritt nun eine Streuung zwischen dem durch den Defekt geschlossenen Teil und dem übrigen Teil der Spule auf, ähnlich der Streuung zwischen Primär- und Sekundärspule. Sie ist aber von geringem Einfluß, da — wie wir sehen werden — andere Verhältnisse weit stärker wirken. Diese Streuung kann also, als unbedeutend, vernachlässigt werden.

---

[1] Vgl. hierüber den Abschnitt „Imparitätsfaktor" meiner Arbeit über das Hitzdrahtwattmeter. ETZ. 1903, S. 532.

Bereits in den Bedingungsgleichungen ist der Umweg über die Fluxe Φ_A, Φ_B, Φ_C übersprungen und statt dessen L_b eingeführt.

Es bedeutet:

$x =$ defekte Windungszahl in Bruchteilen der gesamten Windungszahl einer Spule.

$y = 1 - x.$

$$(29) \qquad \alpha + \beta + \gamma = 0$$

$$(30) \qquad A + B + C = 0$$

$$(31) \qquad \alpha - Bry - b_1 rx + \beta_1 - \gamma_1 + Cr = 0$$

$$(32) \qquad \beta - Cr + \gamma_1 - \alpha_1 + Ar = 0$$

$$(33) \qquad \gamma - Ar + \alpha_1 - \beta_1 + Bry + b_1 rx = 0$$

$$(34) \qquad \alpha_1 = \tfrac{1}{14} L_b \left\{ 15\, A_{(-)} - 4\,[B_{(-)} \cdot y + b_{1(-)} \cdot x] + C_{(-)} \right\}$$

$$(35) \qquad \beta_1 = \tfrac{1}{14} L_b \left\{ 16\,[B_{(-)} \cdot y + b_{1(-)} \cdot x] - 4\,[A_{(-)} + C_{(-)}] \right\}$$

$$(36) \qquad \gamma_1 = \tfrac{1}{14} L_b \left\{ A_{(-)} - 4\,[B_{(-)} \cdot y + b_{1(-)} \cdot x] + 15\,C_{(-)} \right\}$$

$$(37) \qquad \beta_1 \cdot x - b_1 xr + b_2 f = 0$$

$$(38) \qquad B - b_1 - b_2 = 0$$

Man kann mit diesen Bedingungsgleichungen sämtliche Größen berechnen. Die Gleichungen werden aber derart kompliziert, daß sie von der zahlenmäßigen Auswertung abschrecken. Da wir außerdem für die Auswertung doch auf Sinuskurven übergehen müssen, so nehmen wir außer einer anderen Vernachlässigung schon jetzt die vor, daß wir nur die Grundharmonische betrachten. Das rechnerische Verfahren ist auch fernerhin das bisher benutzte, nämlich die Momentangleichung mit gelegentlicher Zuhilfenahme des Diagrammes.

Fig. 15 zeigt im $\triangle UVW$ das Dreieck der aufgedrückten Spannungen. Die Strahlen UO, VO und WO sind die Sternspannungen bei Defekt ohne Nutzlast. Wir können die Spannungsverluste — wie wir am Zahlenbeispiel sehen werden — vernachlässigen, ohne einen unzulässigen Fehler zu begehen. Angenommen ist eine beliebige Lage des Nullpunktes im Dreieck. Wir bilden jetzt die Summe $\alpha_1 + \beta_1 + \gamma_1$, indem wir an die Resultante $O_N V'$ von OU und OW den

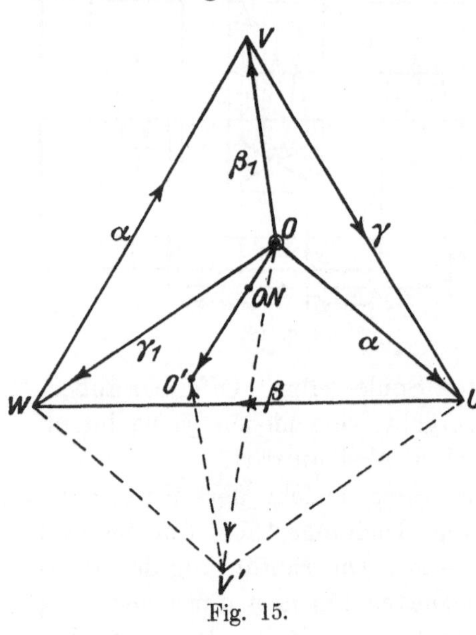

Fig. 15.

dritten Strahl $OV = O' \cdot V$ antragen. Dann ist OO' dreimal so groß als die Nullpunktsabweichung $O_N O$. Nennen wir diese σ, dann ist

$$(39) \qquad - 3\sigma = \alpha_1 + \beta_1 + \gamma_1.$$

σ ist hier negatives Vorzeichen gegeben, um es im gleichen Sinne wie β_1 usw. zu zählen. Aus (31) und (33) erhält man bei Vernachlässigung der Spannungsverluste

$$\alpha - \gamma = - 2\beta_1 + (\alpha_1 + \gamma_1).$$

Setzen wir hierin für $(\alpha_1 + \gamma_1)$ den aus (39) folgenden Wert ein, dann erhalten wir

$$(40) \qquad \frac{\alpha - \gamma}{3} = - (\beta_1 + \sigma) \, .$$

Hierin können wir β_1 durch (37) und (38) und σ durch (39) und (34) bis (36) ausdrücken. Wir erhalten dann für

$$(41) \qquad \beta_1 = b_1 \frac{f + x \cdot r}{x} - B \frac{f}{x}$$

und unter Benutzung von (30)

$$(42) \qquad \sigma = \tfrac{2}{21} L_b \left\{ B_{(-)} \cdot [1 + 2\,x] - 2\,x \cdot b_{1(-)} \right\} .$$

Beide Gleichungen zeigen die EMKe als Funktionen der beiden Ströme B und b'. Um die Abhängigkeit des Stromes B vom Defektstrom b' zu bestimmen, setzen wir die rechten Seiten von (35) und (41) einander gleich, nachdem wir erstere Gleichung unter Benutzung von (30) zu

$$(35\,\mathrm{a}) \qquad \beta_1 = \tfrac{2}{7} L_b \left\{ [5 - 4\,x] \cdot B_{(-)} + 4\,x\,b_{1(-)} \right\}$$

umgeformt haben. Wir erhalten dann

$$(43) \qquad b_1 \frac{f + x \cdot r}{x} - \frac{8}{7}\,x \cdot L_b \cdot b_{1(-)} = \frac{8}{7} [5 - 4\,x] L_b \cdot B_{(-)} + B \frac{f}{x} \, .$$

Eine zahlenmäßige Untersuchung dieser Gleichung zeigt, daß wir $B \dfrac{f}{x}$ vernachlässigen können.[1]

Wir erhalten dann

$$(44) \qquad B_{(-)} = \frac{1}{5 - 4\,x} \left\{ \frac{7}{2} \cdot \frac{f + x \cdot r}{x \cdot L_b} \cdot b_1 - 4\,x\,b_{1(-)} \right\} .$$

Diesen vereinfachten Ausdruck von $B_{(-)}$ setzen wir in (41) und (42) ein und erhalten dann nach (40)

$$(45) \qquad \frac{\alpha - \gamma}{3} = - \left\{ \frac{f + xr}{x}\,b_1 + \frac{1}{3[5 - 4\,x]} \cdot \left[(1 + 2\,x) \frac{f + xr}{x}\,b_1 - 4\,x\,L_b \cdot b_{1(-)} \right] \right\} .$$

Hierin entspricht der erste Summand $\dfrac{f + xr}{x}\,b_1$ der Gegen-EMK β_1 und der zweite, komplizierte der Nullpunktsabweichung σ.

Wir können mit dieser Gleichung das Spannungsdiagramm konstruieren, und führen zu diesem Zweck Sinusschwingungen ein. Wir setzen

$$\alpha = \sqrt{3}E_1' \cdot \sin(wt + 30°)$$
$$\beta = \sqrt{3}E_1' \cdot \sin(wt - 90°)$$
$$\gamma = \sqrt{3}E_1' \cdot \sin(wt - 210°)$$

und

$$b_1 = J' \cdot k \sin(wt - \varphi_b) \, .$$

---

[1] Für $x = 0{,}01$, $r = 0{,}006$, $L = 16$ erhalten wir bei $f = 0{,}01$ $\dfrac{f}{x} = 1$ und bei $f = 0$ $\dfrac{f}{x} = 0$ gegen $\dfrac{2}{7} [5 - 4\,x] L_b = 23{,}65$. Da die uns interessierenden Fälle alle bei $f \leqq 0{,}01$ liegen, ist der Fehler nur von der Größenordnung von $^{00}/_0$. Die angenommenen Verhältnisse entsprechen ungefähr einem Manteltransformator von 500—1000 kVA Leistung.

Hierin ist J der Nennstrom des Transformers und k das Verhältnis des effektiven Defektstromes zum Nennstrom. Da

$$\frac{\alpha - \gamma}{3} = E_1' \cdot \sin wt$$

ist, folgt

$$(45a)\ E_1' \sin wt = -\left\{ \frac{f + xr}{x} \sin(wt - \varphi_b) + \frac{1}{3[5 - 4x]} \left[(1 + 2x)\frac{f + xr}{x} \sin(wt - \varphi_b) + 4xL_b \cdot \sin(wt - \varphi_b + 90°) \right] \right\} \cdot J'k \ .$$

Fig. 16 zeigt das — aus den $\frac{1}{3}(\alpha - \gamma)$, β_1 und σ entsprechenden Strahlen gebildete — Diagramm. Fig. 17 zeigt dann die Umformung desselben für die Rechnung. Da $b_{1(-)}$

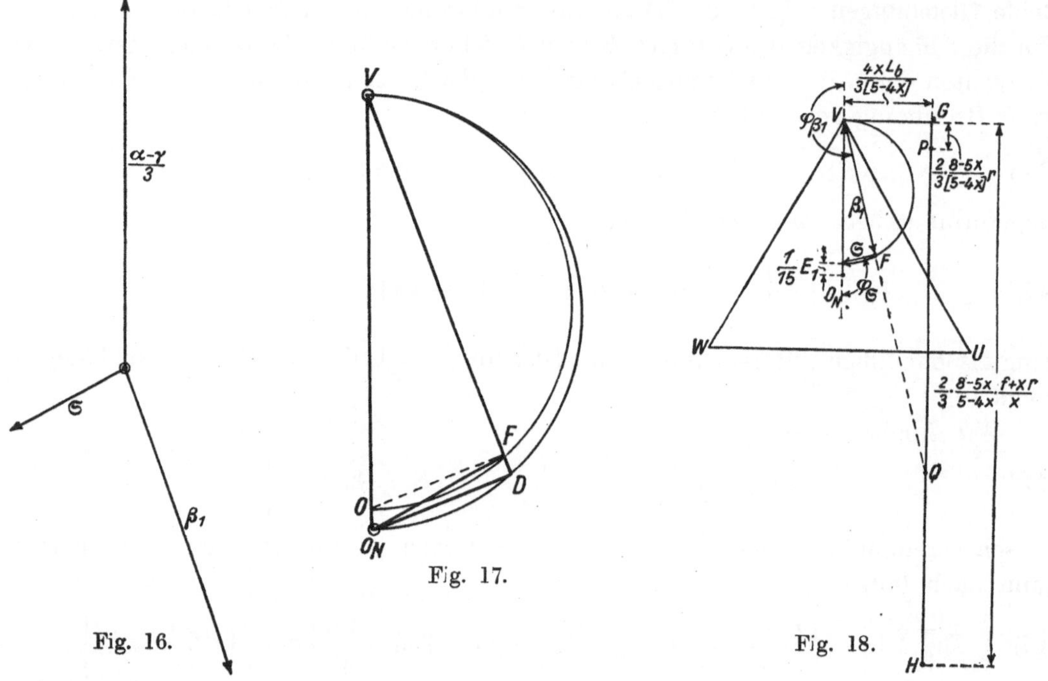

Fig. 16.

Fig. 17.

Fig. 18.

senkrecht auf b_1 steht, ist die Grundform des Diagrammes ein rechtwinkliges Dreieck VO_ND. In ihm ist

$$\overline{O_ND} = \frac{4xL_b}{3[5 - 4x]} \cdot b_1'$$

und

$$\overline{VD} = \frac{f + xr}{x} \left\{ 1 + \frac{1 + 2x}{3[5 - 4x]} \right\} b_1' \ .$$

Da σ die Hypotenuse des Dreiecks FDO_N ist, so muß

$$\overline{FD} = \frac{1 + 2x}{3[5 - 4x]} \cdot \frac{f + xr}{x} \cdot b_1'$$

sein. Weiter

$$\frac{\overline{VO_N}}{\overline{VO}} = \frac{1 + \dfrac{1 + 2x}{3[5 - 4x]}}{1} = \frac{2}{3} \cdot \frac{8 - 5x}{5 - 4x} \ .$$

Da nun VOF und VO_ND rechtwinklige Dreiecke sind, die beide den Winkel $\sphericalangle DVO_N$ enthalten, so muß sich auch verhalten

$$\frac{\overline{VO_N}}{\overline{VO}} = \frac{2}{3} \cdot \frac{8 - 5x}{5 - 4x} \,.$$

Dies Verhältnis muß für jeden möglichen Wert des $\sphericalangle DVO_N$ gelten, also auch für $\sphericalangle DVO_N = 0^0$, d. h. für Leerlauf des intakten Transformers. Tatsächlich ist es für $x = 0$ auch gleich dem Wert von β_1, den wir für $K = 4$ berechneten, nämlich gleich 0,938. Schlagen wir also über

$$\overline{VO} = \frac{3}{2} \cdot \frac{5 - 4x}{8 - 5x} \cdot \beta_0$$

einen Halbkreis, dann ist er der geometrische Ort aller Nullpunkte, die durch Defekt von x Windungen bei verschiedenen Defektwiderständen auftreten können. Um mit dem Diagramm das Verhalten des Transformers zu bestimmen, verfahren wir folgendermaßen (Fig. 18). Wir zeichnen uns ein Spannungsdreieck mit einer Seitenlänge von z. B. 173,2 mm. Auf der Sternspannung des Netzes $VO_N = 100$ mm trägt man von O_N aus eine Länge OO_N für $x = O$ ab. Diese ist

$$\overline{OO_N} = \frac{1 + 0}{3\,[5 - 0]} \cdot E_1' = 0,0666\,E_1' \;{}^1)\,,$$

d. h. sie schneidet auf $\overline{VO_N}$ die Leerlaufs-Sternspannung β_1 ab. Man schlägt jetzt über $\overline{VO}$ einen Halbkreis. Sodann trägt man in V senkrecht zu $\overline{VO}$ eine Gerade an, deren Länge

$$\overline{VG} = \frac{4x}{3\,[5 - 4x]}\,L_b$$

ist. Für $x = 0,01$ ist in unserem Beispiel, das ungefähr den mittleren Manteltransformertypen entspricht

$$\overline{VC} = 0,043.$$

In G tragen wir wieder eine senkrechte an, deren Länge von dem höchsten Wert von f abhängt, für den wir das Diagramm konstruieren wollen. Da der Defektstrom im Spulenteil ungefähr gleich $\frac{x}{f}$ (wir rechnen mit Verhältniszahlen) und da es keinen Zweck hat, für Defektströme unter dem Nennstrom das Diagramm zu zeichnen, so nehmen wir $f = 0,01$ als höchsten Wert an. Wir müssen dann machen

$$\overline{GH} = \frac{f + xr}{x}\left\{1 + \frac{1 - 2x}{3\,[5 - 4x]}\right\} = \frac{2}{3}\,\frac{8 - 5x}{5 - 4x} \cdot \frac{f + xr}{x}\,.$$

Für unser Beispiel ist $\overline{GH} = 1,073$. Machen wir also z. B. $\overline{VG} = 500 \cdot 0,043 = 21,5$ mm, dann muß $\overline{GH} = 500 \cdot 1,073 = 503,65$ mm werden. Nun tragen wir von G auf $\overline{GH}$ eine zweite Länge für den kleinstmöglichen Wert von f nämlich für $f = O$ ab. Diese Länge ist

$$\overline{CP} = \frac{2}{3} \cdot \frac{8 - 5x}{5 - 4x} \cdot r\,.$$

$^1)$ Es mag stutzig machen, daß diese Größe von den Abmessungen des Transformers nicht abzuhängen scheint. In Wahrheit enthalten aber die Funktionen den aus den konstruktiven Verhältnissen folgenden Faktor K. So ist z. B. im Nenner $5 = K + 1$ und $4 = K$ für die der jetzigen Rechnung zugrunde liegenden Abmessungsverhältnisse.

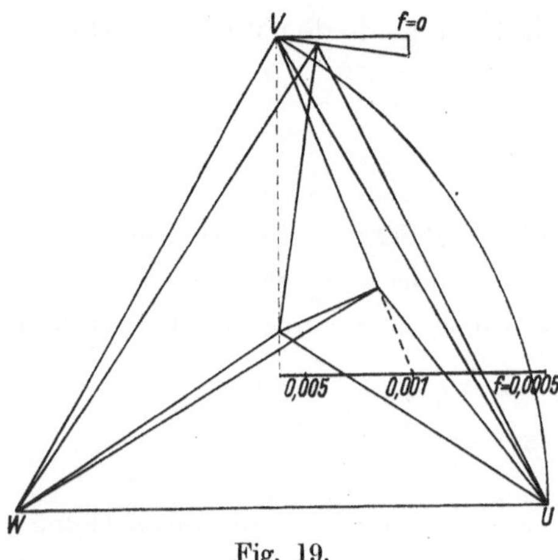

Fig. 19.

In unserem Beispiel ist dies $\overline{GP} = 0{,}0064$. Die Länge ist im allgemeinen so klein, daß man sie bei den üblichen Diagramm-Abmessungen vernachlässigen kann. Trägt man nun von P resp. G aus auf GH eine beliebige Länge von f gleich $\overline{PQ}$ resp. $\overline{CQ}$ ab und verbindet man Q mit V, dann gibt uns der Schnittpunkt F von $\overline{VQ}$ mit dem Halbkreis

$$\overline{O_N F} = \sigma$$

$\overline{UF} = \alpha_1$ bei dem Defekt x und f in Spule V

$\overline{VF} = \beta_1$,,   ,,   ,,   ,, ,, ,, ,,   ,,   ,,

$\overline{WF} = \gamma_1$,,   ,,   ,,   ,, ,, ,, ,,   ,,   ,,

Außerdem ist

$\overline{O_N O} =$ Nullpunkts-Abweichung bei intaktem, leerlaufenden Transformer

$\overline{UO} = \alpha_1$ bei intaktem, leerlaufenden Transformer

$\overline{VO} = \beta_1$,,   ,,   ,,   ,,

$\overline{WO} = \gamma_1$,,   ,,   ,,   ,,

Man kann also mit dem Diagramm (Fig. 18) sämtliche EMKe des Transformers für Leerlauf und Defekt bestimmen. Außerdem gibt noch $\overline{VF}$ die Richtung von b_1'.

Fig. 19 zeigt das Diagramm in etwas anderer Form. Hier ist für die kleineren Werte von f nicht $\overline{CH}$ kleiner abgesteckt, sondern $\overline{VG}$ im umgekehrten Verhältnis vergrößert. Das ist bei der Kleinheit von $\overline{GP}$ zulässig bis auf die Wertbestimmung für $f = O$. Hierfür ist an V ein besonderes größeres Dreieck angesetzt. Fig. 20 und 21 zeigen die Kurven der mittels Fig. 19 konstruierten Werte als Funktion von b_1'.

Wir wollen jetzt B bestimmen. Zu diesem Zweck setzen wir

$$(46) \qquad\qquad b_1 = \beta_1 \frac{x}{f + xr}$$

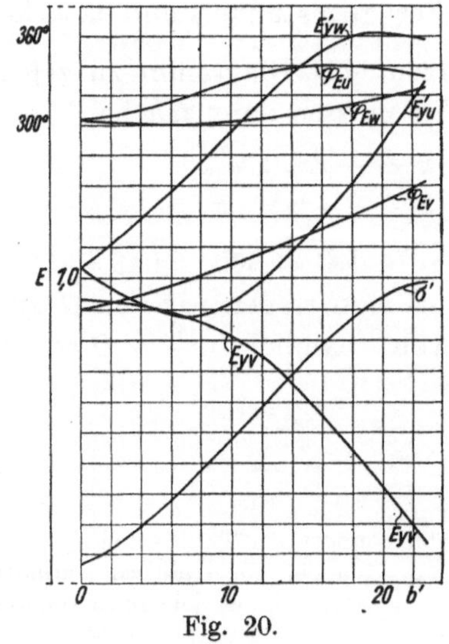

Fig. 20.

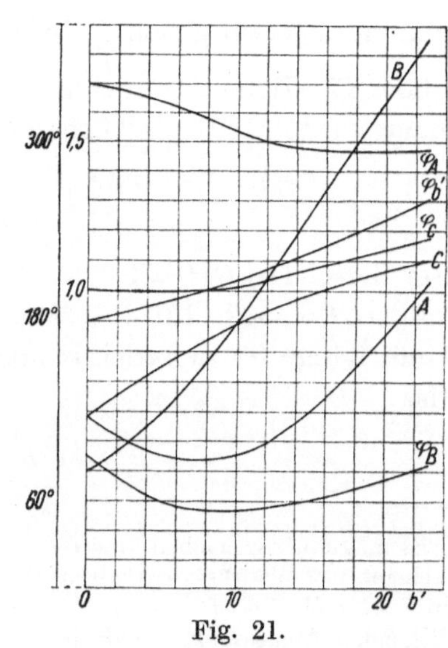

Fig. 21.

in (44) ein und erhalten

$$B_{(-)} = \frac{1}{5-4x} \cdot \left\{ \frac{7}{2} \cdot \frac{\beta_1}{L_b} - \frac{4x^2}{f+xr} \cdot \beta_{1(-)} \right\}.$$

Einführung von Sinusschwingungen gibt

$$B = \frac{\beta_1'}{5-4x} \left\{ \frac{7}{2L_b} \cdot \sin(\omega t + 90° - \varphi_{\beta 1}) + \frac{4x^2}{f+xr} \cdot \sin(\omega t + 180° - \varphi_{\beta 1}) \right\}$$

resp.

$$(47) \qquad B' = \frac{\beta_1'}{5-4x} \sqrt{\frac{49}{4L_b^2} + \frac{16x^4}{(f+xr)^2}}.$$

Die graphische Rechnung von B' und von φ_B zeigt Fig. 22.

Wir können jetzt die Ströme in den beiden anderen Spulen berechnen. Zu diesem Zweck setzen wir in (32) die Ausdrücke (34) und (36) ein. Wir erhalten dann

$$\beta = L_b [A_{(-)} - C_{(-)}] - [A - C] \cdot r.$$

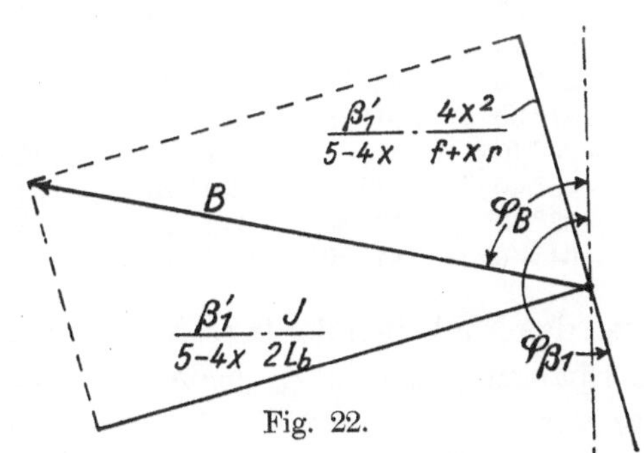

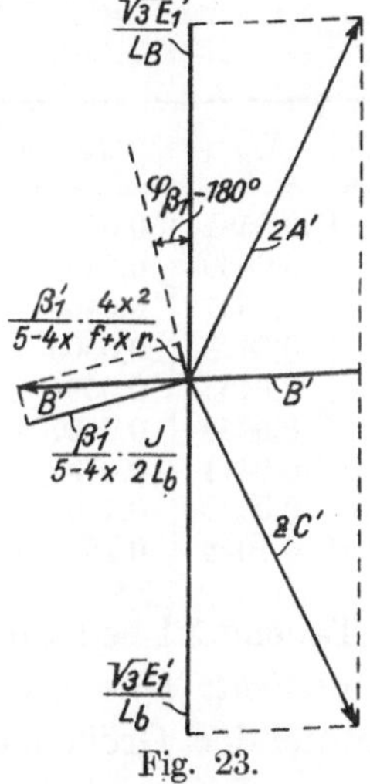

Hierin können wir, da r stets kleiner als 1‰ von L_b ist, die zweite Klammer ohne weiteres vernachlässigen. Dann ist

$$(48) \qquad A - C = \beta_{(+)} \cdot \frac{1}{L_b}.$$

Weiter haben wir

$$A + C = -B.$$

Aus beiden Gleichungen folgt

$$(49) \qquad A = \frac{1}{2} \left\{ \beta_{(+)} \frac{1}{L_b} - B \right\}$$

$$(50) \qquad C = \frac{1}{2} \left\{ \beta_{(-)} \frac{1}{L_b} - B \right\}$$

oder mit Sinusschwingungen

$$(49a) \qquad A' \sin(\omega t - \varphi_A) = \frac{1}{2} \left\{ \frac{\sqrt{3} \cdot E_1'}{L_b} \cdot \sin \omega t + B' \cdot \sin(\omega t - \varphi_B + 180°) \right\}$$

$$(50a) \quad C' \sin(\omega t - \varphi_C) = \frac{1}{2} \left\{ \frac{\sqrt{3} \cdot E_1'}{L_b} \cdot \sin(\omega t - 180°) + B' \cdot \sin(\omega t - \varphi_B + 180°) \right\}$$

Fig. 23 zeigt das zur Konstruktion der einzelnen Primärströme dienende Diagramm, das eine Vereinigung von Fig. 22 und den Gleichungen (49a) und (50a) darstellt.

Tabelle XI und Fig. 20—21 geben eine Zusammenstellung der wichtigsten Betriebswerte, wie sie mit dem angenäherten Verfahren erhalten wurden.

Tabelle XI.

f	E_{Yu}	E_{Yv}	E_{Yw}	σ	φ_{Eu}	φ_{Ev}	φ_{Ew}	φ_{σ}
∞	1,032	0,933	1,032	0,066	$-50°\,50'$	$180°$	$303°$	$180°$
0,01	1,000	0,928	1,070	0,083	$-55°\,30'$	$182°\,40'$	$302°\,10'$	$149°\,20'$
0,005	0,974	0,924	1,102	0,106	$-53°\,50'$	$184°\,50'$	$301°\,20'$	$135°$
0,003	0,943	0,918	1,150	0,150	$-51°\,50'$	$187°\,40'$	$300°\,30'$	$124°\,40'$
0,002	0,912	0,910	1,208	0,206	$-48°\,40'$	$190°\,20'$	$299°\,50'$	$119°\,20'$
0,0015	0,889	0,897	1,268	0,265	$-45°\,20'$	$194°\,50'$	$300°$	$119°\,30'$
0,001	0,882	0,860	1,385	0,380	$-37°\,50'$	$202°$	$300°\,20'$	$121°\,40'$
0,0005	1,024	0,720	1,617	0,626	$-23°\,50'$	$218°\,50'$	$305°\,20'$	$133°\,40'$
0	1,648	0,137	0,788	0,988	$-26°\,30'$	$261°\,30'$	$325°\,40'$	$172°$

Tabelle XI (Fortsetzung).

f	J_u	J_v	J_w	J_b	φ_A	φ_B	φ_C	φ_{b_1}
∞	0,0581	0,040	0,0581	0	$-20°\,45'$	$90°$	$200°\,45'$	$180°$
0,01	0,0560	0,045	0,0615	9,23	$-23°\,30'$	$83°$	$200°\,50'$	$182°\,40'$
0,005	0,0537	0,0465	0,0642	1,825	$-25°\,10'$	$76°\,20'$	$200°$	$184°\,50'$
0,003	0,0478	0,0505	0,0680	3,000	$-27°\,50'$	$68°\,30'$	$199°\,30'$	$187°\,40'$
0,002	0,0455	0,0564	0,0765	4,42	$-31°\,30'$	$61°\,30'$	$199°$	$191°\,20'$
0,0015	0,0453	0,0637	0,0781	5,75	$-36°\,10'$	$57°$	$199°\,30'$	$194°\,50'$
0,001	0,0444	0,0782	0,0837	8,11	$-45°\,40'$	$54°\,10'$	$201°\,20'$	$202°$
0 0005	0,0522	0,110	0,0957	12,85	$-62°\,40'$	$57°\,30'$	$207°\,40'$	$218°\,50'$
0	0,1026	0,185	0,1116	22,85	$-64°\,50'$	$84°\,30'$	$235°\,10'$	$261°\,30'$

In Tabelle XI bedeuten die Phasenwinkel das Nacheilen der betreffenden Schwingung hinter ωt. Das Minuszeichen in den Spalten φ_{Eu} und φ_c bedeutet also, daß die betreffenden Größen um diesen Betrag vor ωt voreilen.

Um die Genauigkeit der Rechnung zu kontrollieren, nehmen wir an, es würde die Wattaufnahme nach der Dreiwattmeter-Methode gemessen, wobei der Nullpunkt des Netzes benutzt wird. Und zwar sei die Messung bei vollendetem Kurzschluß — also bei $f = 0$ — ausgeführt. Die 3 Ströme sind dann

$$J_u = 0,1026$$
$$J_v = 0,185$$
$$J_w = 0,1116\,.$$

Die Phasenverschiebungen zwischen diesen Strömen und den zugehörigen Sternspannungen des Netzes sind dann

$$\varphi_u = -120° - (-61°\,50') = -55°\,10'$$
$$\varphi_v = \quad 0° - \quad 84°\,30' = -84°\,30'$$
$$\varphi_w = +120° - \quad 235°\,10' = -115°\,10'\,.$$

Daraus ergeben sich folgende Wattmeter-Ablesungen

$$J_u \cdot E_Y \cdot \cos \varphi_u = 0,1026 \cdot 1 \cdot \cos 55°\,10' = +0,0600$$
$$J_v \cdot E_Y \cdot \cos \varphi_v = 0,185 \; \cdot 1 \cdot \cos 84°\,30' = +0,0178$$
$$J_w \cdot E_Y \cdot \cos \varphi_w = 0,1116 \cdot 1 \cdot \cos 115°\,10' = -0,0463$$
Zusammen $+0,0315\,.$

Der tatsächliche Wattverbrauch ist gleich dem Produkt aus dem Stromquadrat im Defekt und dem Widerstand des Defektteiles, also proportional

$$J_b^2 \cdot r \cdot x = 22{,}85 \cdot 0{,}01 \cdot 0{,}006 = 0{,}0314.$$

Die Rechnungen sind also richtig.

Besonders interessant ist der Fall, daß die intakte mittlere Spule kurz geschlossen wird, also für $x = 1$ und $f = o$. Dieser Fall gibt gleichzeitig ein gutes Kriterium für die Richtigkeit der Theorie, da er sich leicht an jedem Manteltransformer experimentell nachprüfen läßt. Das komplette Diagramm dieses Falles zeigt Fig. 24. Das Diagramm ist für normales L_b, also auch für konstantes μ konstruiert, was ja in

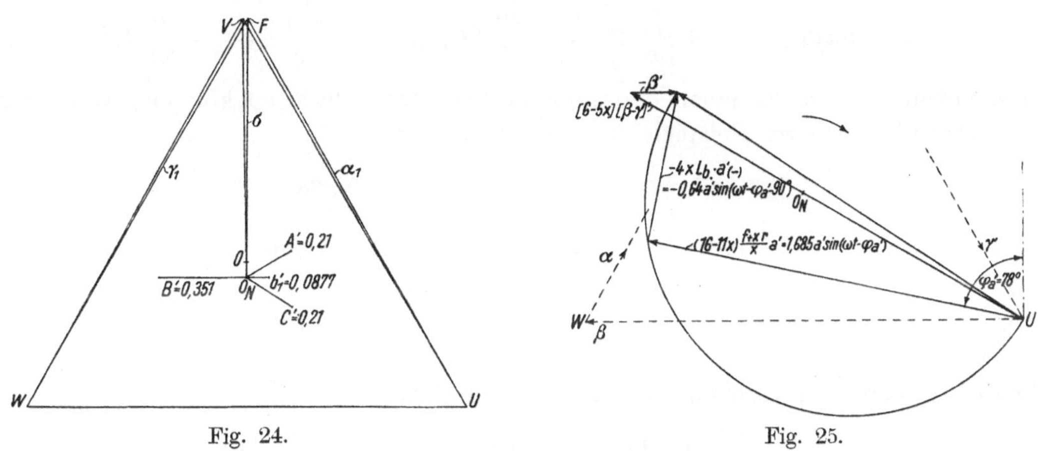

<table>
<tr><td>Fig. 24.</td><td>Fig. 25.</td></tr>
</table>

Wahrheit wegen des Auswachsens von α_1 und γ_1 nicht zutrifft. Aber das wichtigste Resultat wird — wenigstens qualitativ, wenn auch nicht quantitativ — hiervon nicht beeinflußt, nämlich, daß die Stromstärke b_1 in der kurzgeschlossenen Spule selber nur klein und zwar ganz erheblich kleiner als bei einem Kerntransformer im gleichen Fall ist.

Wenden wir uns jetzt dem Fall zu, daß der Fehler in einer Außenspule auftritt und zwar in der Spule U. Hierfür gelten die Bedingungsgleichungen (29) und (30) unverändert, für die übrigen Beziehungen müssen wir neue analog (31) bis (38) aufstellen.

$$(51) \qquad \alpha - Br + \beta_1 - \gamma_1 + Cr = 0$$

$$(52) \qquad \beta - Cr + \gamma_1 - \alpha_1 + Ayr + a_1xr = 0$$

$$(53) \qquad \gamma - Ayr - a_1xr + \alpha_1 - \beta_1 + Br = 0$$

$$(54) \qquad \alpha_1 = \tfrac{1}{14}L_b\left\{15\left[A_{(-)}y + a_{1(-)}x\right] - 4B_{(-)} + C_{(-)}\right\}$$

$$(55) \qquad \beta_1 = \tfrac{1}{14}L_b\left\{16B_{(-)} - 4\left[A_{(-)}y + a_{1(-)}x + C_{(-)}\right]\right\}$$

$$(56) \qquad \gamma_1 = \tfrac{1}{14}L_b\left\{A_{(-)}y + a_{1(-)}x - 4B_{(-)} + 15C_{(-)}\right\}$$

$$(57) \qquad \alpha_1 x - a_1xr + a_2f = 0$$

$$(58) \qquad A - a_1 - a_2 = 0.$$

Wir bestimmen zuerst mit Hilfe von (54) und (56) C in (52)

$$\beta - Cr + Ayr + a_1xr - \frac{L_b}{14}\left\{14\left[A_{(-)}y + a_{1(-)}x\right] - 14C_{(-)}\right\} = 0.$$

Hierin ist stets $r \ll L_b$, so daß wir erhalten

$$(59) \qquad C_{(-)} = y \cdot A_{(-)} + a\,x_{1(-)} - \frac{1}{L_b}\beta \,.$$

Diesen Ausdruck für C sowie $-B = +A + C$ setzen wir in (54) ein:

$$\alpha_1 = \tfrac{2}{7}\,L_b\big\{A_{(-)}[6 - 5x] + 5\,x\,a_{1(-)}\big\} - \tfrac{5}{14}\beta \,.$$

Aus (57) und (58) erhalten wir

$$(60) \qquad \alpha_1 = a_1\frac{f + x\,r}{x} - A\,\frac{f}{x} \cdot \quad .$$

Setzen wir beide Ausdrücke für α_1 einander gleich, dann erhalten wir

$$\frac{2}{7}[6 - 5x]L_b \cdot A_{(-)} + \frac{f}{x} \cdot A = -\frac{10}{7}x L_b a_{1(-)} + \frac{f + x\,r}{x}\cdot a_1 + \frac{5}{14}\beta \,.$$

Untersuchen wir, ob wir einen der Summanden vernachlässigen können; wenn wir die Verhältnisse unseres Beispiels zugrunde legen, ist

$$\tfrac{2}{7}[6 - 5x]L_b = 27{,}2 \qquad \tfrac{10}{7}x L_b = 0{,}228$$

und für

$$f = 0{,}01 \qquad \frac{f}{x} = 1 \qquad \frac{f + x\,r}{x} = 1{,}006$$

resp.

$$f = 0 \quad \centerdot \qquad \frac{f}{x} = 0 \qquad \frac{f + x\,r}{x} = 0{,}006 \,.$$

Wir dürfen also $\dfrac{f}{x}\,A$ vernachlässigen, wodurch wird

$$(61) \qquad A_{(-)} = a_1\frac{7(f + x\,r)}{2[6 - 5x]\,x \cdot L_b} - \frac{5x}{[6 - 5x]}a_{1(-)} + \frac{5}{4}\cdot\frac{\beta}{[6 - 5x]L_b} \,.$$

Nun gehen wir mit (55), (56), (30) und (59) in (51) hinein:

$$\alpha = (\gamma_1 - \beta_1) - (A + 2C)\,r$$

$$= \frac{L_b}{14}\big\{5\,A_{(-)}[5 - x] + 5\,x\,a_{1(-)} + 39\,C_{(-)}\big\} - (A + 2C)\,r \,.$$

Hierin können wir $(A + 2C)\,r$ wegen der Kleinheit von r vernachlässigen, so daß nach einigen Umformungen

$$(62) \qquad A_{(-)} = \frac{7\alpha}{2[16 - 11x]L_b} - \frac{11\,x\,a_{1(-)}}{16 - 11x} + \frac{39\,\beta}{4[16 - 11x]L_b}$$

wird. Durch Gleichsetzen von (61) und (62) erhalten wir nach einigen Zwischenrechnungen (ohne Vernachlässigungen)

$$(63) \qquad a_1(16 - 11x)\frac{f + x\,r}{x} - 4\,x\,L_b \cdot a_{1(-)} = (6 - 5x)(\beta - \gamma) - \beta \,.$$

Führen wir Sinusschwingungen ein, indem wir — wie bereits früher —

$$\beta = \sqrt{3}\cdot E_1 \sin(\omega t - 90°)$$

$$\gamma = \sqrt{3}\cdot E_1 \sin(\omega t - 210°)$$

setzen, dann lautet die Gleichung

$$(64) \qquad a_1'\big\{4\,x\,L_b \cdot \sin(\omega t + 90° - \varphi a_1) + [16 - 11x]\frac{f + x\,r}{x}\sin(\omega t - \varphi a_1)\big\}$$

$$= \sqrt{3}\,E_1'\big\{(6 - 5x)\cdot\sqrt{3}\cdot\sin(\omega t - 60°) + \sin(\omega t + 90°)\big\} \,.$$

Wir benutzen (64), um das Diagramm zur Bestimmung der Größe und Phasenlage zu zeichnen, Fig. 26, und zwar für

$$L_b = 16$$
$$r = 0{,}006$$
$$x = 0{,}01$$
$$f = 0{,}001 .$$

Aus dieser graphischen Rechnung folgt

$$a_1 = 9{,}71 \cdot \sin (\omega t - 78°) .$$

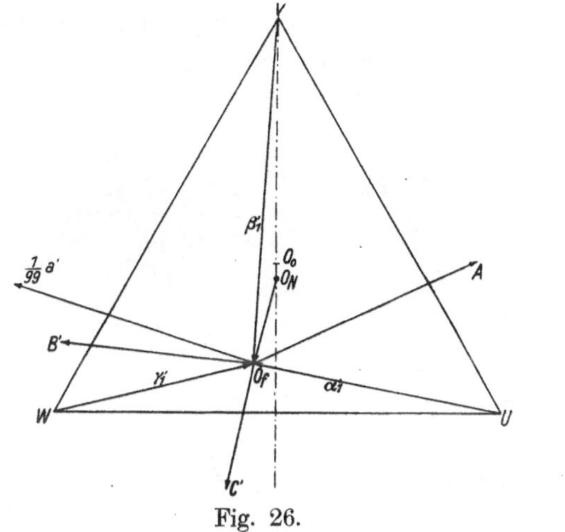

Fig. 26.

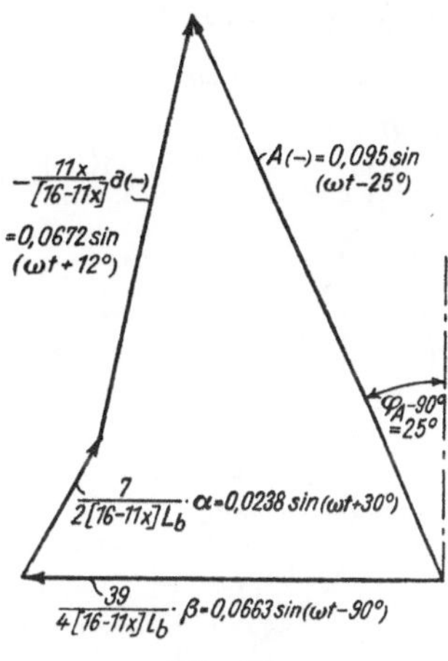

Fig. 27.

Mit diesem Wert gehen wir jetzt in Gleichung (62) und konstruieren aus ihr das Diagramm für $A_{(-)}$, Fig. 27. Aus ihr ergibt sich

$$A = 0{,}095 \cdot \sin (\omega t + 65°) .$$

Wir können jetzt aus (60) α_1 berechnen, doch sind beide Summanden so verschieden

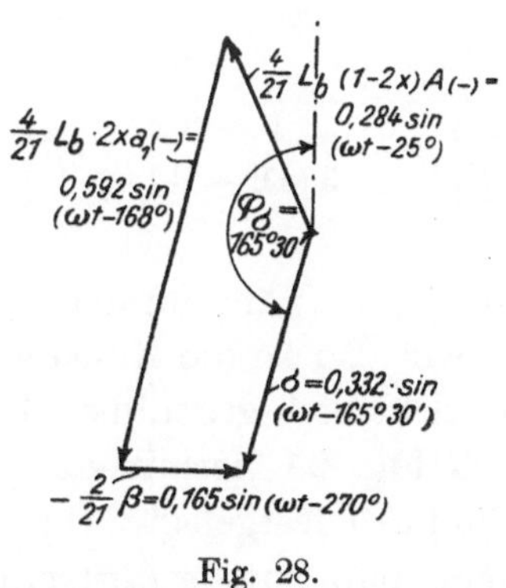

Fig. 28.

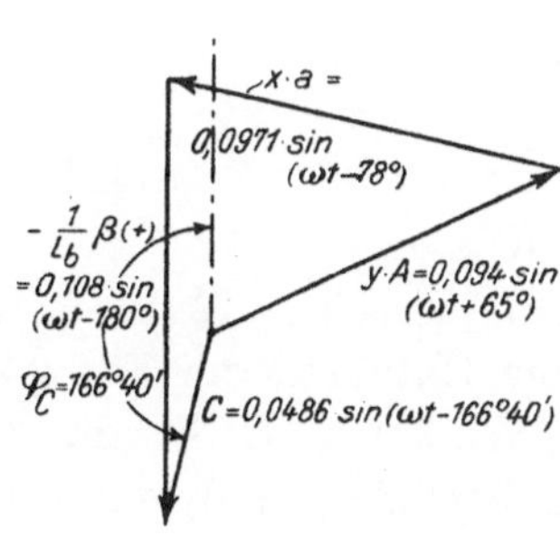

Fig. 29.

für das gewählte Beispiel, daß α_1 nur unmerklich von $a_1 \dfrac{f + xr}{x}$ abweicht. Wir wählen deshalb den anderen Weg zur Bestimmung der 3 EMKe, den wir bereits bei unseren Betrachtungen über das Verhalten der Mittelspule einschlugen, und bestimmen σ. Wir benutzen hierzu (54) bis (56) (30) und (59)

$$3\sigma = \alpha_1 + \beta_1 + \gamma_1$$
$$= \frac{L_b}{41} \{12[A_{(-)} y + a_{1(-)} x] + 8 B_{(-)} + 12 C_{(-)}\} .$$

Durch die erwähnten Gleichungen erhalten wir

(65) $$\sigma = \tfrac{4}{21} L_b \{(1 - 2x) A_{(-)} + 2 a_{1(-)} x\} - \tfrac{2}{21} \beta.$$

Diese Rechnung graphisch durchgeführt zeigt Fig. 28. Sie ergibt

$$\sigma = 0{,}332 \sin(\omega t - 165° 30').$$

Mit Hilfe von (59) kann man jetzt C bestimmen; Fig. 29 gibt als Resultat

$$C = 0{,}0486 \sin(\omega t - 166° 40').$$

Aus A und C folgt dann in bekannter Weise

$$\boldsymbol{B = 0{,}0752 \sin(\omega t - 84°).}$$

Fassen wir jetzt Fig. 27 und 28 zusammen, (Fig. 30), indem wir die Komponente $\overline{DO} = \tfrac{4}{21}[1 - 2x] L_b \cdot A_{(-)}$ durch das Viereck $ODEF$ ähnlich Fig. 27 ausdrücken. Es müssen dann die einzelnen Seiten die Längen haben

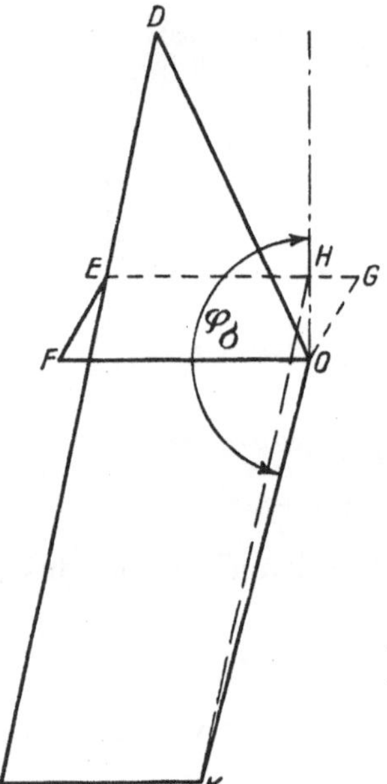

Fig. 30.

$$\overline{DE} = \frac{1 - 2x}{16 - 11x} \cdot \frac{44 x L_b}{21} a'_1$$

$$\overline{EF} = \frac{1 - 2x}{16 - 11x} \cdot \frac{2}{3} \alpha'$$

$$\overline{OF} = \frac{1 - 2x}{16 - 11x} \cdot \frac{13}{7} \beta'.$$

Da $\overline{DJ} = \dfrac{8 x L_b}{21} \alpha'_1$ ist, so ist

$$\overline{EJ} = \overline{DJ} - \overline{DE} = \frac{4 x L_b}{16 - 11x} a'_1.$$

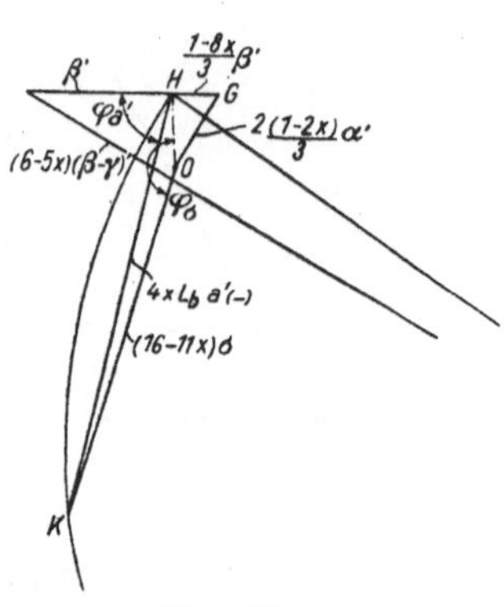

Fig. 31.

Ziehen wir zu $\overline{EJ}$, $\overline{EF}$ und $\overline{FO}$ je eine Parallele, dann erhalten wir ein Viereck $GHKO$, in dem ist

$$\overline{HK} = \overline{EJ}$$
$$\overline{GO} = \overline{EF}$$
$$\overline{HG} = \overline{FO} = \overline{JK} = \left\{ \frac{13}{7} \cdot \frac{1 - 2x}{16 - 11x} - \frac{2}{21} \right\} \beta' = \frac{1 - 8x}{3(16 - 11x)} \cdot \beta'$$
$$\overline{OK} = \sigma.$$

In diesem Viereck ist H der feste Endpunkt von $a_{1(-)}$, während der andere Endpunkt auf dem Halbkreis der Fig. 25 liegt. Tragen wir also an die Konstruktion von Fig. 25 den Winkel $\sphericalangle HGO$ an, Fig. 31, dessen Schenkel gegenüber Fig. 30 mit $(16-11x)$ multipliziert sind, dann können wir nach Fig. 25 hiermit $4 x L_b a'_{1(-)}$ und $(16-11x)\sigma'$ bestimmen. Beide sind durch den Punkt O festgelegt. Oder — wenn man a'_1 annimmt — kann man σ' bestimmen, indem man mit $4 x L_b a'_1$ einen Kreisbogen um H schlägt. Die so erhaltene Länge $\overline{KO}$ ist dann $(16 - 11x)\sigma'$.

Fig. 32 zeigt das durch Vereinigung von Fig. 29 und Fig. 31 entstandene vollständige Diagramm. Aus dem Spannungsdreieck und σ erhält man dann die einzelnen Stern-EMKe. Der Punkt Q in Fig. 31 ist mit dem Punkt O_N im Spannungsdreieck, dem Nullpunkt der Netzstromspannungen, identisch.

Fig. 33 bis 34 zeigen die Kurven für $x = 0{,}01$.

Wir leiten jetzt in derselben Weise, wie für Defekt in Spule U, die Formeln für Defekt in der anderen Außenspule W ab. Die Bedingungsgleichungen hierfür sind:

$$(66) \quad \alpha - Br + \beta_1 - \gamma_1 + Cyx + c_1 xr = 0$$

$$(67) \quad \beta - Cyr - c_1 xr + \gamma_1 - \alpha_1 + Ar = 0$$

$$(68) \quad \gamma - Ar + \alpha_1 - \beta_1 + Br = 0$$

$$(69) \quad \alpha_1 = \tfrac{1}{14} L_b \left\{ 15\,A_{(-)} - 4\,B_{(-)} + C_{(-)}y + c_{1(-)}x \right\}$$

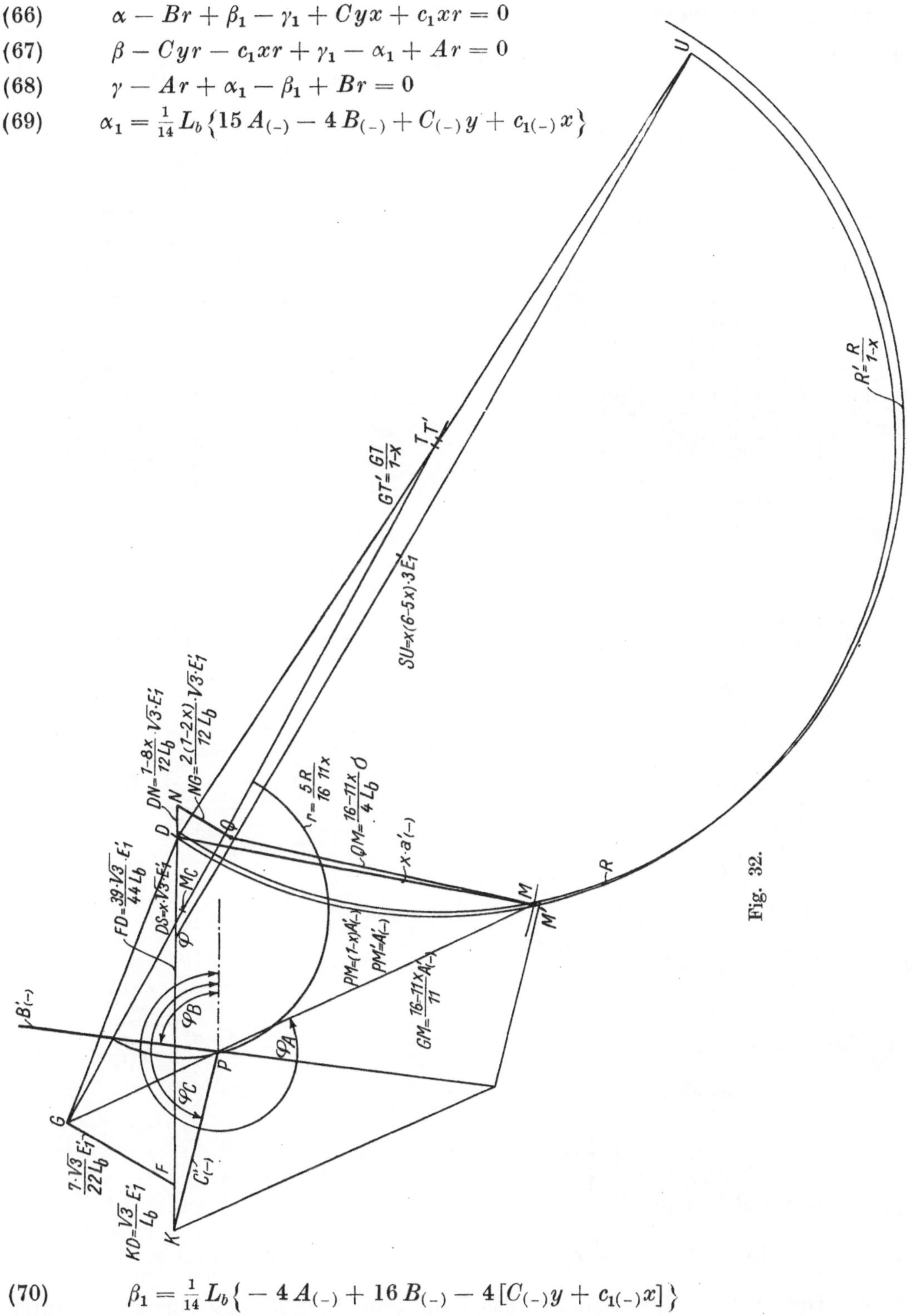

Fig. 32.

$$(70) \quad \beta_1 = \tfrac{1}{14} L_b \left\{ -4\,A_{(-)} + 16\,B_{(-)} - 4\,[C_{(-)}y + c_{1(-)}x] \right\}$$

$$(71) \quad \gamma_1 = \tfrac{1}{14} L_b \left\{ A_{(-)} - 4\,B_{(-)} + 15\,[C_{(-)}y + c_{1(-)}x] \right\}$$

$$(72) \quad \gamma_1 \cdot x - c_1 xr + c_2 f = 0$$

$$(73) \quad C - c_1 - c_2 = 0 \,.$$

Wir erhalten zuerst

(74)
$$A_{(-)} \infty\, C_{(-)} y + c_{1(-)} x + \frac{\beta}{L_b}$$

und

(75)
$$C_{(-)} = \frac{7}{2\,(6 - 5\,x)} \cdot \frac{f + x\,r}{x \cdot L_b}\, c_1 - \frac{5\,x}{6 - 5\,x}\, c_{1(-)} - \frac{5}{4\,(6 - 5\,x)} \cdot \frac{\beta}{L_b}\,.$$

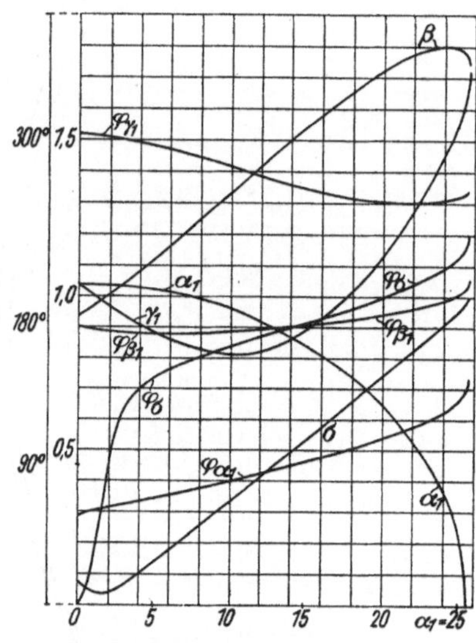

Fig. 33.

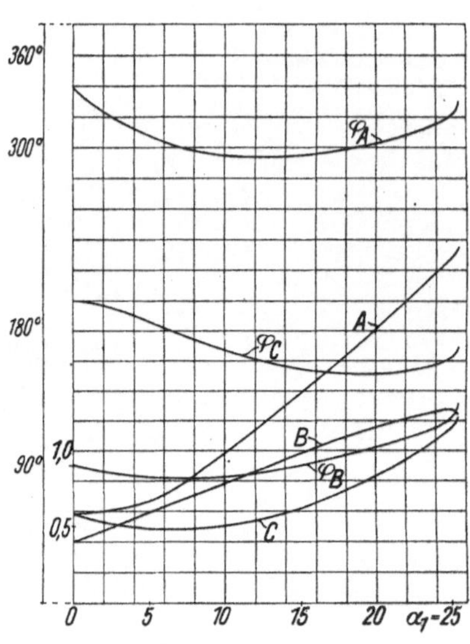

Fig. 34.

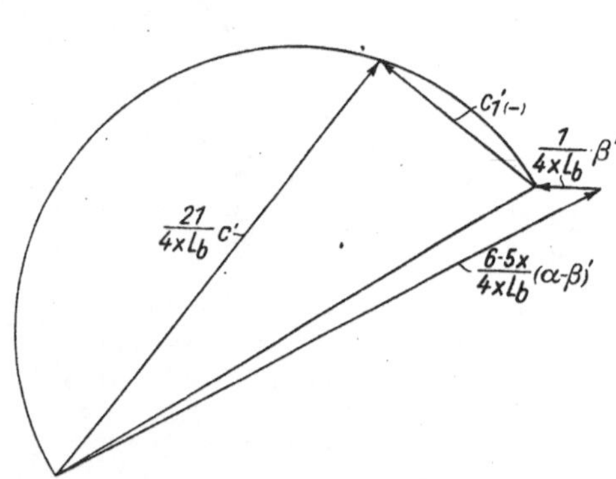

Fig. 35.

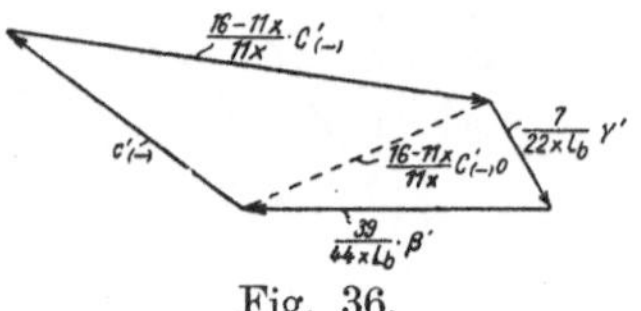

Fig. 36.

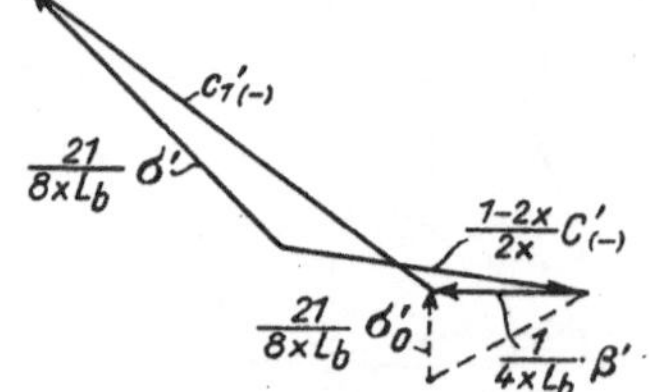

Fig. 37.

Aus

$$\gamma = -\frac{2}{7}\, L_b \left\{ (16 - 11\,x)\, C_{(-)} + 11\,x\, c_{1(-)} \right\} - \frac{39}{14}\, \beta$$

und (74) ergibt sich dann

(76)
$$(16 - 11\,x) \frac{f + x\,r}{x}\, c_1 - 4\,x\, L_b\, c_{1(-)} = (6 - 5\,x) \cdot (\alpha - \beta) + \beta\,.$$

Auf Grund dieser Gleichung ist das Diagramm Fig. 35 konstruiert, das durch die aus der Gleichung für γ folgende Formel

(77)
$$C_{(-)} = -\frac{1}{16 - 11\,x} \left\{ \frac{7}{2\,L_b}\, \gamma + \frac{39}{4\,L_b}\, \beta + 11\,x\, c_{1(-)} \right\},$$

Fig. 36, und durch

$$(78) \qquad \sigma = \tfrac{4}{21} L_b \{(1 - 2x) \cdot C_{(-)} + 2x\, c_{1(-)}\} + \tfrac{2}{21}\beta$$

Fig. 37, vervollständigt, schließlich das definitive Diagramm gibt. Fig. 38—39 zeigen die berechneten Kurven.

Y/Y-Schaltung, c) bei schiefem Spannungs-Dreieck.

Aus der Tatsache, daß der Nullpunkt bei einspuliger Last sich verschiebt, kann man folgern, daß er sich auch gegen die Lage des idealen Punktes verschiebt, wenn das Dreieck der aufgedrückten Spannungen kein gleichseitiges Dreieck, sondern ein schiefwinkliges ist. Im Nachfolgenden soll diese Frage untersucht werden. Da in der Praxis hierbei aber, sobald die Mittelwerte der 3 Dreieckspannungen stark voneinander abweichen, μ in den 3 Teilen sehr verschiedene Werte annimmt und infolge-

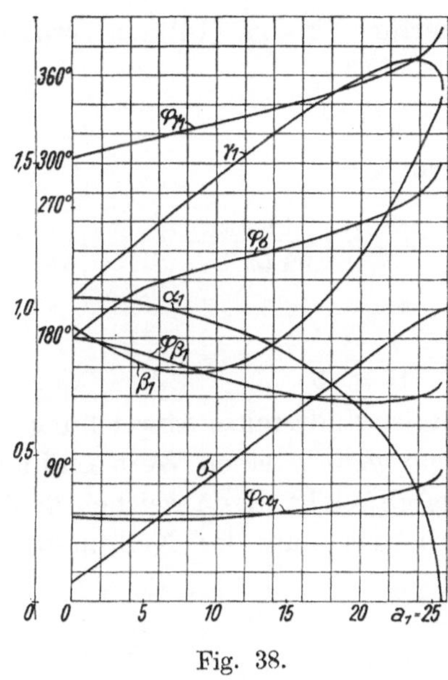

Fig. 38.

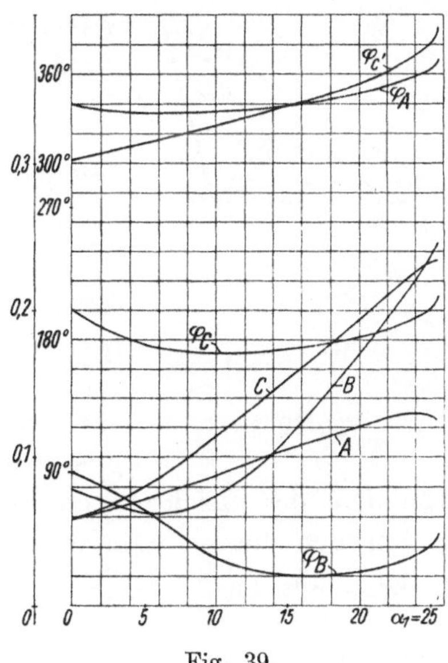

Fig. 39.

dessen L_b in einer — mathematisch nur schwer zu erfassenden — Weise sich ändert, so müssen wir auch hier die Beschränkung machen, daß wir L_b und damit auch μ konstant annehmen, wie dies im größten Teil dieser Arbeit geschehen ist. Wir sind zu dieser Annahme um so eher berechtigt, als wir ohne sie den Einfluß der Sättigung und der Eisensorte in unsere Betrachtungen einbeziehen müßten.

Unsere Betrachtungen wollen wir auf den leerlaufenden Transformer beschränken und hier außer den Leerströmen nur die Nullpunkts-Abweichung berechnen, da sie ein wertvolles Charakteristikon für die Sternspannungen ist.

Wir gehen von den Gleichungen (19) bis (21) aus, die etwas umgeformt lauten:

$$(19\,\mathrm{a}) \qquad \alpha = \frac{L_b}{14}\{14\, C_{(-)} - 25\, B_{(-)}\}$$

$$(20\,\mathrm{a}) \qquad \beta = L_b\{A_{(-)} - C_{(-)}\}$$

$$(21\,\mathrm{a}) \qquad \gamma = \frac{L_b}{14}\{25\, B_{(-)} - 14\, A_{(-)}\}.$$

Hieraus bestimmen wir zunächst die Ströme als Funktion der aufgedrückten Spannungen. Wir bilden zu diesem Zweck die Differenz von (19a) und (21a) und erhalten

$$(79) \qquad B_{(-)} = \frac{14}{64\,L_b}\,(\gamma - \alpha)\,.$$

Dieser Wert in (21a) eingesetzt gibt

$$(80) \qquad A_{(-)} = -\,\frac{39\,\gamma + 25\,\alpha}{64\,L_b}\,.$$

Durch Einsetzen von (79) in (19a) erhalten wir

$$(81) \qquad C_{(-)} = -\,\frac{39\,\alpha + 25\,\gamma}{64\,L_b}\,.$$

Wir bilden nun eine Gleichung für den Abstand des Transformer-Spannungs-Nullpunktes vom Netz-Nullpunkt analog (39):

$$(82) \qquad -\,3\,\sigma = \alpha_1 + \beta_1 + \gamma_1\,.$$

Wir berücksichtigen hierfür (12) bis (14) und erhalten dann

$$-\,3\,\sigma = \tfrac{4}{14}\,L_b \cdot B_{(-)}\,.$$

Einsetzen von (79) hierin gibt

$$-\,3\,\sigma = \frac{4}{14}\,L_b \cdot \frac{14}{64\,L_b}\,(\gamma - \alpha)$$

also

$$(82) \qquad \sigma = \frac{1}{16}\cdot\frac{\alpha - \gamma}{3}\,.$$

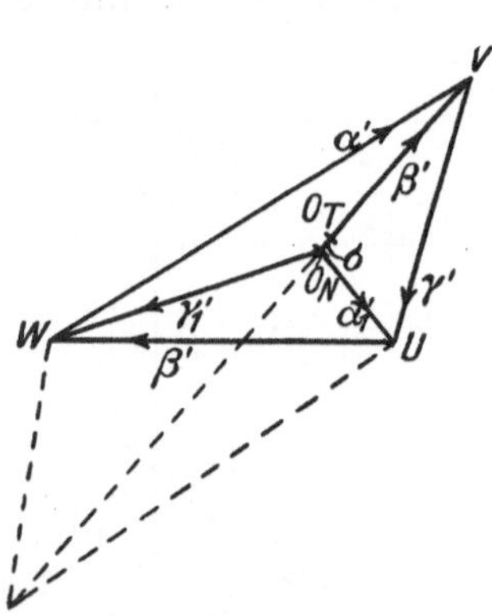

Fig. 40.

Die Unabhängigkeit der Nullpunkts-Abweichung von β ist nur scheinbar. Denn wenn β einen Wert annimmt, der von dem des gleichseitigen Spannungsdreiecks abweicht, dann weichen auch α und γ von den diesem entsprechenden Werten ab. Da nun der Nullpunkt des Netzes stets um

$$\frac{\alpha - \gamma}{3}$$

von der Spitze V des Dreiecks entfernt ist (Fig. 40), so sagt (82), daß der Nullpunkt des leerlaufenden Manteltransformers stets um denselben Prozentsatz gegen den Netznullpunkt auf der Sternspannung $\overline{VO_N}$ verschoben liegt.

Y/Y-Schaltung, d) mit Anschluß des Nullpunktes.

Verbindet man den Nullpunkt des Manteltransformers leitend mit dem Nullpunkt der Generatorwicklung, dann wird der Transformer gezwungen, Sternspannungen der gleichen Größe und Kurvenform zu erzeugen wie jener und außerdem hat er die Möglichkeit, über den Nulleiter Ströme zu senden, so daß der Magnetisierungsstrom jeder Spule dem genannten Zwang entspricht, ohne durch einen anderen Zwang behindert zu sein.

Da bei gleicher Größe aller 3 Sternspannungen auch die Dichten und damit auch die Widerstände der 3 magnetischen Kreise gleich groß sind, können wir für diese Betrachtung die zuerst abgeleiteten Formeln benützen.

Nennen wir D den Nulleiterstrom, dann ist

(2a)
$$A + B + C + D = 0.$$

Außerdem gilt für die Sternspannungen

(82)
$$\alpha_1 + \beta_1 + \gamma_1 = 0$$

und für die Fluxe in den 3 Kernen

(83)
$$\Phi_A + \Phi_B + \Phi_C = 0$$

wenn in der Generatorspannung keine Glieder 3. Ordnung enthalten sind. Den Einfluß solcher müssen wir aber — als durch einfache Formeln nicht faßbar — aus unseren Betrachtungen von vornherein ausscheiden.

Gehen wir mit (12) bis (14) in (83) hinein, dann erhalten wir

$$(A + B + C) \cdot (K^2 - K) - B K = 0.$$

Hieraus und aus (2a) erhalten wir

(84)
$$D = - B \frac{1}{K - 1}.$$

Gehen wir mit (2a) und (84) in (13) hinein, dann erhalten wir

$$\Phi_B \cdot K w \cdot (K^2 - 2) = B K^2 + (B + D) K$$

$$\Phi_B \cdot K w = B \frac{K}{K - 1}.$$

Wir können jetzt auf den Effektivwert einer Sinusschwingung übergehen. Da die Spule die volle Sternspannung aufbringen muß, hat sie den gleichen Flux in ihrem Kern wie ein Einphasentransformer gleicher Windungszahl. Es ist also

$$\Phi'_B = \Phi'_1 \quad \text{und} \quad \Phi_B K w = \sqrt{2} \cdot i_1,$$

so daß

(85)
$$B' = \sqrt{2} \cdot i_1 \cdot \frac{K - 1}{K}$$

und

(86)
$$D' = - \sqrt{2}\, i_1 \cdot \frac{1}{K}$$

ist.

Bilden wir jetzt die durch die Dreieckspannung β bedingte Differenz von (12) und (14).

$$(\Phi_A - \Phi_C) \cdot K w \cdot (K^2 - 2) = (A - C) \cdot (K^2 - 2).$$

Der Ausdruck $(\Phi_A - \Phi_C)$ hat als Amplitude die Größe $\Phi'_\triangle = \sqrt{3} \cdot \Phi'_1$. Demnach ist

(87)
$$A - C = \sqrt{2}\, i_1 \cdot \sqrt{3} \sin(\omega t - 180°),$$

wenn wir wieder

$$\beta = \sqrt{3}\, E_1 \cdot \sin(\omega t - 90°)$$

setzen. Aus (2a), (85) und (86) folgt unter Berücksichtigung der Phasenlage

(88)
$$A + C = - (B + D) = \sqrt{2}\, i_1 \cdot \frac{K - 2}{K} \sin(\omega t - 90°).$$

Wie der symmetrische Bau von (12) und (14) zeigt, müssen A' und C' gleiche Größe haben.

Wir können demnach durch geometrische Zusammensetzung von $(A + C)$ und $(A - C)$ die Amplitude und Phasenlage von A und C bestimmen, Fig. 41. Tabelle XII und Fig. 42 geben die Resultate wieder, wenn i_o den Effektivwert des Nulleiterstromes bezeichnet.

Tabelle XII.

K	$180° - \xi$	$\dfrac{i_m}{i_1}$	$\dfrac{i_a}{i_1}$	$\dfrac{i_a}{i_m}$	i_v
2	90° 0′	0,5	0,866	1,732	0,5
4	106° 10′	0,75	0,901	1,200	0,25
6	111° 0′	0,833	0,928	1,112	0,166
8	113° 25′	0,875	0,944	1,079	0,125
10	114° 50′	0,9	0,953	1,059	0,1

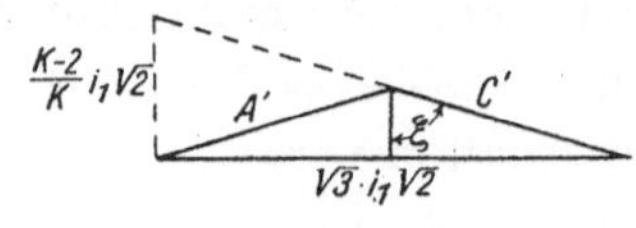

Fig. 41.

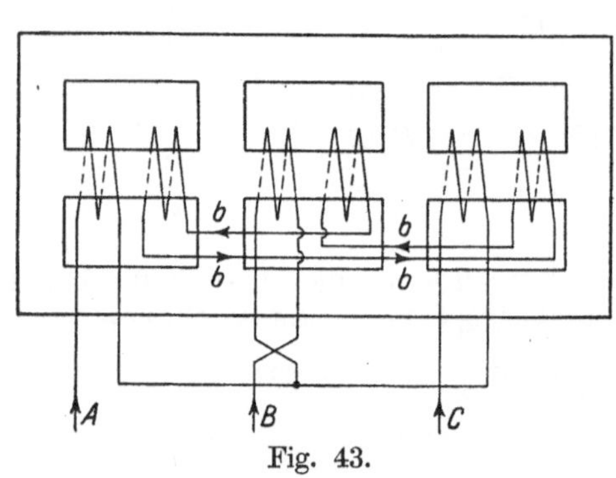

Fig. 43.

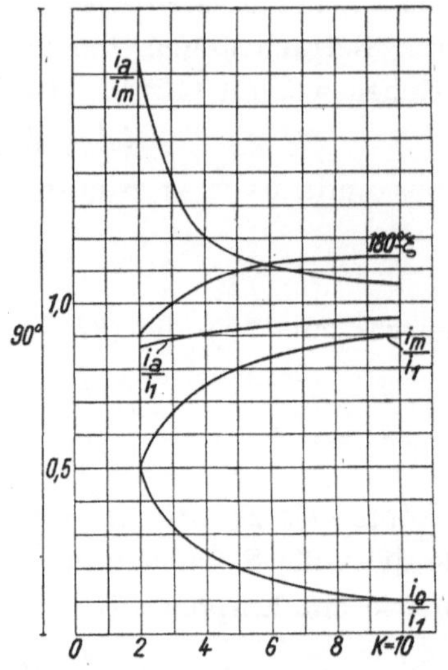

Fig. 42.

II. $\triangle / Y$ - Schaltung.

Bei primärer Dreieck- und sekundärer Sternschaltung können sich die Ströme in den einzelnen Spulen ebenso entwickeln wie bei Verbindung des Transformer-Nullpunktes mit dem des Generators. Da hier die Dreieckspannungen genau den Regeln folgen wie dort die Sternspannungen, können wir die im vorigen Abschnitt für die Spulenströme entwickelten Formeln auch hier verwenden. D. h. die Fig. 42 gilt auch für die Spulenströme bei Dreieckschaltung der Primär-Wickelung. Die Ströme in den Zuleitungen sind gleich der Differenz je zweier Spulenströme.

In ähnlicher Weise wie beim vorigen Fall kann man auch hier die Angaben dreier Wattmeter ableiten, deren Stromspulen in die Zuleitungen und deren Spannungsspulen zwischen diesen und einen künstlich gebildeten Nullpunkt angeschlossen werden. Auf das solcher Art an der zu den beiden Außenspulen führenden Zuleitung liegende Instrument entfallen 40% der gesamten Kernverluste, auf jedes der beiden anderen je 30%. Prinzipiell Neues tritt bei dieser Schaltung nicht auf, so daß wir zu der letzten charakteristischen Möglichkeit übergehen können.

III. $Y / \triangle$ - Schaltung.

Hier wirkt auf jeden magnetischen Kreis die Differenz zweier MMKe, so daß wir die Gleichungen (12) bis (14) nicht für die Ströme der Primärspulen, sondern — Übersetzungsverhältnis 1 : 1 — für die Differenz aus je einem Primärstrom und einem in dem geschlossenen Dreieck fließenden Sekundärstrom b, Fig. 43, ansetzen müssen. Wir können dann durch die Differenz je zweier derartiger Gleichungen andere

Gleichungen erhalten, die sich auf die Fluxe beziehen, die zur Induktion der gegebenen, uns also bekannten Dreiecks-Spannungen dienen.

$$(19\,\mathrm{a}) \qquad \Phi_\alpha = \frac{C(K^2 - 2) - B(K + 1)^2 + (2K + 3)b}{K(K^2 - 2)w}$$

$$(20\,\mathrm{b}) \qquad \Phi_\beta = \frac{(A - C)\cdot(K^2 - 2)}{K(K^2 - 2)w}$$

$$(21\,\mathrm{b}) \qquad \Phi_\gamma = \frac{B(K + 1)^2 - A(K^2 - 2) - b(2K + 3)}{K(K^2 - 2)W}\,.$$

Die Größe des Dreieckstromes b hängt nur von den MMK-Verhältnissen ab. Wir erhalten demnach seine Größe am wenigsten durch andere Einflüsse verschleiert, wenn wir die im Dreieck wirksame EMK gleich Null setzen. Wir verstoßen hiermit nicht wesentlich gegen die praktischen Verhältnisse; denn b ist klein gegen die primären Leerlaufströme, so daß die zu seiner Erzeugung notwendige EMK sehr klein gegen die Sternspannungen ist. Wir nehmen also den idealen Fall einer widerstandslosen Dreiecks-Wicklung an. Dann ist

$$\Phi_A + \Phi_B + \Phi_C = 0\,.$$

Aus den modifizierten Gleichungen (12) bis (14) erhalten wir dann

$$(89) \qquad (A + C)\cdot(K^2 - K) + B(K^2 - 2K) - b(3K^2 - 4K) = 0\,.$$

Da $A + B + C = O$ ist, folgt hieraus

$$B = -b(3K - 4)$$

oder

$$(90) \qquad b = -\frac{B}{3K - 4}\,.$$

Wir können jetzt die einzelnen Größen mit Hilfe eines Diagrammes, Fig. 44, bestimmen. Die 3 Dreieckseiten dieses Diagrammes sind $\Phi_\alpha(K^2 - 2)Kw$, $\Phi_\beta(K^2 - 2)Kw$, $\Phi_\gamma(K^2 - 2)Kw$.

Die Basis dieses Dreiecks ist dann eine Funktion von $(A{-}C)$ und die Höhe eine Funktion von B und b abhängig von K. Letztere ist

$$h = \tfrac{1}{2}\left\{(A + C)\cdot(K^2 - 2) - 2B(K + 1)^2 + 2b(2K + 3)\right\}$$
$$= \left\{-B\frac{3K^2 + 4K}{2} + b(2K + 3)\right\}.$$

Hierin (90) eingesetzt, gibt

$$h = -B\left\{\frac{3K^2 + 4K}{2} + \frac{2K + 3}{3K - 4}\right\}.$$

Da die Basis des Dreiecks $\sqrt{3}\cdot(K^2 - 2)\cdot i_1\sqrt{2}$ ist, so ist

$$h = \tfrac{3}{2}(K^2 - 2)i_1\cdot\sqrt{2}$$

und folglich

$$B' = -3\,i_1\sqrt{2}\,\frac{(K^2 - 2)(3K - 4}{K(9K^2 - 16) + 2(2K + 3)}\,.$$

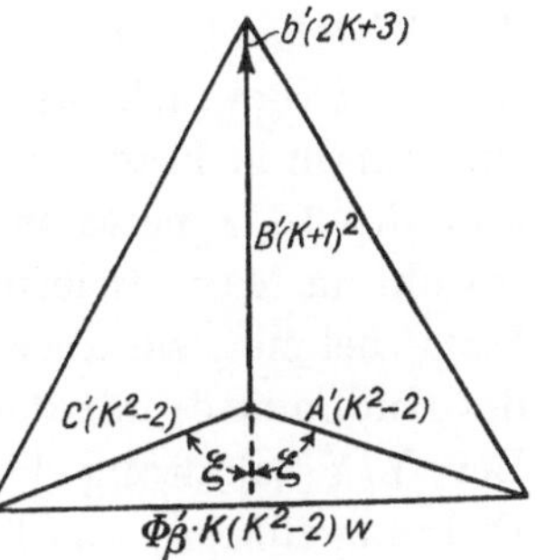

Fig. 44.

A und C bestimmt man in bekannter Weise. Wir erhalten dann

$$A = 0{,}921\cdot i_1\sqrt{2}\cdot\sin(\omega t + 110°)$$
$$B = 0{,}630\cdot i_1\sqrt{2}\cdot\sin\omega t$$
$$C = 0{,}921\cdot i_1\sqrt{2}\cdot\sin(\omega t - 110°)$$
$$b = 0{,}079\cdot i_1\sqrt{2}\cdot\sin(\omega t - 180°)\,.$$

Schluß-Bemerkungen.

Die mit einfachen analytischen Mitteln arbeitende Theorie gibt einen klaren Einblick in die Wirkungsweise des Manteltransformators bei den verschiedenen Schaltungsmöglichkeiten. Die Freiheit der 3 magnetischen Kreise ist nicht vollkommen, da der Verlust an MMK in den beiden mittleren Querstegen je zwei benachbarte Kreise unvollkommen miteinander koppelt. Infolgedessen wird jeder Kern mehr oder minder von allen 3 Spulen erregt. Da die mittlere Spule aber entgegengesetzt geschaltet ist, wie die beiden Außenspulen, so wird bei primärer Sternschaltung der mittlere Kern schwächer erregt. Der Manteltransformator hat demzufolge bei Leerlauf eine Nullpunktsverschiebung und zwar ist die EMK der mittleren Spule kleiner als die der beiden Außenspulen. Daraus folgt eine von der normalen Phasenverschiebung von je 120° zwischen den 3 EMKen abweichende Verschiebung. Diese hat zur Folge, daß bei der Messung der Leerlaufsverluste mit 3 Wattmetern alle drei Instrumente verschieden große Ausschläge haben. Auch wenn man den Nullpunkt des Transformers selber für die Messung benützt, werden die Ausschläge nicht gleich groß. Es kann sogar eines der 3 Wattmeter negativ ausschlagen. Die 3 Magnetisierungsströme sind infolge desselben Einflusses verschieden groß. Diese Verschiedenheiten hängen ab von den konstruktiven Verhältnissen des Eisenweges. Die Nullpunktsverschiebung ändert sich nicht bei Belastung; sogar schiefe (sogenannte einphasige) Last erzeugt keine zusätzliche Nullpunktsverschiebung. Einspulige Last dagegen erzeugt eine Nullpunktsverschiebung ähnlich wie im Kerntransformer. Wegen des reinen Eisenschlusses, den der diese zusätzliche EMK induzierende Flux im Manteltransformer findet, ist die Verschiebung größer als im Kerntransformer. Ist die Sekundärwicklung in Dreieck geschaltet, so führt sie einen Ausgleichs-Magnetisierungsstrom, der die Nullpunktsverschiebung praktisch gleich Null macht. Die Leerlaufsströme in den 3 Spulen sind auch in diesem Falle verschieden groß. Dasselbe gilt für die Dreiecksschaltung der Primärspulen. Verbindet man bei Y/Y-Schaltung den primären Nullpunkt mit dem Generator-Nullpunkt, dann fließt durch den Nulleiter ein Magnetisierungsstrom, der kleiner ist, als der Leerlaufsstrom der Mittelspule ohne diese Nullpunktsverbindung. Irgendwelche Komplikationen treten hierbei nicht auf, im Gegenteil, der Nulleiter stellt sogar eine — allerdings nur theoretisch in Frage kommende — Verbesserung dar. Durch die mangelhafte Koppelung der 3 Magnetkreise können sich im Manteltransformer Glieder höherer Ordnung sowohl im Magnetisierungsstrom als auch in den EMKen ausbilden. Eine gefährliche Höhe nehmen sie aber nie an. Sowohl eine Dreieckwicklung als auch Verbindung des Nullpunktes mit dem des Generators verhindert ihre Ausbildung in den EMKen. Bei Y/Y-Schaltung können die beiden Außenspulen sogar Harmonische dritter Ordnung führen, was beim Kerntransformer höchstens minimal der Fall sein kann. All diese in wissenschaftlicher Beziehung sehr interessanten Eigentümlichkeiten haben nur ein rein akademisches Interesse; die manchmal gegen den Manteltransformer ihretwegen geäußerten Bedenken sind nicht gerechtfertigt.

Über Durchschlagsfestigkeit von Isolierölen.

Von

Robert M. Friese.

Mitteilung aus dem Charlottenburger Werk der Siemens-Schuckertwerke G. m. b. H.
zu Charlottenburg.

Mit 8 Textfiguren.

Vor etwa 20 Jahren fanden die Isolieröle Eingang in die Starkstromtechnik. Im großen und ganzen mit Erfolg. Der Grund lag nicht darin, daß etwa ein tieferer Einblick in das Wesen der Isolieröle und der Vorgänge des Durchschlags überhaupt vorhanden gewesen wäre, sondern darin, daß damals noch mit mäßigen Spannungen gearbeitet wurde, die heute kaum mehr als Hochspannung angesehen werden. Diesen gegenüber waren die damals erhältlichen und verwendeten Öle selbst in mäßiger Güte noch von erheblicher Sicherheit gegen Durchschlag. Mißerfolge gab es natürlich auch, aber man erkannte sehr bald, daß es hauptsächlich zwei Umstände waren, die die Öle in ihrer Brauchbarkeit herabsetzten: unvollkommene Reinigung der Öle nach dem Raffiniervorgang und Wasserhaltigkeit derselben. Demgemäß verlangte man von den Ölwerken die Lieferung säurefreier Öle. Man verstand darunter die Abwesenheit von Mineralsäureresten aus dem Waschvorgang der Rohdestillate mit H_2SO_4. Daß die Säurereste in den Ölraffinerien durch Behandlung mit Alkalien entfernt wurden und die Öle zwar säurefrei, aber nicht alkalifrei zu sein brauchten, fand merkwürdigerweise keine Erwähnung. Dagegen fand die als schädlich erkannte Gegenwart von Wasser im Öl dauernde Beachtung, und die Forderung nach wasserfreiem Öl war zu jeder Zeit gleichbedeutend mit der Zulässigkeit der Verwendung in Hochspannungsapparaten. Das Verlangen nach einem säurefreien Öl war eine gute Forderung, und ihr verdankte man die überaus erfolgreiche Wirkung der Isolieröle bei der Überwindung aller mit wachsender Hochspannung mehr und mehr auftretenden Schwierigkeiten.

Erst die letzten 10 Jahre etwa, mit der sprunghaften Aufwärtsbewegung der Hochspannung zeigten, daß die Isolieröle nicht mehr die große natürliche Sicherheitsreserve gegenüber den wachsenden Spannungen aufwiesen, wie das am Anfang der Entwicklung der Fall war. Man erkannte, daß ein ursprünglich säure- und wasserfreies Öl im Laufe seiner Verwendung zwar säurefrei[1]), aber nicht wasserfrei zu bleiben brauchte, ja daß es sogar ganz besonderer Vorkehrungen bedurfte, um die Isolieröle an der Aufnahme von Wasser aus der Luft zu verhindern. Hierbei ergab sich, daß die Durchschlagsfestigkeit außerordentlich empfindlich auf Feuchtigkeitsgegenwart reagierte. Es wurden Durchschlagskurven veröffentlicht, die diese Abhängigkeit zeigen sollten. Die Übereinstimmung war aber schlecht. Der Grund mag zum Teil an der nicht leichten Feststellbarkeit der beiden Abhängigkeitsgrößen an sich liegen,

---

[1]) Die Möglichkeit der Gegenwart organischer Säuren, die in nicht gut raffinierten Ölen vorhanden sein können — aber möglichst nicht vorhanden sein sollten — haben mit den hier betrachteten Vorgängen nichts zu tun. Sie scheinen übrigens auf die Durchschlagsfestigkeit nicht ohne Einfluß zu sein.

zum Teil an der Schwierigkeit des sauberen Arbeitens bei der hohen Empfindlichkeit der Abhängigkeit und schließlich noch von Umständen unbekannter Art, die nicht vernachlässigt werden dürfen.

Die nachfolgenden Versuche und Betrachtungen sollen einen Beitrag liefern zur Aufklärung der mancherlei Widersprüche, die beim Eindringen in das vielfach noch recht dunkle Gebiet dem Praktiker wie Theoretiker aufstoßen.

Es ist nützlich, zunächst gewisse Festsetzungen zu treffen über das Was und Wie der Prüfungen, einmal um für spätere Fortschrittsarbeiten die Möglichkeit der Vergleichbarkeit zu behalten und eine ebensolche Vergleichbarkeit mit in anderen Händen befindlichem Versuchsmaterial zu ermöglichen.

1. Das Öl.

Unerläßlich sind genaue Angaben über die Art des Isolieröles. Im folgenden handelt es sich nur um Mineralöle im engeren Sinne, die überwiegend aus Rohpetroleum durch fraktionierte Destillation gewonnen werden. Sie genügen den vom Zentralverband der Deutschen Elektrotechnischen Industrie herausgegebenen Richtlinien[1]). Werden Öle kritisiert, die diesen Vorschriften nicht entsprechen, so müssen die Punkte genannt werden, worin sie abweichen. Ferner sind Aussagen zu machen über die Vorbehandlung des Öles, ehe es der Durchschlagsprüfung unterworfen wurde, insbesondere ob und mit welchen Mitteln es wasserfrei gemacht und in der erzielten Wasserfreiheit erhalten wurde, ferner ob und wieweit man es sonst noch von möglichen Verunreinigungen befreite. Ich hoffe in einer späteren Arbeit zeigen zu können, daß z. B. der Fasergehalt (nicht der Staubgehalt schlechtweg) des Öles eine sehr beachtenswerte Rolle bei der Durchschlagsfestigkeit spielt und daß die hierdurch eingeleiteten Durchschläge fälschlich als Wassergehalt gedeutet werden können.

Es sei schon hier betont, daß es außerordentlich schwierig ist, Öl wirklich wasserfrei zu bekommen und es auch nur kurze Zeit in diesem Zustand zu erhalten. Jedenfalls kann bei den in der Praxis üblichen und im allgemeinen auch nur möglichen Verfahren, das Wasser aus dem Öle zu entfernen, nicht von einem absolut wasserfreiem Endprodukt gesprochen werden. Die im Großbetrieb üblichen Verfahren der „Entfeuchtung" des Öles beruhen entweder auf dem Wege des Herausdampfens oder des Herausfilterns oder einer Kombination beider. Das Herausdampfen verlangt bei Atmosphärendruck eine Erhitzung des Öles über 100° C. Die Erfahrung hat gelehrt, daß man hierbei nicht über 120° C gehen soll, und zwar an keinem Punkte des Ölkreislaufes, weil die Mineralöle bei höherer Temperatur besonders bei Gegenwart des Luftsauerstoffes sehr rasch in ihrer chemischen Konstitution verändert werden. Über die Einzelheiten dieser Vorgänge sind wir nur sehr unvollkommen unterrichtet. Jedenfalls weiß man aber, daß besonders längeres Erhitzen bei diesen Temperaturen möglichst zu vermeiden ist, es sei denn, daß das Verfahren wenigstens unter Luftabschluß vor sich geht. Man ist daher auch den Weg gegangen, die Erhitzung bei Temperaturen unter 100° C vorzunehmen, muß dann aber den Druck erniedrigen, um das Wasser mit einiger Sicherheit ausdampfen zu können. Dieses Verfahren der Entfeuchtung im (mäßigen) Vakuum ist dem ersteren vorzuziehen,

---

[1]) Richtlinien für die technischen Bedingungen für Transformatoren- und Schalteröle, festgelegt in den Sitzungen vom 4. Mai und 8. November 1918 von der Unterkommission für Transformatorenöle.

obgleich auch hier — wenn auch in vermindertem Maße — auf die Konstitution des Öles eingewirkt wird. Das Herausfiltern dagegen beruht nicht, wie man zunächst glauben möchte, auf der großen Neigung des Wassers zur ausgetrockneten Pflanzenfaser, die natürlich an sich vorhanden ist, sondern auf einem rein mechanischen Vorgang der Siebwirkung, worüber später noch einiges zu sagen ist. (Abschnitt 3). Das Öl wird vermittels einer Pumpe durch eine Reihe scharf ausgetrockneter Filtrierpapiere gedrückt und gibt an diese das Wasser ab. Zugleich bleiben in den Maschen des Filters noch sonstige Verunreinigungen zurück. Das Verfahren bedarf keiner gesteigerten Temperaturen. Höchstens um ein allzu viskoses Öl für den Filtriervorgang genügend dünnflüssig zu machen, erweist sich eine mäßige Anwärmung als nützlich. Von einer chemischen Einwirkung auf das Öl kann dabei praktisch nicht die Rede sein. Man könnte die Ausfiltrierung als die beste Lösung betrachten, haftete auch ihr nicht der Nachteil an, daß sie das Öl nicht frei von Fasern zu machen vermag. Sehr wahrscheinlich geben die Filtrierpapiere ihrerseits feine Pflanzenfäserchen an das durchflutende Öl ab.

2. Die Spannungsquelle.

Die Durchschlagsprüfung kann sowohl mit Gleich- als auch mit Wechselstrom vorgenommen werden. Bei Öl handelt es sich infolge seiner im allgemeinen hohen Durchschlagsfestigkeit gewöhnlich um Spannungen von der Größenordnung 10 bis 50 kV. Mit Gleichstrom sind solche Spannungen nicht ohne weiteres erhältlich, wenigstens nicht in einer für derartige Untersuchungszwecke geeigneten Form. Es ist daher üblich, und bei dem Überwiegen des Wechselstromes in der Hochspannungstechnik auch berechtigt, die Durchschlagsfestigkeit des Öles mit Wechselstrom festzustellen. Man muß sich aber darüber klar sein, daß vielleicht bei hohen Gleichstromspannungen andere Ergebnisse herauskommen können. Vorerst wissen wir hierüber nichts. Man nimmt an, daß der Durchbruch eines Dielektrikums erfolgt beim jeweils vorhandenen Höchstwert der Spannung, bei Wechselstrom also beim Amplitudenwert. Dieser Wert ist der Messung aber nicht bequem zugänglich. Man hat daher den Effektivwert der Spannung, wie er von den gebräuchlichen Spannungsmeßinstrumenten angezeigt wird, dafür gesetzt; ist der zeitliche Verlauf der Spannungslinie sinusförmig, so ist der Amplitudenwert das $\sqrt{2}$-fache. Wenn irgend möglich wird man mit sinusförmigen Stromquellen zu arbeiten suchen. Wo dies nicht angängig ist, wird man den alsdann gemessenen Effektivwert umrechnen auf den Effektivwert einer äquivalenten Sinuslinie gleichen Amplitudenwertes; es genügt hierfür eine einmalige Feststellung des Scheitelfaktors. Streng richtig ist dies Verfahren wohl auch nicht, denn es ist bis jetzt noch nicht erwiesen, ob die Durchschlagsfestigkeit vom Amplitudenwert allein abhängt und nicht noch von dem zeitlichen Verlaufe der Spannung bis zu diesem Amplitudenwert. Aber die Vorsicht sollte man jedenfalls gebrauchen, Durchschlagsfestigkeiten nicht zu messen, ohne sich über die Spannungskurve einigermaßen klar zu sein. Die in dieser Abhandlung zur Sprache kommenden Spannungswerte beziehen sich alle auf Effektivwerte von Sinus- oder äquivalenten Sinuslinien. Die Vorsicht erheischt bei allen Durchschlagsversuchen das Vorschalten dämpfender, induktionsfreier Widerstände. Sie dürfen aber nicht so groß gewählt werden, daß schon die Verschiebeströme einen merkbaren Spannungsabfall darin hervorzurufen vermögen. Aus denselben Gründen müssen auch die Maschinen wie Transformatoren genügend starr und von ausreichender Leistung sein. Elektrisier- oder Influenzmaschinen, Leidener Flaschen und dgl. sind aus den genannten Gründen zur zahlenmäßigen Festlegung der Durchschlagsfestigkeit unbrauchbar.

3. Die Durchschlagsfestigkeit und der Wassergehalt.

Wenn in der Literatur von Durchschlagsvorgängen die Rede ist, so findet man gewöhnlich nur Spannungen angegeben. Mit diesen ist aber mangels genügender Erläuterungen nicht viel anzufangen. Fehlen dann auch noch genauere Unterlagen über Anordnung und Gestaltung der Elektroden, zwischen denen die Durchschläge stattfanden, so haben die Angaben kaum mehr Wert als reine Relativzahlen für einen Sonderfall und lassen sich zu irgendwelchen Vergleichen und sonstigen Schlüssen nicht verwenden. Es gibt nur eine Größe, die sich zur zahlenmäßigen Festlegung der Durchschlagsfestigkeit eines Isolierstoffes vertreten läßt. Das ist diejenige Spannung, die im homogenen elektrischen Felde die Dickeneinheit des Isolierstoffes gerade zu durchschlagen vermag. Ist in einem solchen Felde die auf die Dicke r eines Isolierstoffes entfallende Durchschlagsspannung V, so ist die Größe $\dfrac{V}{r}$ die Durchschlagsfestigkeit des betreffenden Stoffes und ist eine Materialkonstante[1]). Nun ist die Herstellung eines homogenen Feldes gar keine so leichte Sache. Es erübrigt sich auch, weil für gewisse einfache geometrische Gebilde sich die Feldstärke für jeden Feldpunkt berechnen läßt. Kennt man aber die Gesetzmäßigkeit der Feldbildung, so braucht man für den Ort des Maximums nur den Gradienten $\dfrac{dV}{dr}$ zu bilden und kann auf diese Weise die Durchschlagsfestigkeit bequemer und genauer ermitteln als auf dem Definitionsweg der homogenen Felderzeugung. Nun wissen wir aus der Theorie, daß z. B. bei zwei konzentrischen Zylindern mit den Radien $r_1 < r_2$ die maximale Feldstärke auf r_1 herrschen muß und sich dafür der sehr einfache Ausdruck

$$D = \frac{V}{r_1 \ln \dfrac{r_2}{r_1}}$$

ableiten läßt. Ist also V die Durchschlagsspannung, so ist D die Durchschlagsfestigkeit des den Zwischenraum zwischen r_1 und r_2 ausfüllenden Isolierstoffes. Mit derartigen konzentrischen Zylinderfunkenstrecken, die besonders bei flüssigen Isolierstoffen sehr bequem sind, sind die hier vorkommenden Zahlenwerte ermittelt bzw. überprüft. Da V nach dem Vorangegangenen in kVeff, die Längen in cm gemessen sind, ergibt sich D in kV eff/cm (im folgenden kurz kV/cm geschrieben). Werden Meßfunkenstrecken anderer geometrischer Form verwendet, z. B. Kugeln, Scheiben usw., die, besonders unter Berücksichtigung ihres konstruktiven Beiwerks der Rechnung nicht genügend sicher zugänglich sind, so werden sie am besten auf dem Wege

---

[1]) Die Fälle, in denen die Größe $\dfrac{V}{r}$ keine Konstante, sondern V eine Funktion von r zu sein scheint, klären sich zumeist dahin auf, daß die Voraussetzung des homogenen Feldes nicht mehr erfüllt ist und über die Änderung des Feldes mit r Aussagen nicht gemacht werden können.

der Eichung auf die Zylinderfunkenstrecke[1]) zurückgeführt. Denn, das sei nochmals betont, nicht auf die Durchschlagsspannung kommt es bei der Bewertung eines Isolierstoffes an, sondern auf die Durchschlagsfestigkeit.

Bestimmt man unter Beachtung des bis jetzt Erörterten die Durchschlagsfestigkeit D eines Isolieröles, das nicht kurz vorher entfeuchtet wurde, so erhält man gewöhnlich Werte für D von der Größenordnung 50 kV/cm. Entfeuchtet man es aber vorher nach einem der erwähnten Verfahren, so steigt der Wert von D auf etwa 130 kV/cm, also auf etwa das $2^1/_2$fache. Man sieht schon hieraus, daß der Wassergehalt des Öles eine bedeutende Rolle bei der Durchschlagsfestigkeit spielen muß. Versucht man aber nach einer der bekannten Methoden, z. B. dem Xylolverfahren[2]), den Wassergehalt des Öles bei diesen D-Werten zu bestimmen, so kommt man nicht zum Ziele, denn die Wassermengen sind so gering, daß die Empfindlichkeitsgrenzen dieser Methoden nicht ausreichen, sie nachzuweisen. Wir sind daher den umgekehrten Weg gegangen und haben zunächst ein Öl mit den in Abschnitt 1 genannten Mitteln so wasserfrei gemacht, wie dies mit der Sorgfalt des Großbetriebes möglich ist. Diesem Öl wurde der Wassergehalt O zugesprochen. Das ist nicht absolut richtig, wie sich später zeigen wird, aber es kann als erste Annäherung wohl bestehen. Diesem Öl von bekannter Menge wurden abgewogene Mengen destillierten Wassers steigend zugesetzt und mit dem Öle gut emulgiert[3]).

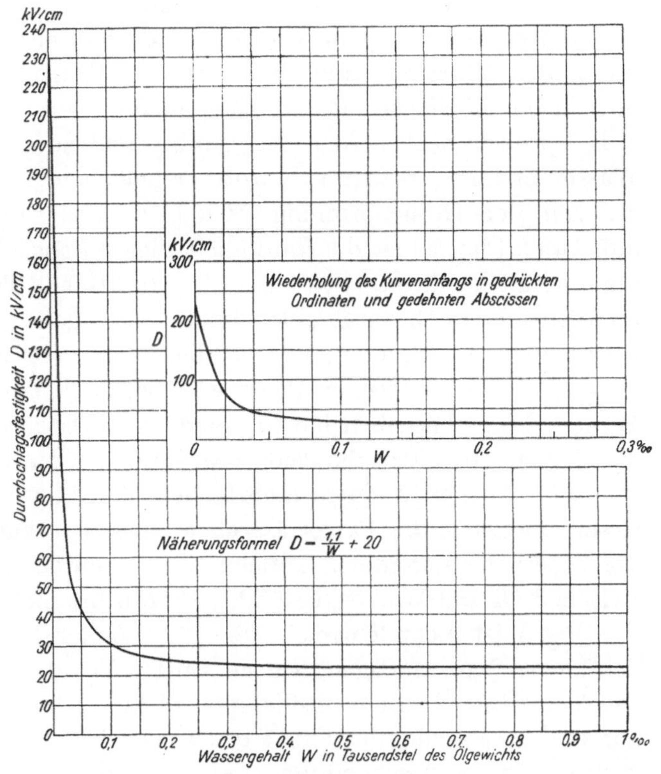

Fig. 1.

Durchschlagsfestigkeit D in kV/cm eines Isolieröles nach den Verbandsrichtlinien, abhängig von seinem Wassergehalt W in Tausendsteln des Ölgewichts.

Nachdem die Gemische frei von Luftbläschen geworden waren, wurde D bestimmt. Die Versuche fanden bei Temperaturen von 15 bis 20° C und dem durchschnittlichen Barometerstande von Berlin (75,8 cm Hg) statt. Genaue Angaben hierüber erübrigen sich, weil die Versuche mit Unsicherheiten mancherlei Art behaftet sind, die schwerer wiegen als die Temperatur- und Druckkorrektionen. Die Ergebnisse zeigt das Kurvenblatt Fig. 1.

---

[1]) Der große Vorteil, daß äußere Felder das Feld im Zylinderzwischenraum nicht zu stören vermögen, gilt natürlich nur, so lange die axialen Längen der Zylinder genügend groß im Verhältnis zu $r_2 - r_1$ sind; etwa 20 $(r_2 - r_1)$.

[2]) Marcusson, Laboratoriumsbuch für die Industrie der Öle und Fette. 1911, S. 44.

[3]) Man verfährt am besten in der Weise, daß man erst stärkere Wasseremulsionen herstellt und diese durch allmähliche Ölzugabe auf schwächere Emulsionen einstellt. Leichtes Anwärmen und sehr kräftiges Schütteln mit reichlicher Luftmenge (trockene natürlich), erleichtert die an sich nicht sehr willige Emulsionsbildung. Alle Gefäße müssen selbst gut ausgetrocknet sein, damit hieraus nicht Fehlerquellen entstehen, denn es handelt sich bei den einzubringenden Wassermengen nur um Bruchteile von Tausendsteln des Ölgewichts.

Die Kurve hat große Ähnlichkeit mit einer Hyperbel. In der Tat läßt sich die Abhängigkeit der Durchschlagsfestigkeit D vom Wassergehalt W mit befriedigender Annäherung innerhalb der Gebrauchsgrenzen durch den Ausdruck

$$D = \frac{1{,}1}{W} + 20$$

wiedergeben, worin D in kV/cm und W in Tausendsteln des Ölgewichtes ($^0/_{00}$) ausgedrückt ist. Es ist das natürlich nur eine empirische Einkleidung des Durchschlagsgesetzes, dessen innere Zusammenhänge uns noch dunkel sind.

Betrachtet man ein solches wasserhaltiges Öl bei 300facher Vergrößerung unter dem Mikroskop und hat man den Kunstgriff gebraucht, das Wasser vorher mit einem möglichst intensiv färbenden, neutralen und wasserlöslichen Farbstoff, z. B. Spritscharlach B (der Bad. Anilin- und Sodafabrik) zu färben, so sieht man das Wasser in Form kleiner rubinroter Kügelchen im Öle schweben. Ihr Durchmesser ist von der Größenordnung $10\,\mu$ [$1\,\mu = 10^{-3}$ mm][1]). Steigt der Wassergehalt auf etwa $0{,}1\,^0/_{00}$, so ist die Häufigkeit dieser Kügelchen schon so groß, daß durch die nun merkliche diffuse Streuung eine (optische) Trübung des Öles entsteht. Läßt man ein solches Öl durch getrocknete Filter gehen und untersucht gleich darauf das Filterpapier, so findet man, daß die roten Wasserkügelchen nicht etwa als kleine verwaschene rote Flecken ihren wässerigen Inhalt an die feinen Faserhärchen des Papierstoffes abgegeben haben, sondern sie sitzen als dieselben runden Kügelchen, als die man sie in der Emulsion sah, im öligen Maschengewebe des Papieres, so etwa, wie Schrotkörner in einem mehrfachen Drahtgewebe. Das Öl überzieht mit solcher Geschwindigkeit die Papierfäserchen, daß die Wasserkügelchen gar nicht mehr an die Fasern herankommen können, im Gegenteil, infolge der abstoßenden Wirkung zwischen Öl und Wasser die öligen Fasern nunmehr zu meiden suchen.

Fig. 1 ist recht lehrreich. Sie läßt zunächst erkennen, daß schon außerordentlich kleine Wassermengen, wie sie sonst bei exakten wissenschaftlichen Untersuchungen kaum irgendwo eine Rolle spielen, hier schon — man könnte sagen — wie Gift auf die Durchschlagsfestigkeit des Öles wirken. Besonders zu Beginn des Feuchtwerdens ist, entsprechend dem steilen Abfall des linken Kurvenastes, die Verschlechterung eine ganz gewaltige. Dann aber biegt die Kurve in die Horizontale ein und verläuft zur x-Achse asymptotisch in einem Abstand von etwa 22 kV/cm. Dies besagt, daß es nicht möglich ist, das Öl durch Wasseraufnahme beliebig zu verschlechtern, sondern daß es bei einem Feuchtigkeitsgehalt von etwa $1^0/_{00}$ Wasser praktisch seine geringste Durchschlagsfestigkeit von 22 kV/cm erreicht. Es ist nicht leicht, eine Erklärung für diese Tatsache zu geben. Richtig ist, daß sich aus mit Wasser übersättigtem Öl das Wasser allmählich ausscheidet und zu Boden sinkt. Aber nur ein Teil wird dies tun, nämlich der, der die größeren Wasserkügelchen ausmacht. Die kleineren werden in einem Dauerschwebezustand im Öl verbleiben und verhindern, daß ein besserer Wert für D als 22 kV/cm zustande kommt. Bei den der Fig. 1 zugrunde liegenden Versuchen konnte von einer nennenswerten Wasserausscheidung aber nicht die Rede sein, weil sich der

---

[1]) Man sieht auch noch Kügelchen von 1 bis $2\,\mu$ Durchmesser, wie auch solche bis $50\,\mu$, aber das sind Ausnahmen. Die weitaus überwiegende Mehrzahl bewegt sich in der oben angegebenen Größenordnung. Als Vergleich sei daran erinnert, daß die roten Blutkörperchen einen Durchmesser von 7 bis $8\,\mu$, die Fettkügelchen in der Milch von 2 bis $10\,\mu$ haben.

Emulsionsherstellung unmittelbar die Durchschlagsversuche anschlossen. Trotzdem konnte ein geringerer Wert für D als $\sim 22\,\text{kV/cm}$ nicht gefunden werden. Es ist hiernach anzunehmen, daß trotz der Gegenwart einer Wassermenge von mehr als $1^0/_{00}$ doch nur dieser Betrag bei dem Durchschlagsvorgang in Wirkung tritt. Warum und weshalb bleibt vorläufig ungeklärt. Man ersieht aber aus den bisherigen Ergebnissen, warum in früheren Jahren die Frage der Ölfeuchtigkeit keine sehr brennende war: die Betriebsspannungen waren noch relativ niedrig und die Abmessungen in den Konstruktionen dafür so reichlich, daß der Spannungsgradient an keiner Stelle den Mindestwert für D erreichte. Bei den heutigen üblichen Hochspannungen liegt die Sache nicht mehr so günstig. Die wirtschaftliche Gestaltung der Konstruktionen gestattet nicht mehr beliebigen Raumverbrauch und damit beliebige Herabdrückung des Spannungsgradienten. Man ist daher gezwungen, mit Öl zu isolieren, das höher beansprucht werden kann und muß, als dem oben genannten Mindestwerte entspricht, d. h. das unter einen gewissen Feuchtigkeitsgehalt nicht herabsinken darf und daher dort, wo es durch äußere Umstände an der Wasseraufnahme nicht gehindert werden kann, überwacht und von Zeit zu Zeit mit einem der angegebenen Verfahren entfeuchtet und damit auf hoher Durchschlagsfestigkeit gehalten werden muß. Das kann z. B. für Ölschalter sehr hoher Spannung zutreffen. Wie sieht es nun mit der höchst erreichbaren Durchschlagsfestigkeit des Öles aus? Ist der mit den praktischen Entfeuchtungsverfahren erreichbare, bereits genannte Wert $D \sim 130\,\text{kV/cm}$ dieser Höchstwert, oder gibt es einen noch höheren Wert, der die **wahre Durchschlagsfestigkeit** des von allen störenden Beimengungen befreiten Öles darstellt? Um diesen

4. Höchstwert der Durchschlagsfestigkeit

zu finden, wurde wie folgt vorgegangen: In eine Glaskugel (Fig. 2) wurden 2 gleiche Elektroden (gut abgerundete Messingscheiben von 10 mm Durchmesser und 3 mm Dicke) eingeschmolzen. Ihr Abstand betrug 2,33 mm. Durch Vorversuche war durch Vergleich mit der Zylinderfunkenstrecke die reduzierte Schlagweite zu 2,30 mm ermittelt worden. In einem erweiterten Ansatzrohr mit Einschnürung war Raum vorgesehen zur Unterbringung von Filterwatte. Nach außen endete der Filterraum in eine Glaskapillare mit einem Lumen von 0,70 mm. Schon bei der Herstellung der Apparatur wurde mit größter Sauberkeit verfahren. Nach Fertigstellung wurde die Röhre (ohne Filterstoff) 1 Stunde lang evakuiert und dabei auf einer Temperatur von 420° C gehalten. Dann wurde die Röhre wieder geöffnet und die vorher 3 Stunden im Vakuum auf 110° C erhitzte Watte (3,2 g chemisch reine, entfettete Verbandwatte), ohne sie mit den Händen zu berühren, in den Filterraum gebracht. Nunmehr wurden nochmals 2 Stunden bei einem Vakuum von 10^{-4} mm Hg und einer Erhitzung

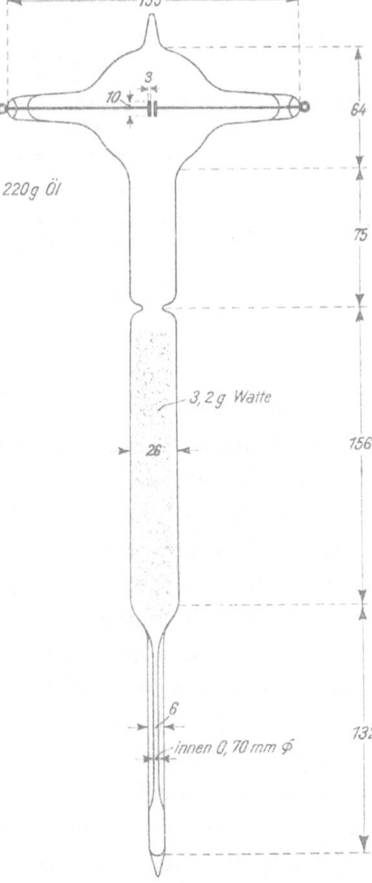

Fig. 2.

auf 110° C gepumpt und die Kapillare an der Pumpe abgeschmolzen. Inzwischen wurde ein gutes Durchschnittsöl durch Ausdampfen, wie früher beschrieben, entfeuchtet und unter diesem die Kapillare geöffnet. Das Öl strömte nun, gedrosselt durch die Kapillare, in langsamem, stetigem Strom durch das Wattefilter in die Kugel ein. Die Füllung dauerte rund 10 Minuten, die eingeströmte Ölmenge betrug 220 g. In dieser Zeit hatte das Öl Gelegenheit, etwa noch vorhandene Spuren von Feuchtigkeit an die Watte abzugeben. Andererseits konnte aus den Erfahrungen im Glühlampen- bzw. Kathodenröhrenbau angenommen werden, daß nach der beschriebenen Vorbehandlung der Apparatur irgendwelche okkludierten Wassermengen an den Innenteilen der Röhre nicht mehr hafteten und somit vom Öl auch nachträglich nicht mehr aufgenommen werden konnten. Nachdem die Kapillare mit Klebwachs verschlossen war, wurde die Röhre sich 24 Stunden selbst überlassen. Nach Ablauf dieser Zeit zeigte sich die Röhre mit Öl voll gefüllt und frei von erkennbaren Gas- oder Luftbläschen. Nunmehr wurde zur Bestimmung des Durchschlagswertes geschritten. Es war anzunehmen (vgl. Abschn. 6), daß der erste Durchschlag den zu erwartenden Höchstwert ergeben würde, die nächstfolgenden Durchschläge dagegen niedrigere Werte. Denn bei anderer Gelegenheit hatten Analysen ergeben, daß der Durchschlag· des Öles mit einer Ölzersetzung verbunden ist. Es bilden sich als Gase in der Hauptsache Wasserstoff, Methan, Äthylen und Azetylen und als Festkörper Kohle in Form feinsten Rußes, durch den die Durchschlagsfestigkeit allmählich herabgesetzt wird. Das Ergebnis im vorliegenden Falle (reduziert auf Effektivwerte sinoidalen Wechselstroms von 50 Perioden) zeigt nachstehende Tabelle:

	Durchschlagspannung in kV	Durchschlagsfestigkeit in kV/cm
1. Durchschlag	53	230
2. „	42	180
3. „	35	150
4. „	32	140
5. „	30	130

Man sieht, daß unter Beachtung aller nur möglichen Vorsichtsmaßregeln ein Öl so präpariert und zum Versuch gebracht werden kann, daß man es wohl als absolut wasserfrei bezeichnen darf und daß die Durchschlagsfestigkeit eines solchen Öles den bis jetzt noch nicht bekannt gewordenen hohen Wert von 230 kV/cm erreicht. Man darf daher bis auf weiteres auch in Fig. 1 die Kurve als von diesem Punkte ausgehend betrachten. Man ersieht aber aus der Tabelle und dem daraus gewonnenen Kurvenbilde 3 weiter, daß mit jedem folgenden Durchschlag die Durchschlagsfestigkeit sinkt und dem Grenzwerte 125 kV/cm zuzustreben scheint. Ob nun zwischen diesem Zahlenwerte und dem nahezu gleichen des als praktisch wasserfrei bezeichneten Öles (Abschn. 3) irgendwelche Beziehungen bestehen, bleibt vorläufig eine offene Frage. Man könnte daran denken, daß die Mineralöle doch keine vollkommen reinen Kohlenwasserstoffe sind und daß noch Sauerstoff in kleinster Bindung irgendwie angelagert ist und Anlaß zur Bildung von Wasser mit dem bei dem Durchschlagsvorgang entstehenden Wasserstoff in statu nascendi geben könnte[1]). Lehnt man diese Möglichkeit ab, so wäre noch denkbar, daß die sich bildenden, äußerst fein ver-

---

[1]) Bei der nachgewiesenen großen Empfindlichkeit des Durchschlages gegen Wassersuspensionen genügten schon solch kleine Mengen H_2O, die selbst als Spuren chemisch nicht mehr feststellbar wären.

teilten Rußpartikel dieselbe Rolle für den Durchschlagsvorgang spielen könnten wie die Wasserkügelchen im (feuchten) Öl. Man könnte aber auch zu dem Schlusse kommen, daß das „praktisch" wasserfreie Öl doch „absolut" wasserfrei ist und nur den hier nachgewiesenen Durchschlagshöchstwert deshalb nicht erreicht, weil noch andere Ursachen in ihm wirksam sind (z. B. Fasergebilde), die, als Feuchtigkeit gedeutet, in unserem Experimentum crucis aber durch die sich allmählich bildenden Rußpartikel in ihrer Wirkung ersetzt werden. Dann müßten die Punkte in Fig 3 auch der Kurve in Fig. 1 angehören und in dieser die Abszissen W als Korrektur eine kleine Verschiebung nach rechts erfahren.

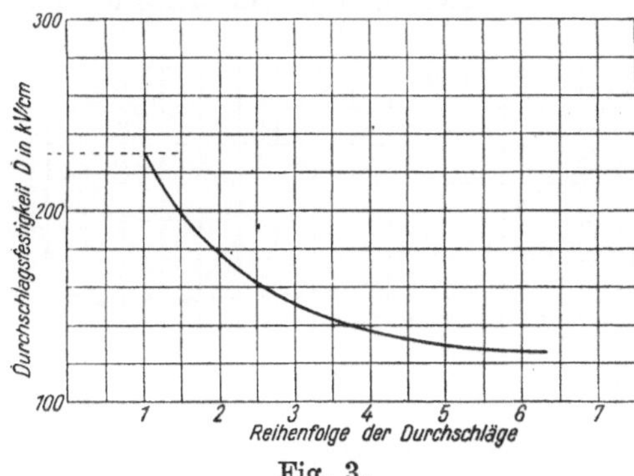

Fig. 3.

Durchschlagsfestigkeit D in kV/cm eines „absolut" wasserfreien Isolieröles nach den Verbandsrichtlinien abhängig von der Reihenfolge der Durchschläge.

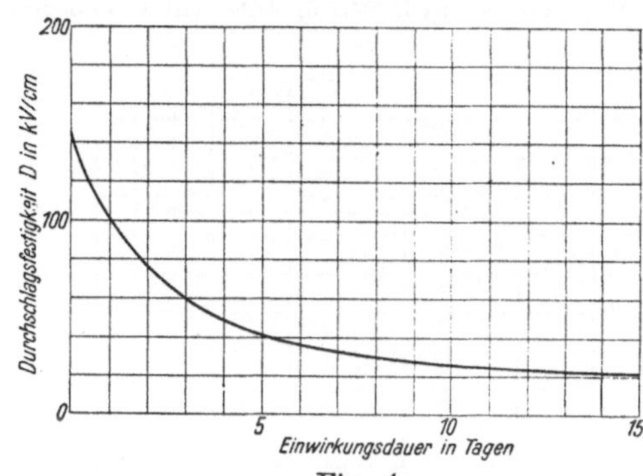

Fig. 4.

Abnahme der Durchschlagsfestigkeit D in kV/cm eines entfeuchteten Isolieröles nach den Verbandsrichtlinien in feuchter Luft (80% rel. Feuchtigkeit) bei Zimmertemperatur, abhängig von der Zeitdauer der Einwirkung in Tagen.

5. Das Öl und die Luftfeuchtigkeit.

Daß trotz des Antagonismus zwischen Wasser und Öl dieses die Neigung hat, aus feuchter Luft Wasser an sich zu reißen und zwar um so lebhafter, je sorgfältiger das Öl vorher entfeuchtet war, ist eine Erfahrungstatsache. Z. B. ergab bei einem Versuche ein vorher sorgfältig entfeuchtetes Öl, das in diesem Zustande eine Durchschlagsfestigkeit von 145 kV/cm hatte, nachdem es in einer offenen Schale von 12 cm Durchmesser in einen Raum gebracht worden war, in dem die relative Luftfeuchtigkeit auf konstant 80% bei Zimmertemperatur gehalten wurde, am 3. Tage nur noch eine Durchschlagsfestigkeit von 60 kV/cm, am 8. Tage von 30 kV/cm und am 13. Tage von 23 kV/cm (Fig. 4). Wurde dieses feuchte Öl nun in einem mit Chlorkalzium beschickten Exsikkator gebracht und dort 45 Tage belassen, so war nach Umfluß dieser Zeit seine Durchschlagsfestigkeit wieder bis auf 128 kV/cm gestiegen. Da dieser Punkt indessen keinen Einblick in den zeitlichen Verlauf einer solchen Selbsttrocknung gibt, sei in Fig. 5 aus einer anderen Versuchsreihe ein derartiges Kurvenbild wiedergegeben. Wir sehen, daß in den ersten 2 bis 3 Tagen der stärkste Anwachs der Durchschlagsfestigkeit erfolgt, dann verlangsamt sich der Vorgang, um schließlich einem Endwerte zuzustreben, der dieselbe Durchschlagsfestigkeit zu ergeben scheint, wie die Entfeuchtung nach den früher genannten Verfahren der Filtration bzw. Erhitzung. Es hat also das Öl nicht nur die Neigung Feuchtigkeit aufzunehmen, sondern auch wieder abzugeben, je nach dem Zustande seiner Umgebung. Wie der physikalische Vorgang bei dieser Wasseraufnahme bzw. -abgabe sich im einzelnen abspielt, ist noch ungeklärt. Das Mikroskop ließ selbst bei 1000-facher Vergrößerung nichts erkennen.

Leider versagt hier die Möglichkeit, von dem Kunstgriff der Färbung Gebrauch zu machen. Vielleicht haben wir es mit einer Okkludierung des Wasserdampfes zu tun, die sich nicht in Parallele stellen läßt mit der Emulgierung. Um zu sehen, ob infolge dieses möglichen Unterschiedes andere Werte für die Durchschlagsfestigkeit des Öles herauskommen, wurde folgender Versuch gemacht. In eine Kochflasche wurden 450 g entfeuchtetes Öl ($D = 145$ kV/cm) gebracht. In die Kochflasche eingehängt war ein kleines Glasgefäß, das mit dem unteren Teil etwas in den Ölspiegel eintauchte. In dieses kleine Verdampfungsgefäß kamen 0,05 g (0,11⁰/₀₀) destilliertes Wasser. Die Ölflasche wurde verschlossen und langsam auf eine Temperatur von 110 bis 120° C gebracht, bis alles Wasser aus dem kleinen Gefäß verdampft war.

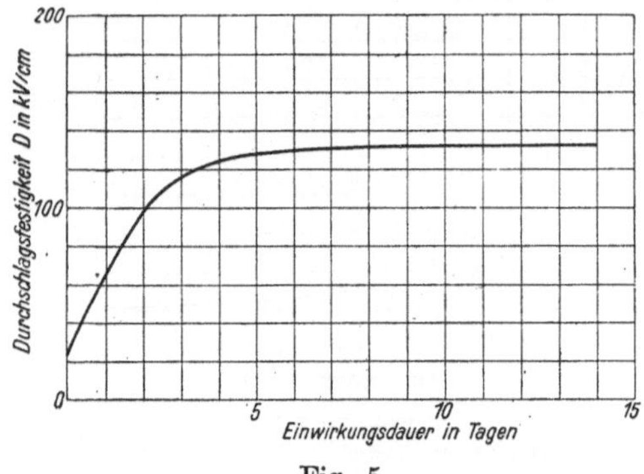

Fig. 5.

Zunahme der Durchschlagsfestigkeit D in kV/cm eines feuchten Isolieröles in trockener Luft (18⁰/₀ rel. Feuchtigkeit) bei Zimmertemperatur, abhängig von der Zeitdauer der Einwirkung in Tagen.

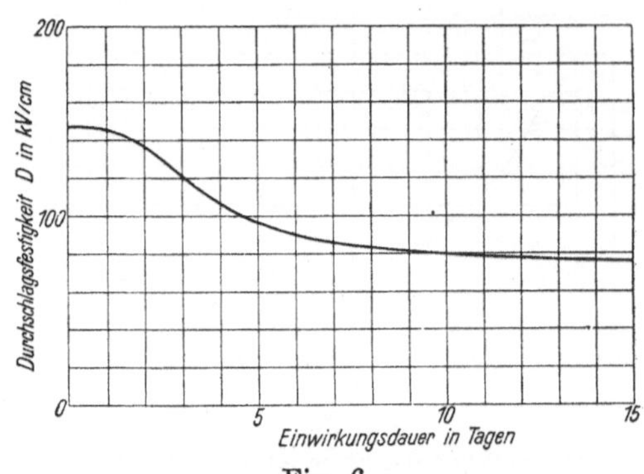

Fig 6.

Abnahme der Durchschlagsfestigkeit D in kV/cm eines entfeuchteten Isolieröles nach den Verbandsrichtlinien bei Zimmertemperatur über Wasser von 0,5⁰/₀₀ des Ölgewichtes, abhängig von der Zeitdauer der Einwirkung in Tagen.

Nun wurde unter dauerndem Schütteln[1]) langsam abkühlen lassen und bei Zimmertemperatur die Durchschlagsfestigkeit D bestimmt. Es ergab sich 24 kV/cm. Nunmehr wurde der Versuch wiederholt, aber die 0,05 g H_2O wurden diesmal auf dem früher beschriebenen Wege kalt in das Öl einemulgiert. Es ergab sich jetzt ein $D = 30$ kV/cm. Die Versuche wurden noch variiert mit Wassermengen von 0,56⁰/₀₀ und 0,06⁰/₀₀ des Ölgewichtes, wobei sich ergab, daß auch hierbei die D-Werte des Öles bei hineingedampfter Feuchtigkeit niedriger waren als die bei hineinemulgierter. Es scheint dies darauf hinzuweisen, daß es nicht gleichgültig ist, in welcher feinsten Verteilung das Wasser in das Öl gelangt und hier klafft noch insofern eine Lücke, als die Angabe des Wassergehaltes schlechtweg noch kein eindeutiges Argument ist, auf das die Durchschlagsfestigkeit bezogen werden kann.

Es war naheliegend, einen umgekehrten Versuch zu machen, also das Wasser nicht von oben aus der feuchten Luft in das Öl gelangen zu lassen, sondern eine ungeteilte Menge H_2O auf den Boden des Ölgefäßes zu bringen und zu sehen, was sich das Öl von diesem Wasser aneignen werde. Es wurde in die vorerwähnte Kochflasche wiederum 450 g entfeuchtetes Öl ($D = 147$ kV/cm) gebracht und mittels einer Pipette auf den Boden der Flasche eine Wassermenge von 0,5⁰/₀₀ vorsichtig ausgebreitet. Die Flasche blieb so gut verschlossen und unberührt bei Zimmertemperatur stehen. Von Zeit zu Zeit wurde die Durchschlagsfestigkeit in der oberen Ölschicht bestimmt. Das Ergebnis zeigt Fig. 6. Wie ihr zu entnehmen ist und

---

[1]) Dies hatte den Zweck, die Bildung von tropfbarem Kondensat an sich sonst ungleichmäßig abkühlenden Gefäßteilen, z. B. Flaschenhals, zu verhindern.

vorauszusehen war, vollzieht sich hier die Abnahme der Durchschlagsfestigkeit des Öles wesentlich anders als in Fig. 4. Das spezifisch schwerere Wasser am Boden wird keine Möglichkeit haben, im Öle nach oben zu wandern. Trotzdem findet auch hier eine allmähliche Durchfeuchtung des Öles von unten nach oben statt, nur geht das alles viel langsamer als in Fig. 4, und es dauert daher eine ganze Weile, bis in den oberen Ölschichten von einer Verschlechterung der Durchschlagsfestigkeit etwas zu merken ist. Wahrscheinlich vollzieht sich auch hier vom Boden aus die Durchfeuchtung in Form von Wasserdampf, der sich von der Oberfläche der Wasserschicht ablöst. Es ist aber nach dem Verlauf der Kurve zweifelhaft, ob auf diese Weise das Öl sämtliches Wasser $(0,5^0/_{00})$ als Feuchtigkeit in sich aufnehmen wird. Denn es müßte dann als Grenzwert für D etwa 23 kV/cm erreicht werden, und das wäre nach dem Kurvenverlauf erst nach sehr langer Zeit zu erwarten. Andererseits weisen Erfahrungen aus dem praktischen Betriebe darauf hin, daß Öl, das in Tanks und Fässern lange Zeit über größeren Wassermengen gestanden hat, doch schließlich die Eigenschaften feuchtigkeitsgesättigten Öles annimmt. Jedenfalls kann aber ausgesprochen werden, daß Wasser, das in geschlossener Menge (also nicht fein verteilt) auf den Boden von Ölgefäßen gelangt, das Öl viel langsamer verdirbt als Feuchtigkeit, die durch Emulgierung oder in Dampfform von der Oberfläche her aufgenommen wird. Man wird daher bei Unfällen, durch die in das Öl von Hochspannungsapparaten in zusammenhängender Menge Wasser gekommen ist, dieses durch die Ablaßvorrichtungen möglichst schnell zu entfernen suchen.

6. Die Änderung der Durchschlagsfestigkeit mit der Zahl der Durchschläge.

Wer auf dem Gebiete der Durchschlagsprüfung von Ölen Erfahrungen besitzt, weiß schon aus dem Knallgeräusch, der Lichterscheinung und der Gasentwicklung des ersten Durchschlages einen ungefähren Schluß zu ziehen auf die Höhe der Durchschlagsspannung des folgenden Durchschlags. Ist das Öl wasserhaltig, und das ist es zumeist, wenn es nicht vorher sehr gründlich entfeuchtet wurde, so wird man finden, daß in etwa 80 von hundert Fällen die Duchschlagsfestigkeit zuzunehmen scheint. Der Grund dürfte der sein, daß durch die Wärme-Energie im Lichtbogen die Wasserpartikelchen im Durchschlagsweg verdampft und entfernt werden. Das Geräusch eines solchen Durchschlages ist scharf und klatschend, und es erfolgt bei ungeänderter Spannung nicht sofort ein zweiter Durchschlag; die Wunde ist zunächst geheilt. Erst wenn wieder feuchtes Öl aus der Umgebung in die Funkenstrecke eingetreten ist, wiederholt sich der Vorgang. In der Zwischenzeit könnte nur bei erhöhter Spannung ein Durchschlag erzwungen werden. Dies setzt aber voraus, daß die Durchschlagsenergie durch Dämpfungswiderstände so geregelt ist, daß keine zu starke Ölverbrennung (Ölzersetzung) erfolgt. Tritt dieses letztere ein, so entsteht (vgl. Abschn. 4) im Funkenzwischenraum eine entsprechende Menge fein verteilten Rußes, der aber nicht verschwindet, sondern die Brücke zu neuem Durchschlag bildet, und zwar steigend mit den folgenden Durchschlägen. Es kommt zum Dauerüberschlag, die Durchschlagsfestigkeit scheint abzunehmen. Derartige Durchschläge sind von einem dumpfen, mehr brodelnden Geräusch begleitet infolge der bereits früher erwähnten gasförmigen Kohlenwasserstoffe (Abschn. 4) aus zersetztem Öl. Dies ist auch der Grund des in Fig. 3 dargestellten sinkenden Verlaufes der Durchschlagsfestigkeit, denn es handelt sich dort um ein Öl, das infolge vollkommener Wasserfreiheit nur

Durchschläge der zweiten Art bilden kann. Maßgebend für die Kennzeichnung eines Öles kann daher nur der erste Durchschlagswert sein, denn jeder unmittelbar darauf folgende trifft im Überschlagsweg Öl an, das durch den vorangegangenen Durchschlag verändert ist und nicht mehr identisch sein kann mit dem Öl in seiner ursprünglichen Form. Ganz falsch ist natürlich die Angabe eines „Dauerdurchschlagswertes", denn dieser hängt viel mehr ab von der Versuchsanordnung bzw. von der auf die Funkenstrecke gegebenen Energiemenge als von der Konstitution des Öles. Man darf auch nicht vergessen, daß schon allein durch die Erwärmung der Elektroden und des Öles im Funkenweg eine weitere Fehlerquelle für die Deutung des Durchschlagswertes erwächst (Abschn. 8). Selbstverständlich steht nichts im Wege und ist sehr zu empfehlen, durch eine mehrfache Wiederholung eines Durchschlagsversuches seine Genauigkeit zu verbessern, dann muß aber sorgfältig erwogen werden, ob der zweite (und folgende) Versuch unter denselben Bedingungen ganz besonders auch in Ansehung des Ölzustandes erfolgt wie der erste. Wird dies nicht beachtet, so wird man eine Schar wild streuender Beobachtungspunkte erhalten, die selbst durch die Mittelwertsbildung nicht richtiger, also auch nicht verbessert werden können. Diese Ausführungen gehören zu dem, was eingangs mit den Worten sauberes Arbeiten gekennzeichnet wurde. Nicht unerwähnt darf schließlich bleiben, daß bei Öldurchschlagsprüfungen keine Gas- oder Luftbläschen im Öle vorhanden sein dürfen, die in die Prüffunkenstrecke gelangen können, da sie infolge ihrer wesentlich geringeren Dielektrizitätskonstante die Feldverteilung und damit die Gesetzmäßigkeit der Funkenstrecke stören.

7. Die Durchschlagsfestigkeit und der Barometerstand.

Wie bereits erwähnt, ist die Bestimmungsmöglichkeit der Durchschlagsfestigkeit nicht von solcher Schärfe, daß die täglichen Luftdruckschwankungen dabei zu beachten wären. Es gibt aber Fälle, wo Hochspannungsölapparate in solchen geographischen Höhen zur Verwendung kommen[1]), daß es von Interesse sein kann zu wissen, wie die Durchschlagsfestigkeit bei erheblicher Abnahme des Barometerstandes sich ändert. Fig. 7 gibt darüber Aufschluß. Die Versuchsanordnung war die folgende. Ein kleiner Eisenkessel (der auch noch anderen Zwecken diente) mit luftdicht aufschraubbarem Deckel, Schauloch, und durch Stopfbüchsen gedichteten Elektroden war an eine Ölluftpumpe angeschlossen. Ein Feder- und ein Quecksilbermanometer gestatteten die Ablesung des Druckes. Gefüllt wurde der Kessel mit sorgfätlig durch Erhitzen und Filtrieren entfeuchtetem Öl

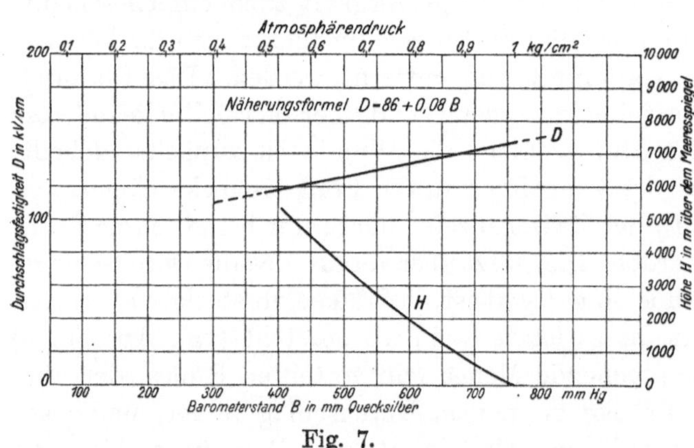

Fig. 7.

Durchschlagsfestigkeit D in kV/cm eines entfeuchteten Isolieröles nach den Verbandsrichtlinien, abhängig vom Barometerstand B in mm Quecksilber bzw. dem Atmosphärendruck in kg/cm² bzw. der Höhe H in Meter über dem Meeresspiegel.

---

[1]) Siehe z. B. Neustätter, E. T. Z. 1921, S. 2.

($D = 145\,\text{kV/cm}$). Jeder Versuch wurde 6 mal wiederholt bei 4 verschiedenen Drucken. Die Elektroden bestanden aus Kugeln von 20 mm Durchmesser, deren Konstanten durch Vergleich mit der Zylinderfunkenstrecke ermittelt waren. Die Temperatur betrug 15 bis 18° C. Man sieht aus Fig. 7, daß man praktisch mit einer gradlinigen Abnahme der Durchschlagsfestigkeit mit fallendem Barometerstande, also steigender geographischen Höhe rechnen kann. Die Formel

$$D = 86 + 0{,}08\,B\,,$$

worin $D =$ Durchschlagsfestigkeit in kV/cm, $B =$ Barometerstand in mm Quecksilber, gibt diesen Verhältnissen empirischen Ausdruck. Es ist in Fig. 7 noch die Hilfskurve H aufgenommen, um den Zusammenhang zwischen D, B und der geographischen Höhe H in m zu haben. Die Untersuchung bezog sich wie erwähnt auf praktisch wasserfreies Isolieröl. Ob bei feuchtem Öl andere Beziehungen bestehen, wurde nicht geprüft.

8. Die Durchschlagsfestigkeit und die Temperatur.

Die Isalieröle sind viskose Flüssigkeiten. Ihre Zähigkeit hängt in hohem Maße von der Temperatur ab[1]). Es war daher zu vermuten, daß auch die Durchschlagsfestigkeit von der mit der Temperatur sich ändernden Viscosität beeinflußt wird. Indessen sind diese Beziehungen außerordentlich von der Herkunft, also von der chemischen Konstitution des Öles abhängig. Es ist sehr zu bedauern, daß wir hierüber nur sehr dürftig unterrichtet sind. Wohl ist uns bekannt, daß die Isolieröle ein Gemenge aller möglichen Kohlenwasserstoffe darstellen, daß diese im Gebrauche in fortgesetzter Änderung begriffen sind, daß bei niederen Temperaturen der flüssige Zustand sich allmählich in den festen oder vielleicht richtiger in den salbenförmigen umwandelt (Stockpunktzone), daß bei steigender Temperatur die Öle immer flüssiger werden, daß sie dann durch den Luftsauerstoff oxydierbar, vielleicht auch polymer veränderlich sind, daß sie aber auch leichtflüchtigere Anteile an Kohlenwasserstoffen abgeben, die brennbar sind (Flammpunktzone) u. dgl. m. Um einen so schwer definierbaren Stoff einigermaßen für Isolierzwecke zu kennzeichnen, sind die bereits erwähnten Richtlinien des Zentralverbandes der D. E. J. herausgegeben worden. Sie sagen u. a., daß der Flüssigkeitsgrad bei $+ 20°$ C nicht über 10° Engler sein soll, der Stockpunkt für Transformatorenöle nicht über $+ 5°$ C, für Schalteröle nicht über $- 15°$ C und der Flammpunkt nicht unter 140° C liegen soll. Untersucht man nun ein so eingegrenztes Isolieröl auf Durchschlagsfestigkeit, abhängig von der Temperatur, so erhält man die Kurve D nach Fig. 8. Sie besagt, daß im mittleren Teile bei irgendeiner Temperatur ein Höchstwert der Durchschlagsfestigkeit vorhanden ist und daß von hier ab sowohl bei steigender wie bei fallender Temperatur D abnimmt.

Es scheint dies darauf hinzuweisen, daß in beiden Fällen eine Umwandlung des Öles vor sich geht und Grenzen zustrebt, wo die Untersuchung ihren Sinn verliert. Das ist sicher der Fall bei der Annäherung der Temperatur an den Flammpunkt. Merkwürdig ist das Verhalten bei sinkender Temperatur bei Annäherung an den Stockpunkt. Hier erreicht D ein Minimum. Seine Lage ist wohl abhängig von der Art und Menge der festen Ausscheidungen an Kohlenwasserstoffen und deren Einzel-

---

[1]) Vgl. Oelschläger, Z. d. V. d. I. 1918, S. 422.

festpunkten, wobei man in erster Linie an die paraffinartigen Kohlenwasserstoffe zu denken haben wird. In Fig. 8 ist noch die Hilfskurve *E* aufgenommen, um aus der Temperatur auf die Zähigkeit in Grad Engler[1]) und umgekehrt schließen zu können. Natürlich ist die *E*-Kurve eine sehr veränderliche je nach der Provenienz des Öles und entspricht hier dem Mittelwert gebräuchlicher Isolieröle.

Zusammenfassung.

Isolieröle, gewonnen durch fraktionierte Destillation und zusätzliche Raffination aus Erdölen, sind komplizierte Kohlenwasserstoffe, über deren chemische Konstitution und Veränderlichkeit im praktischen Betriebe der Hochspannungstechnik noch wenig bekannt ist. Die Erfahrung lehrt, daß sie eine außerordentliche Neigung haben, Feuchtigkeit aus der Umgebung an sich zu reißen, die die Durchschlagsfestigkeit dieses im absolut wasserfreien Zustande sehr hochwertigen Isolierstoffes wesentlich herabsetzt. Der Höchstwert der Durchschlagsfestigkeit wird zu 230 kV/cm ermittelt. Durch Emulgierung wasserfreien Öles mit abgewogenen Mengen destillierten Wassers läßt sich eine Durchschlagskurve abhängig vom Wassergehalt ableiten (Fig. 1). Sie zeigt hyperbelartigen Verlauf und führt zu dem Ergebnis, daß Isolieröle durch Wasseraufnahme nicht beliebig verschlechtert werden können. Die Durchschlagsfestigkeit erreicht einen untersten Wert, der bei etwa 22 kV/cm liegt und dem ein Wassergehalt von rund 1 Tausendstel des Ölgewichtes entspricht. Durch Erhitzung (nicht über 120° C) oder durch Filtration läßt sich nasses Öl entfeuchten. In der Praxis erreicht man hiermit Durchschlagsfestigkeiten, die bei etwa 130 bis 140 kV/cm liegen. Während durch Emulgierung in das Öl gebrachtes Wasser durch mikroskopisch kleine Wasserkügelchen von etwa 10 μ nachweisbar war, ließ sich der Nachweis von Wasser, das durch Wasserdampf in das Öl gelangte (okkludiertes Wasser), auf diesem Wege nicht erbringen. Es wird angenommen, daß diese Wasseraufnahme noch sehr viel feiner verteilt erfolgt. Die Durchschlagswerte hierfür ergeben sich um einiges niedriger als bei emulgiertem Wasser. Die Isolieröle haben die Eigenschaft, ihren Wassergehalt auf ihre Umgebung einzustellen. Aus feuchter Luft nehmen sie Wasser auf (Fig. 4), an trockene Luft geben sie Wasser ab (Fig. 5). Entfeuchtete Isolieröle müssen sofort unter luftdichtem Verschluß genommen werden, wenn sie ihre hohe Durchschlagsfestigkeit beibehalten sollen. In Betriebsräumen mittlerer Beschaffenheit (etwa 50% relat. Feuchtigkeit) stellen sich nicht geschützte Isolieröle allmählich auf eine mittlere Durchschlagsfestigkeit von etwa 50 kV/cm ein. Von der Oberfläche her nehmen Isolieröle Feuchtigkeit schneller auf (Fig. 4) als vom Bodenwasser, über dem sie stehen (Fig. 6). Für die zahlenmäßige Festlegung der

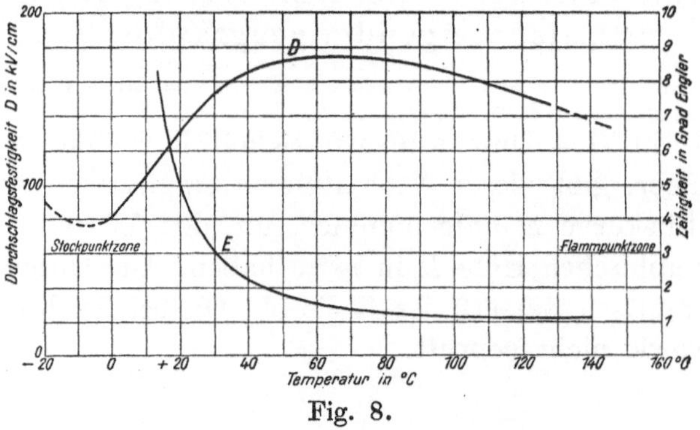

Fig. 8.

Durchschlagsfestigkeit *D* in kV/cm eines entfeuchteten Isolieröles nach den Verbandsrichtlinien, abhängig von seiner Temperatur in ° C.

---

[1]) Die **Grad Engler** *E* sind Relativzahlen und nicht proportional der absoluten Zähigkeit η (Schubmodul) mit der Dimension $c^{-1} g s^{-1}$. Es ist $\eta = 0{,}018 \cdot s \cdot Z$, worin s = spez. Gewicht und Z der „Zähigkeitsfaktor" ist, der sich (nach Ubbelohde) aus *E* berechnet nach der Formel

$$Z = 4{,}072 E - \frac{3{,}518}{E}.$$

Durchschlagsfestigkeit ist der jeweils erste Durchschlagswert bestimmend; die folgenden nur dann, wenn sie unter denselben Voraussetzungen erfolgen wie der erste. Bei nicht ganz trockenen Ölen erfordert der dem ersten sofort folgende zweite Durchschlag in 80 von 100 Fällen eine höhere Spannung (Wasserverdampfung durch den Lichtbogen), bei vollkommen wasserfreien Ölen ist es umgekehrt (Rußausscheidung durch Ölzersetzung) Fig. 3. Während die Durchschlagsfestigkeit eines entfeuchteten Isolieröles dem Luftdruck proportional ist (Fig. 7), ist die Abhängigkeit von der Temperatur verwickelterer Natur (Fig. 8). Es ergibt sich ein Höchstwert (abhängig von der Herkunft des Öles), von dem aus die Durchschlagsfestigkeit sowohl sinkt bei Annäherung der Temperatur an die Flammpunktzone (140° C und mehr) als auch bei Annäherung an die Stockpunktzone ($+ 5°$ bis $- 15°$ C). Im letzteren Fall erreicht die Durchschlagsfestigkeit ein Minimum.

Schlußwort.

Das Versuchsmaterial zu dieser Arbeit liegt teilweise 8 bis 10 und mehr Jahre zurück, zum Teil ist es in den letzten beiden Jahren (1919 und 20) im Laboratorium und Prüffeld unseres Charlottenburger Werkes neu gewonnen. Ich möchte nicht schließen, ohne den Vorständen dieser Abteilungen, den Herren Oberingenieur Ölschläger und Dr. Ing. Estorff, für ihre Mühewaltung bei der experimentellen Durchführung auch an dieser Stelle bestens zu danken.

Rechnen mit zerstreut zurückgeworfenem Licht.

Von

Carl Michalke.

Mit 8 Textfiguren.

Mitteilung aus dem Charlottenburger Werk der Siemens-Schuckertwerke G. m. b. H.
zu Charlottenburg.

Die Grundgesetze und Grundbegriffe des Lichtmessens sind von Lambert schon gegen Mitte des 18. Jahrhunderts aufgestellt worden. Lambert mußte noch mit den einfachsten Mitteln arbeiten, während jetzt von hervorragendsten Fachgelehrten durchgearbeitete Meßgeräte zur Verfügung stehen. Trotzdem war bis auf die neuere Zeit die Anzahl derer, die sich dem Sondergebiet der Photometrie eingehend widmeten, beschränkt. Es wurde aber mehr den selbstleuchtenden Lichtquellen Beachtung geschenkt als dem Lichte, das zerstreut von beleuchteten Flächen zurückgeworfen wird. Mit zerstreut zurückgeworfenem Licht läßt sich unter bestimmten Voraussetzungen ebenso rechnen wie mit selbstleuchtenden Lichtquellen.

Zerstreut wird das Licht von einer Fläche zurückgeworfen, wenn die Lichtstrahlen an den kleinen Unebenheiten einer rauhen Oberfläche wiederholt unregelmäßig zurückgestrahlt werden, bei matten Milchglasplatten, z. B. wenn das Licht bei mehr oder weniger tiefem Eindringen in den Körper an den krystallinischen oder amorphen in den Körper eingebetteten Teilchen wiederholt zurückgeworfen wird, bevor es wieder in den Luftraum zurückgestrahlt wird. Erfolgt das Zurückwerfen genügend oft, so wird beim Austritt keine Richtung besonders bevorzugt. Die Vollkommenheit der Streuung hängt also bei lichtdurchlässigen Medien von der Tiefe des Eindringens der Lichtstrahlen, der Größe, Gestaltung und Lagerung der Teilchen, Lichtbrechungsverhältnissen u. dgl. ab. Wie tief die Lichtstrahlen eindringen, hängt von der optischen Dichte ab. Beim Eindringen von Lichtstrahlen in ein optisch dichtes Medium steigt die Absorption mit dem Exponenten der Dichte und der Länge des im Medium zurückgelegten Weges. Es können die Lichtverluste hierbei bedeutend werden. Bei Milchglas mit zum Teil kolloidal klein fein verteilten Teilchen wird bei einer Dicke von 1 mm nur noch etwa ein Drittel des auffallenden Lichts zerstreut hindurchgelassen.

Zerstreutes Licht wird vielfach als schattenfreies Licht bezeichnet, da von großen zerstreut strahlenden Flächen zurückgeworfenes Licht fast schattenfrei wirkt. Praktisch schattenfreies Licht kann aber auch z. B. durch genügend unterteilte Glühlampenbeleuchtung erreicht werden. Andererseits sind auch alle Temperaturstrahler als leuchtende Flächen anzusehen, für deren Strahlung die Lambertschen Gesetze gelten.

Im folgenden seien die nachstehenden Bezeichnungen gewählt. Für Beleuchtung B durch eine Lichtquelle, deren Leuchtstärke in der Strahlungsrichtung J ist, gilt wenn φ der Einfallswinkel, r die Entfernung der beleuchteten Fläche von der Lichtquelle ist

$$B = \frac{J \cos \varphi}{r^2}.$$

Wird r in Metern ausgedrückt, J in Hefnerkerzen, so wird B in Lux gewertet.

Die Helligkeit H ist der Bruchteil der Beleuchtung, der von der Fläche (zerstreut) zurückgeworfen wird. Ist μ die Rückstrahlungszahl (Albedo Lamberts), d. h. das Verhältnis des zurückgeworfenen zum aufgestrahlten Licht, so ist

$$H = \mu B = \frac{\mu J \cos \varphi}{r^2}.$$

H wird gleichfalls in Lux ausgedrückt.

i sei die der Helligkeit einer bestimmten Fläche gleichwertige mittlere Leuchtstärke, i_φ die Leuchtstärke bei dem Ausstrahlungswinkel φ, i_0 die Leuchtkraft bei senkrechter Ausstrahlung ($= i_{\max}$).

Mit der Helligkeit im obigen Sinne kann leicht die sog. Flächenhelle der Temperaturstrahler verwechselt werden. Es ist dies die Verhältniszahl Leuchtstärke durch Leuchtfläche HK/cm^2. Für eine 25 kerzige Glühlampe mit einem Metallfaden von 0,028 mm Durchmesser und 440 mm Drahtlänge ist die Flächenhelle ∞ 65 HK/cm². Helligkeit und Flächenhelle sind zwar gleichdimensional, in der Auswertung aber völlig verschieden.

Ist J die mittlere sphärische Leuchtstärke einer Lichtquelle in der Mitte einer Kugel vom Halbmesser r, so wird auf der Innenfläche durch unmittelbare Bestrahlung die Beleuchtung $\dfrac{J}{r^2}$ erzeugt. Würde der gesamte Lichtstrom auf eine kleine Fläche $\varDelta f$ zusammengedrängt werden, so ist die Beleuchtung dieser Fläche

$$B = \frac{J 4 r^2 \pi}{r^2 \varDelta f} = \frac{4 \pi J}{\varDelta f},$$

also gleich dem gesamten Lichtstrom geteilt durch die Flächengröße. Die Helligkeit dieser Fläche ist $H = \dfrac{4 \pi \mu J}{\varDelta f}$, also unabhängig von der Entfernung.

Würde alles Licht zurückgestrahlt werden ($\mu = 1$), so würde die mittlere Leuchtstärke gleichwertig der der Lichtquelle J sein. Es ist aber $J = \dfrac{H \varDelta f}{4 \pi}$, demnach ist die Helligkeit einer Fläche $\varDelta f$ gleichwertig der mittleren sphärischen Leuchtstärke $i_{\bigcirc} = \dfrac{H \varDelta f}{4 \pi}$.

Die Strahlung oder das Leuchtvermögen der Fläche eines undurchsichtigen Körpers ist nur einseitig. Es ist daher bei Rechnen mit zerstreuten Flächen übersichtlicher, die mittlere hemisphärische Leuchtstärke in die Rechnung einzuführen, weil dann die Werte sich leichter den tatsächlichen Verhältnissen anpassen, wodurch die Anschaulichkeit gewinnt. Es ist hierbei 1) $i_{\smile} = \dfrac{H \varDelta f}{2 \pi}$, d. h.: Besitzt eine Fläche $\varDelta f$ (ausgedrückt in m²) eine Helligkeit H (ausgedrückt in Lux), so ist die Helligkeit gleichwertig der mittleren hemisphärischen Leuchtstärke einer Lichtquelle von der Leuchtstärke $i_{\smile}$ (in HK) $= \dfrac{H \varDelta f}{2 \pi}$.

Wird ein Flächenstück Δf in der Entfernung r durch eine Lichtquelle J senkrecht bestrahlt, so ist die Beleuchtung $B = \dfrac{J}{r^2}$ die Helligkeit $H = \dfrac{\mu J}{r^2}$. Diese entspricht einer mittleren hemisphärischen Leuchtstärke $i_\smile = \dfrac{H \Delta f}{2\pi} = \dfrac{\mu J \Delta f}{2\pi r^2}$. Nun ist der Lichtstrom Φ der auf die Fläche Δf fällt $= \dfrac{J \Delta f}{r^2}$, demnach

$$i_\smile = \frac{\mu \Phi}{2\pi} \quad \text{(hemisphärisch)}$$

$$i_\bigcirc = \frac{\mu \Phi}{4\pi} \quad \text{(sphärisch)} .$$

Φ ist in den letzten Formeln in Lumen ausgedrückt. Man könnte also die Umformung von Helligkeiten in Verbindung mit Flächengröße auch auf dem Umweg über den Lichtstrom machen, doch ist dies umständlicher und weniger übersichtlich, wie wenn nach Formel (1) gerechnet wird.

In den folgenden Ausführungen sollen, falls nichts anderes vermerkt, Helligkeiten als hemisphärische Leuchtkräfte behandelt werden. Besitzt die Flächeneinheit $\Delta f = 1\,\mathrm{m}^2$ die gleichmäßige Helligkeit von 1 Lux, so ist sie gleichwertig einer hemisphärischen Leuchtstärke $\dfrac{1}{2\pi}$, die Helligkeit der Flächeneinheit muß $2\,\pi$ Lux betragen, damit sie gleichwertig einer Hefnerkerze (HK) ist. Eine Lichtquelle von 16 HK sphärischer oder 32 HK hemisphärischer Leuchtstärke wird in ihrer Wirkung ersetzt durch die Leuchtstärke einer zerstreut strahlenden Fläche von 1 cm² und 2 Millionen Lux. Es wird dies auch ersichtlich, wenn man sich eine Kugelfläche von 1 cm² Oberfläche vom Mittelpunkt aus durch eine unendlich kleine allseitig gleichmäßig strahlende Lichtquelle von 16 HK sphärischer Lichtstärke oder eine Halbkugel von 1 cm² Oberfläche durch eine entsprechende Lichtquelle von 32 HK hemisphärischer Leuchtstärke beleuchtet denkt. (Die Verstärkung der Beleuchtung durch wiederholte Rückwerfung des Lichtes bleibe unberücksichtigt). Im ersteren Falle ist die Beleuchtung $B = 16 \cdot 4 \cdot \pi \cdot 10^4$, im letzteren $B = 32 \cdot 2 \cdot \pi \cdot 10^4$ Lux. Geht also die Leuchtstärke von der Lichtquelle auf die beleuchtete Fläche von 1 cm² über, so leuchtet diese bei einer Helligkeit von $2 \cdot 10^6$ Lux wie eine Lichtquelle von 16 HK sphärischer oder 32 HK hemisphärischer Leuchtstärke.

Zerstreut strahlende Flächen können demnach in ihrer Strahlung rechnerisch wie selbstleuchtende Körper behandelt werden. i_φ sei die Strahlung der Fläche bei einem Einfallswinkel φ (Fig. 1), die Höchststrahlung für $\varphi = o$ sei i_o, dann ist

$$i_\varphi = i_o \cos\varphi. \tag{2}$$

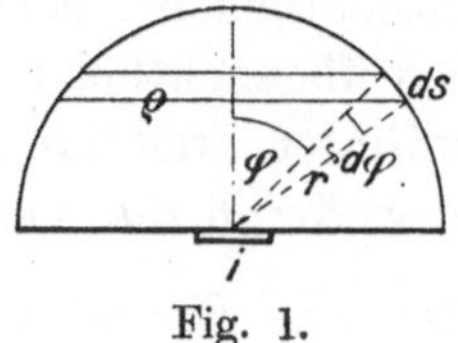

Fig. 1.

Schneidet man von einer die strahlende Fläche umgebenden Halbkugel vom Halbmesser r eine Scheibe mit dem Halbmesser ϱ heraus, so ist $\varrho = r \sin\varphi$. Die Beleuchtung des Ringes von der Breite ds ist

$$B_\varphi = \frac{i_\varphi}{r^2} = \frac{i_o \cos\varphi}{r^2} .$$

dies entspricht einer Leuchtstärke

$$di_\varphi = \frac{B_\varphi \, 2\varrho \cdot \pi \, ds}{2\pi} = \frac{i_o \, \varrho \cos\varphi \, ds}{r^2} = i_o \sin\varphi \cos\varphi \, d\varphi$$

$$\int_0^{\pi/2} di_\varphi = i_\smile = \frac{i_0}{2} \cdot \left[\sin^2\varphi\right]_0^{\pi|2}$$

$$i_\smile = \frac{i_0}{2} = \frac{H\,\Delta f}{2\,\pi} \tag{3}$$

$$i_0 = \frac{H\,\Delta f}{\pi} \tag{4}$$

$$i_\varphi = i_0 \cos\varphi = \frac{H\,\Delta f \cos\varphi}{\pi}. \tag{5}$$

Hiermit sind alle in Betracht kommenden Werte strahlender Flächen bestimmt.

Größere Flächen von ungleicher Helligkeit müssen für genauere Rechnungen in Teilflächen zerlegt werden.

Bei gekrümmten Flächen von gleichmäßiger Helligkeit gilt für die Berechnung der gleichwertigen Leuchtstärke als Flächengröße Δf die Projektion der gekrümmten Fläche auf eine Ebene senkrecht zur Strahlungsrichtung. Ist df (Fig. 2) ein Stück einer gekrümmten Fläche, das gegen die Fläche F, die senkrecht zur Strahlungsrichtung S steht, den Winkel φ bildet, so ist, wenn N die Normale auf Fläche df ist,

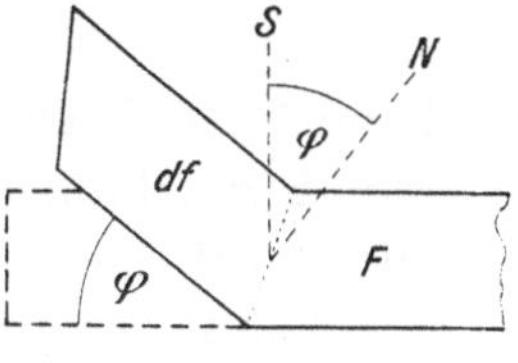

Fig. 2.

die Leuchtstärke i_φ in Richtung S $i_\varphi = \dfrac{H\cos\varphi\,df}{\pi}$, $df\cos\varphi$ ist aber die Projektion der Fläche df auf F.

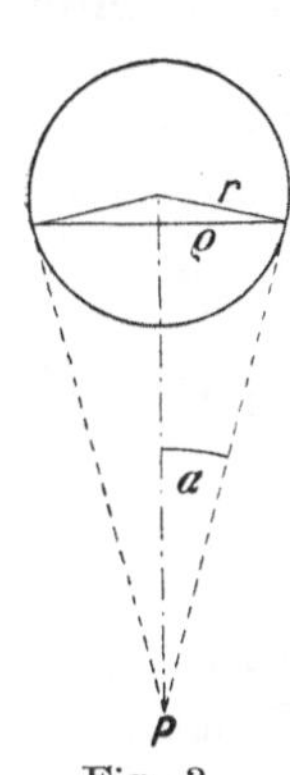

Für eine zerstreut nach außen strahlende Kugel vom Halbmesser r (Fig. 3) kommt als Projektion die Fläche $\varrho^2\pi$ in Rechnung. Besitzt die Kugeloberfläche allseitig die Helligkeit H, so ist die Leuchtstärke in Riehtung nach dem Punkt P, die der Leuchtstärke der Kugeloberfläche gleichwertig ist

$$i_0 = H\,r^2\cos^2\alpha.$$

Für kleine Winkel α in genügender Entfernung des Punktes P wird:

$$i_0 = H\,r^2.$$

Da die Leuchtstärke nach allen Seiten gleich ist, ist auch die mittlere sphärische Leuchtkraft der Kugel

$$J_\bigcirc = H\,r^2.$$

Fig. 3.

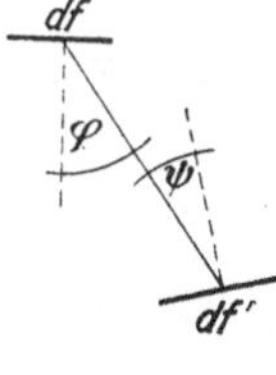

Fig. 4.

Das Lambertsche Gesetz für die Beleuchtung einer Fläche df' (Fig. 4) durch eine zerstreut strahlende Fläche df in der Entfernung r ist, wenn φ und ψ die betreffenden Einfallswinkel sind, hiernach, da die Leuchtstärke i_φ der Fläche df in der Richtung φ durch die Gleichung $i_\varphi = \dfrac{H\,df\cos\varphi}{\pi}$ und die durch i_φ auf der Fläche df' erzeugte Beleuchtung $B = \dfrac{i_\varphi}{r^2}\cos\psi$ ist, für die Beleuchtung der Fläche df'

$$B = \frac{H\,df\cos\varphi\cos\psi}{\pi\,r^2}. \tag{6}$$

B und H sind hierbei beide in Lux auszudrücken. Die Helligkeit der Fläche df' ist μB. Sie entspricht einer mittleren hemisphärischen Leuchtstärke

$$i_\smile = \frac{\mu\,H\,df\,df'\cos\varphi\cos\psi}{2\,\pi^2\,r^2}.$$

Die Strahlung der Fläche df' in irgendeiner Richtung ψ' wird

$$i'_{\psi'} = \frac{H\,df\,df'\cos\varphi\cos\psi\cos\psi'}{\pi^2\,r^2}$$

$\dfrac{df\cos\varphi}{r^2} = d\omega$ ist der Raumwinkel, unter dem die Fläche df von der Mitte der Fläche df' aus gesehen wird. Die Lambertsche Formel (Gleichung 6) kann daher auch geschrieben werden

$$B = \frac{H\cos\psi\,d\omega}{\pi}\,. \tag{7}$$

Die beleuchtete Fläche df' hat eine Helligkeit

$$H' = \mu B = \frac{\mu H\cos\psi\,d\omega}{\pi}. \tag{8}$$

So könnte die Helligkeit des Himmelsgewölbes bestimmt werden, deren Kenntnis für die Ermittlung des in Innenräume eindringenden Lichts von Wert ist. Von Leonhard Weber und Hermann Cohn wurde z. B. die Güte der Platzbeleuchtung eines Schulraumes nach dem Raumwinkel beurteilt, unter dem Licht vom Himmelsgewölbe auf den betreffenden Platz eindringt. Der Raumwinkel wurde mit dem Leonhard Weberschen Raumwinkelmesser gemessen. Für Bestimmung der Helligkeit des Himmelsgewölbes kann nach Formel (8) die Helligkeit einer unter dem Raumwinkel $d\omega$ vom Himmelslicht bestrahlten Fläche bestimmt werden. Wird durch eine künstliche Lichtquelle J die Fläche hierauf in einer solchen Entfernung R unter dem Winkel ψ' bestrahlt, daß die gleiche Helligkeit entsteht, so ist

$$H = \frac{J\,\pi\cos\psi'}{R^2\,d\omega\cos\psi}.$$

Die Beleuchtung der einzelnen Plätze ist nach Formel (7) zu bestimmen.

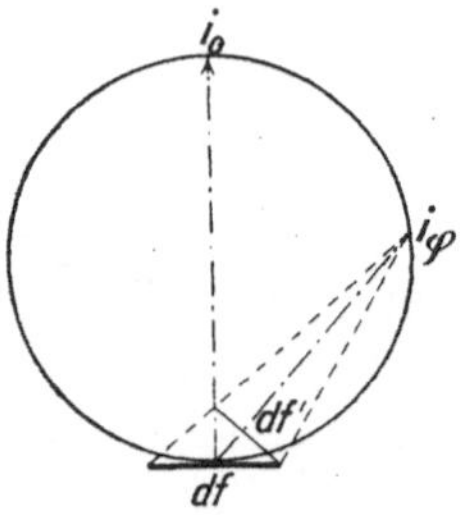

Lambert schreibt das Gesetz der Flächenbeleuchtung

$$B = \frac{J\,df\cos\varphi\cos\psi}{r^2}\,,$$

wobei J eine der Helligkeit der Fläche df oder gleichwertigen Leuchtstärke einer Lichtquelle proportionale Größe ist, während in den Formeln (6) bis (8) die Helligkeiten oder die Beleuchtungen in der üblichen Lichteinheit Lux, die gleichwertigen Lichtquellen in Hefnerkerzen bezeichnet sind.

Fig. 5.

Aus den Ausführungen geht hervor, daß ein großer Unterschied zwischen Helligkeit $H = \mu B$ und der Flächenhelle J/f besteht. Um den Begriff der Flächenhelle bei zerstreut rückstrahlenden Flächen eindeutig zu fassen, würde darunter die Leuchtstärke i_φ in Richtung φ geteilt durch die in der Strahlungsrichtung gesehenen Fläche zu verstehen sein. f ist hierbei die Projektion der strahlenden Fläche auf eine senkrecht zur Strahlungsrichtung gelegte Ebene. Ist df (Fig. 5) die rückstrahlende Fläche i_0 die Strahlung für $\varphi = 0$, i_φ die für den Winkel φ, so ist für die Strahlungsrichtung $\varphi = 0$, die Flächenhelle $\dfrac{i_0}{df}$, für den Winkel φ $\dfrac{i_\varphi}{df'} = \dfrac{i_0\cos\varphi}{df\cos\varphi}$ also gleichfalls $= \dfrac{i_0}{df}$. Ist beispielsweise die Helligkeit einer Fläche 1 Lux, so ist die gleichwertige Leuchtstärke für $\varphi = 0$ $i_0 = \dfrac{\varDelta f}{\pi}$ für ein Flächenstück $\varDelta f$, demnach $\dfrac{i_0}{\varDelta f} = \dfrac{1}{\pi}$, wenn $\varDelta f$ in m² gerechnet wird. Wird aber die Flächenhelle entsprechend den festgelegten Einheiten auf die Leuchtstärke für 1 cm² bezogen, so ist die Helligkeit ausgedrückt in Lux $10^4\pi$ mal so groß als die Flächenhelle.

Um aus der Beleuchtung einer Fläche die Helligkeit zu berechnen, benötigt man die Rückstrahlungszahl μ. Diese Zahl läßt sich finden, wenn von einer durch bekannte Leuchtstärke J beleuchteten Fläche ein Teil herausgeblendet wird, dessen Leuchtstärke in einer Richtung gemessen wird. Ist (Fig. 6) J die Leuchtstärke einer Lichtquelle in der Richtung nach dem aus der Fläche herausgeblendeten Teil $\varDelta f$, so ist dessen Beleuchtung $\dfrac{J\cos\varphi}{r^2}$ und die Helligkeit $\dfrac{\mu J\cos\varphi}{r^2}$. In der Strahlungsrichtung ψ ist die Leuchtstärke $i_\psi = \dfrac{\mu J\cos\varphi\,\varDelta f\cos\psi}{r^2\,\pi}$. Sowohl J wie i_ψ können photometrisch in bekannter Weise ermittelt werden. Es ergibt sich

$$\mu = \frac{i_\psi\, r^2\,\pi}{J\,\varDelta f\cos\varphi\cos\psi}.$$

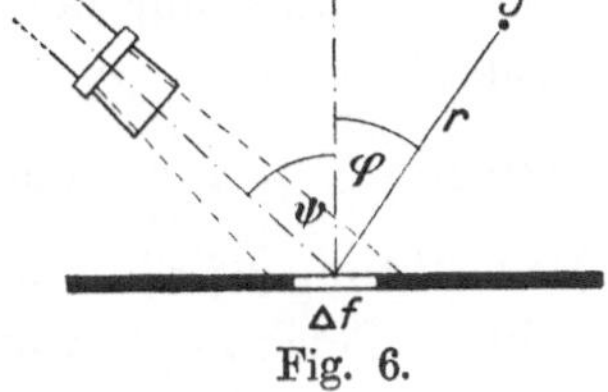

Fig. 6.

Selbstverständlich muß bei Ermittlung von i_ψ darauf gesehen werden, daß von allen Teilen der Fläche $\varDelta f$ Strahlen ins Photometer dringen, daß beispielsweise bei Verwendung des Weberschen Milchglasplatten-Photometers die Milchglasplatte im Photometer von allen Teilen der Fläche $\varDelta f$ Strahlen empfängt.

Im übrigen können alle nach der Lambertschen Grundformel entwickelten Gleichungen unter Berücksichtigung der Koeffizienten auf die Rechnung in vorgeschlagener Form übertragen werden. Die Formeln wurden für kleine lichtstrahlende Flächenteile $\varDelta f$ entwickelt. Bei großen Flächen können Schwierigkeiten auftreten, wenn die Flächen ungleich stark beleuchtet und für die einzelnen Flächenteile verschiedene Ausstrahlungswinkel in Rechnung zu ziehen sind. Am schnellsten wird man in den meisten Fällen zum Ziele kommen, wenn die Fläche für die rechnerische Behandlung unterteilt wird, falls die Integration nicht einfache Formeln ergibt.

Um den von einem Reflektor auf eine weiße Wand geworfenen Lichtschein auszuwerten, wird dessen Helligkeit von der Mitte nach den Seiten abgetastet. Die Helligkeiten werden in gleichwertige Leuchtstärken umgerechnet. Auf diese Weise kann gefunden werden, wieviel von der Leuchtstärke der Reflektorlampe in wirksame Beleuchtung umgesetzt ist. Ist H_ϱ die Helligkeit im Abstand ϱ vom Mittelpunkt einer kreisförmig angenommenen Lichtfläche, so entspricht die Helligkeit des Kreisrings $2\varrho\pi d\varrho$ einer mittleren hemisphärischen Leuchtstärke

$$di = \frac{H_\varrho\,2\,\pi\,\varrho\,d\varrho}{2\,\pi} = H_\varrho\,\varrho\,d\varrho$$

$$i = \int\limits_0^r H_\varrho\,\varrho\,d\varrho.$$

Die vom Reflektor ausgesandte Leuchtstärke ist $\dfrac{1}{\mu}\,i$. Ist J die mittlere hemisphärische Leuchtstärke der Reflektorlampe, so ist $\dfrac{1}{J}\displaystyle\int\limits_0^r\dfrac{H_\varphi}{\mu}\,\varrho\,d\varrho$ überschlägig der Wirkungsgrad des Reflektors. $\dfrac{H_\varrho}{\mu}$ sind die Beleuchtungswerte. Wird statt der

Helligkeit H die Beleuchtung $B = \dfrac{H}{\mu}$ auf dem Schirm ermittelt, ist der Wirkungs-grad $\dfrac{1}{J}\displaystyle\int_0^r B_\varrho\,\varrho\,d\varrho$.

Bei beleuchtungstechnischen Rechnungen handelt es sich meist um Beleuchtung durch künstliche Lichtquellen, die für die Praxis genügend genau als punktförmig angesehen werden können. Hierbei sind fast stets nicht Helligkeitswerte, sondern Beleuchtungswerte zu ermitteln. Nicht wie hell ein Arbeitsplatz ist, sondern wie stark er beleuchtet ist, darauf kommt es zumeist an. Nur bei mittelbarer Beleuchtung durch die weiße Decke oder bei Berücksichtigung der Zusatzbeleuchtung durch Rückstrahlung von den Wänden kommen Helligkeitswerte in Betracht. In allen diesen Fällen kann man ohne die entwickelte Rechnungsart auskommen, wenn auch zuweilen auf dem umständlichen Wege unter Einführung des Lichtstromes. Deshalb erschien es bisher nicht notwendig, die beiden gebräuchlichen Grundgleichungen $i_\varphi = h_1\,\varDelta F\cos\varphi$ für die Strahlung von Flächen, und $h_2 = \dfrac{J_\psi\cos\psi}{r^2}$ für die Beleuchtung durch eine Lichtquelle J in unmittelbare Verbindung zu bringen. Die beiden Gleichungen wurden unabhängig voneinander aufgestellt, weshalb h_1 und h_2 verschiedene Werte haben. Diese Zweideutigkeit, die sich erst zeigt, wenn mit zerstreut strahlenden Flächen zu rechnen ist, wird in der oben entwickelten Rechnungsart, bei der in den Endformeln noch Koeffizienten auftreten, vermieden. Bedeutung gewinnt die Rechnungsart, wenn z. B. zerstreut strahlende Flächen die einzige Lichtquelle für Innenräume bilden, z. B. wenn Licht in einen Raum durch mattierte Scheiben von außen eindringt.

Die Rechnungen galten unter der Voraussetzung einer freien unbehinderten Strahlung. Schwieriger und weniger anschaulich gestalten sich die Verhältnisse, wenn die zerstreut von einer Fläche ausgehende Strahlung ganz oder zum Teil, wenn auch mehr oder minder geschwächt, von anderen Flächen wieder zurückgeworfen wird, so daß die ursprüngliche Helligkeit verstärkt wird. Bei der Ulbrichtschen Kugel steigt bekanntlich die Beleuchtung im Innern theoretisch auf den Wert unendlich für $\mu = 1$. Der Anschauung würde man entgegenkommen, wenn man annimmt, daß es sich hierbei um eine Lichtabgabe $\varPhi\,T$ handelt. Infolge der hohen Lichtgeschwindigkeit stellt sich der stationäre Zustand schon nach unendlich kurzer Zeit ein, so daß T hierbei unendlich klein angenommen werden kann. Ähnliche Verhältnisse treten übrigens auch bei spiegelnder Rückwerfung innerhalb eines abgeschlossenen Raumes auf.

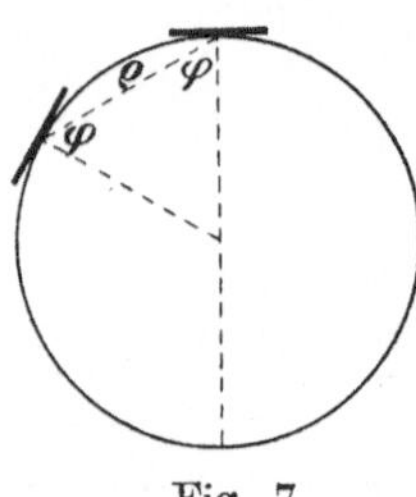

Fig. 7.

Nach der entwickelten Rechnungsart würde die Berechnung der Helligkeit im Innern der Ulbrichtschen Kugel folgende sein. Durch ein Fenster von der Öffnung df (Fig. 7) trete zerstreutes Licht in die Kugel. Die Helligkeit der Fläche df im Innern sei H. Die gleichwertige Leuchtstärke in Richtung φ ist

$$i_\varphi = \frac{df\,H\cos\varphi}{\pi}.$$

Die Beleuchtung irgendeines Teils der Kugel ist

$$B_1 = \frac{i_\varphi\cos\varphi}{\varrho^2} = \frac{H\,df\cos^2\varphi}{\varrho^2\,\pi} = \frac{H\,df}{4\,r^2\,\pi}$$

wenn r der Halbmesser der Kugel ist. Sämtliche Flächenteile erhalten gleiche Beleuchtung. Die Helligkeit ist $H_1 = \mu B_1$. Jeder Flächenteil dF der Kugel strahlt in Richtung φ mit einer Leuchtkraft

$$i_{1\varphi} = \frac{H_1 \, dF \cos\varphi}{\pi} = \frac{\mu B_1 \, dF \cos\varphi}{\pi}$$

und bringt die Zusatzbeleuchtung

$$dB_2 = \frac{\mu B_1 \, dF}{4 \, r^2 \, \pi}.$$

Die ganze Kugelfläche $4 \, r^2 \, \pi$ mit der Helligkeit H_1 bringt die Zusatzbeleuchtung

$$B_2 = \mu B_1.$$

Diese bringt wieder eine weitere Zusatzbeleuchtung

$$B_3 = \mu B_2 \text{ usw.,}$$

so daß die sich einstellende Beleuchtung ist

$$\sum B = \frac{B_1}{1 - \mu} = \frac{h \, df}{4 \, r^2 \, \pi \, (1 - \mu)}.$$

Die Helligkeit ist $H = \mu B = \dfrac{\mu h \, df}{4 \, r^2 \, \pi \, (1 - \mu)}.$

Damit die Helligkeit der inneren Kugelfläche gleich der des lichtstrahlenden Fensters innen wird ($H = h$), müßte

$$4 \, r^2 \, \pi \, (1 - \mu) = \mu \, df \quad \text{sein}$$

$$\mu = \frac{1}{1 + \dfrac{df}{4 \, r^2 \, \pi}}$$

Die Rechnungen haben zur Voraussetzung, daß für die Rückstrahlung von den Flächen das Cosinusgesetz befolgt wird. In einzelnen Fällen wird nur ein Teil zerstreut zurückgeworfen, während ein, wenn auch kleiner Teil spiegelnd zurückgeworfen wird. Die Stärke der Spiegelung hängt von dem Einfallswinkel ab. Unter großem Einfallswinkel erscheinen bekanntlich fast alle rauhen Flächen spiegelnd. Die Rauheit der Flächen wird zuweilen nach dem Winkel beurteilt, unter dem die Fläche spiegelnd erscheint. Durch die zum Teil spiegelnde Zurückwerfung werden bei dieser besondere Richtungen bevorzugt. Ähnliche Verhältnisse treten bei durchscheinendem Licht auf. Werden bestimmte Richtungen beim Durchgang des Lichtes durch lichtdurchlässige Medien bevorzugt, so werden in der Richtung der Lichtquelle Lichtflecken wahrgenommen. In solchen Fällen lassen sich die Rechnungen mit so einfachen Formeln, wie gegeben, nicht durchführen. In Theaterhorizonten aus Leinenstoffen z. B. werden die Unvollkommenheiten des Durchscheinens durch Dichtung mit einem passenden Anstrich oder durch doppelte Leinwandlagen vermieden.

Begnügt man sich mit einer unvollkommenen Streuung des Lichts, so kann diese auch durch Spiegelung von passend gekrümmten Flächen erreicht werden. Wird das Licht von der spiegelnden Oberfläche einer Kugel zurückgeworfen, so geschieht dies nach allen Richtungen hin. Würde man spiegelnde Halbkugeln nebeneinander reihen, so würde ein Teil des einfallenden Lichts zwischen den Kugelflächen (bei A

Fig. 8) in wiederholter Rückwerfung ungenützt verbraucht werden. Dies wird vermieden, wenn Kugelcalotten $L\,L$ mit einem Zentriwinkel von 60° aneinanderstoßen.
Die äußersten Strahlen bei senkrechter Inzidenz berühren die Nachbarcalotte, so
daß nur Strahlen nach einmaligem Zurückwerfen austreten in einem Bereich von 60°

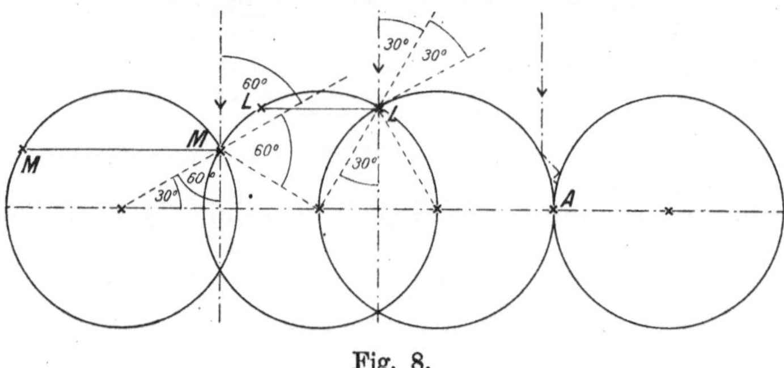

Fig. 8.

gegen die senkrechte Einstrahlung. Würde man doppelte Rückstrahlung zulassen,
so können Kugelcalotten $M\,M$ gewählt werden. Die Streuung würde bei so gestalteten Flächen einen beschränkten Ausbreitungsbereich haben, auch würden die allerdings kleinen Flächenteile zwischen den Calotten ungenützt bleiben. Um diese
Flächenteile nicht ungenutzt zu lassen, könnten unmittelbar aneinander anstoßende,
passend gekrümmte Flächen benutzt werden, deren Randwinkel 30° oder 60° sind.
Auf Flächen mit solcher künstlichen verlustschwachen Streuung lassen sich die
obigen Formeln nicht ohne weiteres anwenden.

Kreisdiagramme in verketteten Wechselstromkreisen.

Von

Friedr. Natalis und **Hans Behrend.**

Mit 16 Textfiguren.

Mitteilung aus dem Charlottenburger Werk der Siemens-Schuckertwerke G. m. b. H.
zu Charlottenburg.

Einleitung.

Die Berechnung von Wechselstromkreisen erforderte bisher meist ziemlich verwickelte Rechenoperationen, welche die Erforschung dabei auftretender Gesetzmäßigkeiten sehr erschwerte. Die Verwendung komplexer Größen für die Spannungen und Ströme durch Steinmetz stellt zwar einen erheblichen Fortschritt dar. Trotzdem konnte sich die Rechnung mit komplexen Größen nicht allgemein einbürgern, weil sie nicht anschaulich genug ist und keine Verbindung mit physikalischen Vorstellungen bietet.

Ein neuerdings entwickeltes Berechnungsverfahren[1]), bei dem lediglich Zeitvektoren und die bekannten Gesetze der Vektoranalysis benutzt werden, hat sich daher als äußerst brauchbar und anschaulich erwiesen. Die erforderlichen Vektorgleichungen lassen sich ohne Schwierigkeit aufstellen, und ihre Umwertung stellt sich fast als eine handwerksmäßige Arbeit dar. Ein weiterer Vorteil dieses Verfahrens liegt darin, daß es die Aufdeckung von Gesetzmäßigkeiten erleichtert, wie die nachfolgenden Berechnungen verketteter Wechselstromkreise zeigen werden.

Zum leichteren Verständnis derselben mögen die Grundlagen dieses neuen Verfahrens kurz zusammengestellt werden.

Die Darstellung von Wechselstromspannungen (und -strömen) durch Vektoren sowie ihre geometrische Addition und Subtraktion dürfen als bekannt vorausgesetzt werden.

Es sei ferner daran erinnert, daß jede Vektorgleichung, z. B. $\mathfrak{E}_1 = \mathfrak{E}_2$, zwei Aussagen enthält und sich daher jederzeit in zwei Gleichungen zerlegen läßt. Die erste besagt, daß die Effektivwerte E_1 und E_2 gleich sind, und die zweite, daß die Vektoren in ihrer Richtung oder Phase übereinstimmen, d. h. mit der Null-Zeit-Linie den gleichen Winkel bilden. Es fehlte aber noch in der Vektorsprache ein Ausdruck für einen Widerstand, der in allgemeinster Form aus induktionsfreien und induktiven bzw. kapazitiven Teilen bestehen mag.

Wird ein derartiger Scheinwiderstand $\mathfrak{w}$ nacheinander an die Spannungen $\mathfrak{E}$ bzw. $\mathfrak{e}$ gelegt und entstehen dabei die Ströme $\mathfrak{J}$ bzw. $\mathfrak{i}$, Fig. 1, so muß

$$(1) \qquad \frac{\mathfrak{E}}{\mathfrak{J}} = \frac{\mathfrak{e}}{\mathfrak{i}}$$

---

[1]) Die Berechnung von Gleich- und Wechselstromsystemen, neue Gesetze über ihre Leistungsaufnahme. Von Fr. Natalis. J. Springer, 1920.

sein, d. h. die beiden Dreiecke $A\,O\,B$ und $a\,O\,b$ sind ähnlich, und der Widerstand $\mathfrak{w}$ wird dargestellt durch das Vektorverhältnis

$$(2) \qquad \mathfrak{w} = \frac{\mathfrak{E}}{\mathfrak{J}} = \frac{e}{i}.$$

Ein solches Vektorverhältnis ist weder ein Vektor noch ein Skalar, sondern eine neue Einheit, und es enthält — wie jede Vektorgleichung — zwei Werte, und zwar, das Verhältnis der Effektivwerte

$$\frac{E}{J}, \text{ z. B. } \frac{10 \text{ Volt}}{2 \text{ Amp.}} = 5 \frac{\text{Volt}}{\text{Amp.}}$$

und den Winkel φ der Phasenverschiebung, der je nach Umständen positiv oder negativ zu rechnen ist. Ferner ist es unabhängig vom Koordinatensystem.

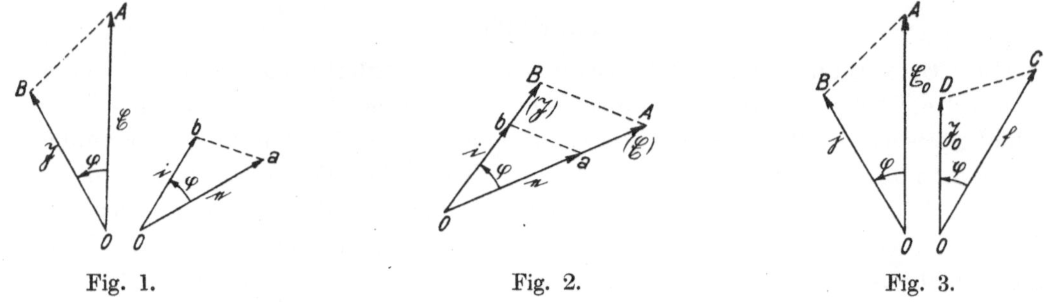

Fig. 1.   Fig. 2.   Fig. 3.

Man könnte daher außer dem Winkelmaßstab und den beiden Maßstäben für Spannung und Strom noch einen weiteren für den Widerstand einführen, dessen Einheit $\dfrac{1 \text{ Volt}}{1 \text{ Amp.}}$ oder ein Vielfaches davon ist.

Ist der Widerstand durch das Vektorverhältnis $\dfrac{\mathfrak{E}}{\mathfrak{J}}$ gegeben und wird derselbe Widerstand an eine Spannung e gelegt, so ist der dabei entstehende Strom $i = \mathfrak{J}\dfrac{e}{\mathfrak{E}}$ nach Größe und Richtung entsprechend Fig. 2 zu ermitteln, indem man das Dreieck $A\,O\,B$ derart verschiebt und verdreht, daß die Richtung von $O\,A$ mit $O\,a$ zusammenfällt und $a\,b \parallel A\,B$ zieht, wodurch $i = O\,b$ gefunden wird. Da hierbei $\mathfrak{E}$ und $\mathfrak{J}$ um den gleichen Winkel verdreht sind, wurden die Zeichen $(\mathfrak{E})$ und $(\mathfrak{J})$ in Klammern gesetzt. Diese Konstruktion ist die allgemeine Lösung der Aufgabe der Multiplikation eines Vektors $(\mathfrak{J})$ mit einem Vektorverhältnis $\left(\dfrac{e}{\mathfrak{E}}\right)$. Sie bildet die Grundlage für die Auswertung der zu entwickelnden Vektorgleichungen.

Sind mehrere Widerstande $\dfrac{\mathfrak{E}_1}{\mathfrak{J}_1}, \dfrac{\mathfrak{E}_2}{\mathfrak{J}_2} \ldots$ zu berücksichtigen, so ist es vorteilhaft, nach Abb. 3 für alle entweder die gleiche Einheitsspannung $\mathfrak{E}_0$ oder den gleichen Einheitsstrom $\mathfrak{J}_0$ zugrunde zu legen und zu schreiben:

$$(3) \qquad \begin{cases} \mathfrak{w}_1 = \dfrac{\mathfrak{E}_0}{\mathfrak{j}_1} \\[2mm] \mathfrak{w}_2 = \dfrac{\mathfrak{E}_0}{\mathfrak{j}_2} \end{cases} \qquad \text{oder} \quad (3\,\text{a}) \quad \begin{cases} \mathfrak{w}_1 = \dfrac{\mathfrak{j}_1}{\mathfrak{J}_0} \\[2mm] \mathfrak{w}_2 = \dfrac{\mathfrak{j}_2}{\mathfrak{J}_0} \end{cases} \mathfrak{u}\mathfrak{j}\mathfrak{w}.$$

Da $\dfrac{\mathfrak{E}_0}{\mathfrak{j}} = \dfrac{\mathfrak{j}}{\mathfrak{J}_0}$ ist, so sind die beiden Dreiecke $A\,O\,B$ und $C\,O\,D$, Fig. 3, ähnlich. Die Gleichungen 3 werden vorzugsweise benutzt werden, wenn es sich um Parallelschaltung von Widerständen, die Gleichungen 3a, wenn es sich um Reihenschaltung von Widerständen handelt. Diese beiden gleichwertigen Ausdrucksweisen für die Widerstände entsprechen den auch sonst üblichen Bezeichnungen der Leitfähigkeit und des Widerstandes; denn es ist

$$\frac{1}{\mathfrak{w}_1} + \frac{1}{\mathfrak{w}_2} = \frac{\mathfrak{j}_1 + \mathfrak{j}_2}{\mathfrak{E}_0}$$

$$\mathfrak{w}_1 + \mathfrak{w}_2 = \frac{\mathfrak{\bar{i}}_1 + \mathfrak{\bar{i}}_2}{\mathfrak{J}_0},$$

wobei die vektorielle Addition von $\mathfrak{j}_1$ und $\mathfrak{j}_2$ bzw. $\mathfrak{\bar{i}}_1$ und $\mathfrak{\bar{i}}_2$ in bekannter Weise auszuführen ist.

Berechnung eines Drehstromnetzes mit ungleichmäßiger Belastung.

Diese Aufgabe kommt in der Praxis häufig vor, z. B. bei der Anwendung von Zählern für ungleiche Belastung der Phasen und bei den durch Erdung einer Drehstromleitung auftretenden Störungen.

Ein Drehstromgenerator, Fig. 4, sei durch 3 Scheinwiderstände $\mathfrak{w}_1\,\mathfrak{w}_2$, $\mathfrak{w}_3$ in Sternschaltung ungleichmäßig belastet, dann ergibt sich das Vektordiagramm, Fig. 5.

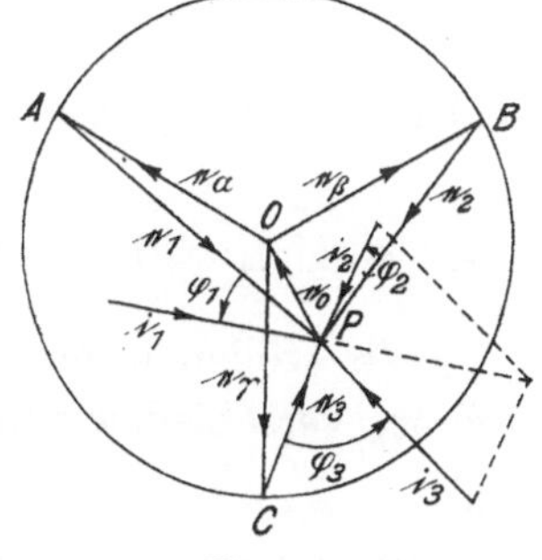

Hierbei ist angenommen, daß die 3 Phasenspannungen des Generators e_α, e_β, e_γ gleich groß und um 120° in der Phase gegeneinander verschoben sind. Dann ist

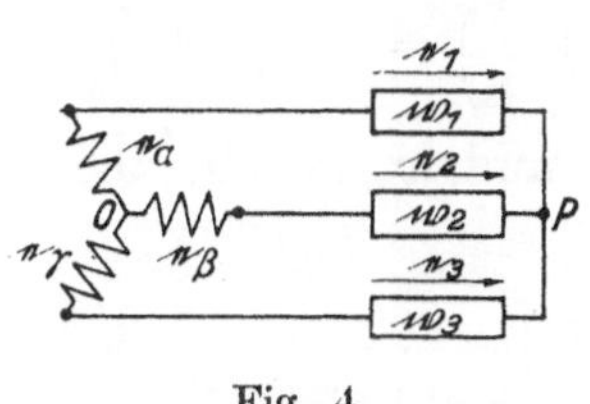

Fig. 4.

(4) $|\,e_\alpha\,| = |\,e_\beta\,| = |\,e_\gamma\,|$

(5) $e_\alpha + e_\beta + e_\gamma = 0.$

Fig. 5.

Wären die 3 Scheinwiderstände $\mathfrak{w}_1$, $\mathfrak{w}_2$, $\mathfrak{w}_3$ gleich (gleichmäßige Belastung der 3 Phasen), so würde der Sternpunkt P, in dem sich die 3 an den Klemmen der Widerstände auftretenden Spannungen e_1, e_2, e_3 treffen, mit 0 zusammenfallen. Sind die Widerstände dagegen ungleich, wie in Fig. 5, so ist die Lage von P gegenüber 0 durch den Vektor e_0 eindeutig festgelegt. Durch die Ermittelung von e_0 sind daher auch die Vektoren e_1, e_2, e_3 bestimmt, denn e_1, e_2, e_3 können als lineare Vektorfunktionen von e_0 und den bekannten Vektoren e_α, e_β, e_γ dargestellt werden:

$$(6) \quad \begin{cases} e_1 + e_0 + e_\alpha = 0\,; & e_1 = -\,(e_0 + e_\alpha) \\ e_2 + e_0 + e_\beta = 0\,; & e_2 = -\,(e_0 + e_\beta) \\ e_3 + e_0 + e_\gamma = 0\,; & e_3 = -\,(e_0 + e_\gamma). \end{cases}$$

Die Spannungen e_1, e_2, e_3 erzeugen in den 3 Widerständen die Ströme i_1, i_2, i_3 mit entsprechenden Phasenverschiebungen gegen erstere. Die geometrische Summe der Stromvektoren muß aber gleich Null sein.

$$(7) \qquad\qquad i_1 + i_2 + i_3 = 0.$$

Jeder der Widerstände $\mathfrak{w}_1$, $\mathfrak{w}_2$, $\mathfrak{w}_3$ kann nun aus Teilen zusammengesetzt sein, die je nach Stellung der Aufgabe parallel oder in Reihe geschaltet sind. Daher sind die Widerstände entspr. Gleichung 3 oder 3a darzustellen.

entweder durch | oder durch

$$(8)\quad \begin{cases} \mathfrak{w}_1 = \dfrac{\mathfrak{E}_0}{\mathfrak{j}_1} \\[2mm] \mathfrak{w}_2 = \dfrac{\mathfrak{E}_0}{\mathfrak{j}_2} \\[2mm] \mathfrak{w}_3 = \dfrac{\mathfrak{E}_0}{\mathfrak{j}_3} \end{cases} \qquad\qquad (8\,\text{a})\quad \begin{cases} \mathfrak{w}_1 = \dfrac{\mathfrak{f}_1}{\mathfrak{J}_0} \\[2mm] \mathfrak{w}_2 = \dfrac{\mathfrak{f}_2}{\mathfrak{J}_0} \\[2mm] \mathfrak{w}_3 = \dfrac{\mathfrak{f}_3}{\mathfrak{J}_0} \end{cases}$$

Damit wird

$$(9)\quad \begin{cases} \mathfrak{i}_1 = \mathfrak{e}_1 \dfrac{\mathfrak{j}_1}{\mathfrak{E}_0} \\[2mm] \mathfrak{i}_2 = \mathfrak{e}_2 \dfrac{\mathfrak{j}_2}{\mathfrak{E}_0} \\[2mm] \mathfrak{i}_3 = \mathfrak{e}_3 \dfrac{\mathfrak{j}_3}{\mathfrak{E}_0} \end{cases} \qquad\qquad (9\,\text{a})\quad \begin{cases} \mathfrak{i}_1 = \mathfrak{e}_1 \dfrac{\mathfrak{J}_0}{\mathfrak{f}_1} \\[2mm] \mathfrak{i}_2 = \mathfrak{e}_2 \dfrac{\mathfrak{J}_0}{\mathfrak{f}_2} \\[2mm] \mathfrak{i}_3 = \mathfrak{e}_3 \dfrac{\mathfrak{J}_0}{\mathfrak{f}_3} \end{cases}$$

und nach Gleichung 7

$$(10)\quad \mathfrak{e}_1\mathfrak{j}_1 + \mathfrak{e}_2\mathfrak{j}_2 + \mathfrak{e}_3\mathfrak{j}_3 = 0 \qquad\qquad (10\,\text{a})\quad \frac{\mathfrak{e}_1}{\mathfrak{f}_1} + \frac{\mathfrak{e}_2}{\mathfrak{f}_2} + \frac{\mathfrak{e}_3}{\mathfrak{f}_3} = 0$$

$$(11)\quad (\mathfrak{e}_0 + \mathfrak{e}_\alpha)\,\mathfrak{j}_1 + (\mathfrak{e}_0 + \mathfrak{e}_\beta)\,\mathfrak{j}_2 + (\mathfrak{e}_0 + \mathfrak{e}_\gamma)\,\mathfrak{j}_3 = 0 \qquad (11\,\text{a})\quad \frac{\mathfrak{e}_0 + \mathfrak{e}_\alpha}{\mathfrak{f}_1} + \frac{\mathfrak{e}_0 + \mathfrak{e}_\beta}{\mathfrak{f}_2} + \frac{\mathfrak{e}_0 + \mathfrak{e}_\gamma}{\mathfrak{f}_3} = 0$$

$$(12)\quad \mathfrak{e}_0(\mathfrak{j}_1 + \mathfrak{j}_2 + \mathfrak{j}_3) = -(\mathfrak{e}_\alpha\mathfrak{j}_1 + \mathfrak{e}_\beta\mathfrak{j}_2 + \mathfrak{e}_\gamma\mathfrak{j}_3) \qquad (12\,\text{a})\quad \mathfrak{e}_0\left(\frac{1}{\mathfrak{f}_1} + \frac{1}{\mathfrak{f}_2} + \frac{1}{\mathfrak{f}_3}\right) = -\left(\frac{\mathfrak{e}_\alpha}{\mathfrak{f}_1} + \frac{\mathfrak{e}_\beta}{\mathfrak{f}_2} + \frac{\mathfrak{e}_\gamma}{\mathfrak{f}_3}\right)$$

Wir wollen nunmehr annehmen, daß die Widerstände $\mathfrak{w}_1$ und $\mathfrak{w}_2$ gleich, aber von $\mathfrak{w}_3$ verschieden sind, und setzen

$$(13)\quad \mathfrak{j}_1 = \mathfrak{j}_2 = \mathfrak{j} \qquad\qquad\qquad (13\,\text{a})\quad \mathfrak{f}_1 = \mathfrak{f}_2 = \mathfrak{f}$$

Wird ferner nach Gleichung 5 $\mathfrak{e}_\alpha + \mathfrak{e}_\beta = -\,\mathfrak{e}_\gamma$ gesetzt, dann ergibt sich

$$(14)\quad \mathfrak{e}_0 = \mathfrak{e}_\gamma \frac{\mathfrak{j} - \mathfrak{j}_3}{2\mathfrak{j} + \mathfrak{j}_3} \qquad\qquad (14\,\text{a})\quad \mathfrak{e}_0 = \mathfrak{e}_\gamma \frac{\mathfrak{f}_3 - \mathfrak{f}}{2\mathfrak{f}_3 + \mathfrak{f}}$$

$$(15)\quad \mathfrak{e}_3 = -(\mathfrak{e}_0 + \mathfrak{e}_\gamma) = -\,\mathfrak{e}_\gamma \frac{3\mathfrak{j}}{2\mathfrak{j} + \mathfrak{j}_3} \qquad (15\,\text{a})\quad \mathfrak{e}_3 = -\,\mathfrak{e}_\gamma \frac{3\mathfrak{f}_3}{2\mathfrak{f}_3 + \mathfrak{f}}$$

$$(16)\quad \frac{\mathfrak{e}_0}{\mathfrak{e}_3} = \frac{\mathfrak{j}_3 - \mathfrak{j}}{3\mathfrak{j}} \qquad\qquad (16\,\text{a})\quad \frac{\mathfrak{e}_0}{\mathfrak{e}_3} = \frac{\mathfrak{f} - \mathfrak{f}_3}{3\mathfrak{f}_3}$$

$$(17)\quad \mathfrak{i}_3 = \mathfrak{j}_3 \frac{\mathfrak{e}_3}{\mathfrak{E}_0} = -\,\mathfrak{j}_3 \frac{\mathfrak{e}_\gamma}{\mathfrak{E}_0} \frac{3\mathfrak{j}}{2\mathfrak{j} + \mathfrak{j}_3} \qquad (17\,\text{a})\quad \mathfrak{i}_3 = \mathfrak{J}_0 \frac{\mathfrak{e}_3}{\mathfrak{f}_3}$$

Die Einheitsspannung $\mathfrak{E}_0$ für die Bestimmung der Widerstände kann beliebig gewählt werden. Nimmt man $\mathfrak{E}_0 = -\,\mathfrak{e}_\gamma$, so vereinfacht sich Gleichung 17 folgendermaßen:

$$(18)\quad \mathfrak{i}_3 = 3\mathfrak{j} \frac{\mathfrak{j}_3}{2\mathfrak{j} + \mathfrak{j}_3} \qquad\qquad (18\,\text{a})\quad \mathfrak{i}_3 = -\,\mathfrak{J}_0 \frac{3\,\mathfrak{e}_\gamma}{2\mathfrak{f}_3 + \mathfrak{f}}$$

Ferner ergibt sich mit Gleichung 9 bzw. 9a:

$$\mathfrak{i}_1 = \mathfrak{j} \frac{\mathfrak{e}_1}{\mathfrak{E}_0} = \mathfrak{j} \frac{\mathfrak{e}_\alpha + \mathfrak{e}_0}{\mathfrak{e}_\gamma} \qquad\qquad \mathfrak{i}_1 = \mathfrak{J}_0 \frac{\mathfrak{e}_1}{\mathfrak{f}} = -\,\mathfrak{J}_0 \frac{\mathfrak{e}_\alpha + \mathfrak{e}_0}{\mathfrak{f}}$$

$$(19)\quad \mathfrak{i}_1 = \mathfrak{j} \frac{\mathfrak{e}_\alpha}{\mathfrak{e}_\gamma} + \mathfrak{j} \frac{\mathfrak{j} - \mathfrak{j}_3}{2\mathfrak{j} + \mathfrak{j}_3} \qquad (19\,\text{a})\quad \mathfrak{i}_1 = -\,\mathfrak{J}_0 \frac{\mathfrak{e}_\alpha}{\mathfrak{f}} - \mathfrak{J}_0 \frac{\mathfrak{e}_\gamma}{\mathfrak{f}} \frac{\mathfrak{f}_3 - \mathfrak{f}}{2\mathfrak{f}_3 + \mathfrak{f}}$$

$$i_2 = j\,\frac{e_2}{\mathfrak{C}_0} = j\,\frac{e_\beta + e_0}{e_\gamma} \qquad\qquad i_2 = \mathfrak{J}_0\frac{e_2}{\mathfrak{f}} = -\,\mathfrak{J}_0\frac{e_\beta + e_0}{\mathfrak{f}}$$

$$(20)\quad i_2 = j\,\frac{e_\beta}{e_\gamma} + j\,\frac{j - j_3}{2j + j_3} \qquad (20\,a)\quad i_2 = -\,\mathfrak{J}_0\frac{e_\beta}{\mathfrak{f}} - \mathfrak{J}_0\frac{e_\gamma}{\mathfrak{f}}\frac{\mathfrak{f}_3 - \mathfrak{f}}{2\mathfrak{f}_3 + \mathfrak{f}}$$

Wie man sich leicht überzeugen kann, gibt die Summe von $i_1 + i_2 + i_3$ nach Gleichung 18, 19, 20 bzw. 18a, 19a, 20a den Wert Null (vgl. Gleichung 7).

Bevor diese Gleichungen auf bestimmte Belastungsfälle angewendet werden, mögen die Grundlagen für die Entstehung von Kreisdiagrammen entwickelt werden, die bei Wechselstromaufgaben besonders häufig auftreten.

Grundgleichungen der Kreisdiagramme.

Es soll nunmehr untersucht werden, welche charakteristischen Eigenschaften die Vektorgleichungen für die Spannungen bzw. Ströme besitzen müssen, wenn die Spitze des betreffenden Vektors sich auf einem Kreise bewegen soll. Wir nehmen dabei an, daß die Belastungen der 3 Drehstromleitungen teilweise durch unveränderliche Leitwerte oder Widerstände $j\left(\frac{1}{\mathfrak{C}_0}\right)$ bzw. $\mathfrak{f}\left(\frac{1}{\mathfrak{J}_0}\right)$ teilweise durch veränder-

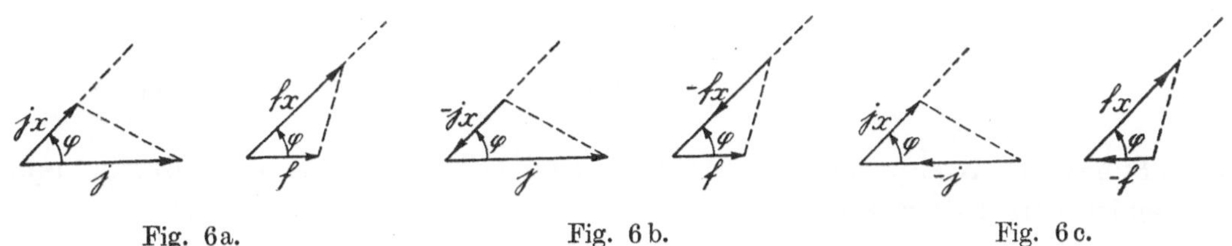

Fig. 6a.   Fig. 6b.   Fig. 6c.

liche $j_x\left(\frac{1}{\mathfrak{C}_0}\right)$ bzw. $\mathfrak{f}_x\left(\frac{1}{\mathfrak{J}_0}\right)$ gebildet werden, daß sich aber die Veränderlichen j_x bzw. $\mathfrak{f}_x$ zunächst nur nach ihrer Größe, aber nicht nach ihrer Richtung ändern, Fig. 6a. Kommen in den nachfolgenden Gleichungen die Verhältnisse $\frac{j_x}{j}$ bzw. $\frac{\mathfrak{f}}{\mathfrak{f}_x}$ mit negativem Vorzeichen vor, so braucht man nach Fig. 6b nur den Pfeil des einen Vektors, z. B. j_x bzw. $\mathfrak{f}_x$ umzukehren. Im übrigen sind die Pfeilrichtungen genau zu beachten Das Vektorverhältnis bleibt aber unverändert, wenn man gleichzeitig beide Pfeilrichtungen umkehrt,

$$(21)\quad \frac{j_x}{j} = \frac{-j_x}{-j} \qquad\qquad (21\,a)\quad \frac{-j_x}{j} = \frac{j_x}{-j}, \quad \text{Fig. 6b und 6c.}$$

a) Kreisdiagramm der Spannungen, Fig. 7.

Der Vektor $\mathfrak{a}$ der Netzspannung (entspr. e_γ der Fig. 5) sei bekannt und konstant, die Maschenspannungen $CP = e_y$ und $PO = e_z$ (entspr. e_3 und e_0) veränderlich und Funktionen der veränderlichen Strombelastung j_x. Zwei Punkte D, E des Kreises, auf dem sich die Enden der Vektoren e_y und e_z, d. h. der Punkt P bewegt, seien durch die Vektoren $\mathfrak{b}$ bzw. $\mathfrak{c}$ gegeben. Dann ist

$$DP = e_y + \mathfrak{b} \quad \text{und} \quad PE = e_z + \mathfrak{c}$$

Soll sich der Punkt P auf dem Kreise bewegen, so muß der Winkel $DPE = \text{const.}$ sein. Da aber nach der Annahme der Winkel zwischen j_x

und $\mathfrak{j}$ konstant sein soll, so ändern sich e_y und e_z, nach einer Kreisfunktion, wenn sich

$$(22) \qquad \frac{e_z + \mathfrak{c}}{e_y + \mathfrak{b}} = \frac{-\mathfrak{j}_x}{\mathfrak{j}} \qquad \text{oder} \qquad (22a) \quad \frac{e_z + \mathfrak{c}}{e_y + \mathfrak{b}} = \frac{\mathfrak{f}}{-\mathfrak{f}_x}$$

schreiben läßt.

Gelingt es daher $\dfrac{-\mathfrak{j}_x}{\mathfrak{j}}$ $\left(\text{bzw. } \dfrac{\mathfrak{f}}{-\mathfrak{f}_x}\right)$ als Verhältnis zweier linearer Funktionen von e_y und e_z darzustellen, so liegt eine Kreisfunktion vor. Die Vektoren $\mathfrak{b}$ und $\mathfrak{c}$ bestim-

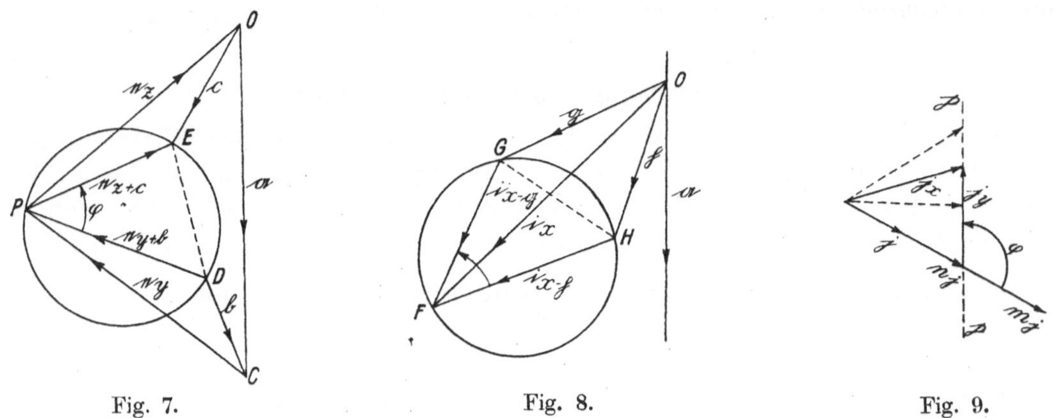

Fig. 7.   Fig. 8.   Fig. 9.

men 2 Punkte des Kreises, und der Winkel φ zwischen $\mathfrak{j}_x$ und $\mathfrak{j}$ dient zur Bestimmung des wandernden dritten Punktes.

b) Kreisdiagramm der Ströme, Fig. 8.

In gleicher Weise ergibt sich für einen Stromvektor $\mathfrak{i}_x$ dessen Spitze auf einem Kreise wandern soll,

$$(23) \qquad \frac{\mathfrak{i}_x - \mathfrak{g}}{\mathfrak{i}_x - \mathfrak{h}} = \frac{\mathfrak{j}_x}{\mathfrak{j}} \qquad \text{bzw.} \qquad (23a) \quad \frac{\mathfrak{i}_x - \mathfrak{g}}{\mathfrak{i}_x - \mathfrak{h}} = \frac{\mathfrak{f}}{\mathfrak{f}_x}$$

Zwei Punkte des Kreises sind durch die Vektoren $\mathfrak{g}$ und $\mathfrak{h}$, der dritte wandernde durch den Winkel zwischen $\mathfrak{j}_x$ und $\mathfrak{j}$ (bzw. $\mathfrak{f}$ und $\mathfrak{f}_x$) bestimmt.

Entwickelt man daher $\dfrac{\mathfrak{i}_x}{\mathfrak{j}}$ $\left(\text{bzw. } \dfrac{\mathfrak{f}}{\mathfrak{f}_x}\right)$ als Funktion von $\mathfrak{i}_x$ und ergibt sich dabei das Verhältnis zweier linearer Funktionen von $\mathfrak{i}_x$, so kann man aus der Gleichung sofort erkennen, daß es sich um eine Kreisfunktion handelt. Aus den Konstanten der Gleichung lassen sich ferner die Lage und die Größe des Kreises ohne weiteres ablesen. Zu erwähnen ist noch, daß in Gleichung 22 und 23 $\mathfrak{j}$ noch mit einem beliebigen Zahlenbeiwert m behaftet sein kann, da der Winkel zwischen $\mathfrak{j}_x$ und $\mathfrak{j}$ sich nicht ändert, wenn $m\mathfrak{j}$ statt $\mathfrak{j}$ geschrieben wird, Fig. 9. Die Möglichkeit der Entstehung von Kreisdiagrammen ist jedoch auch hiermit noch nicht ganz erschöpft. Es war oben angenommen, daß sich $\mathfrak{j}_x$ zwar nach seiner Größe aber nicht nach seiner Richtung ändert. Es genügt aber auch, wenn sich nach Fig. 9 $\mathfrak{j}_x$ nach einer beliebigen Geraden $\mathfrak{p}$ ändert, derart, daß sich $\mathfrak{j}_x$ darstellen läßt durch

$$\mathfrak{j}_x = n\,\mathfrak{j} + \mathfrak{j}_y \qquad \text{oder} \qquad \mathfrak{j}_y = \mathfrak{j}_x - n\,\mathfrak{j}.$$

In diesem Falle ist Gleichung 23 zu schreiben

$$(24) \qquad \frac{i_y - \mathfrak{g}}{i_y - \mathfrak{h}} = \frac{j_y}{m\,j} = \frac{j_x - n\,j}{m\,j}.$$

Dieses ist die allgemeinste Form der Gleichung eines Kreisdiagrammes, wenn sich die Spitze von j_x auf einer beliebigen Geraden $\mathfrak{p}\,\mathfrak{p}$ bewegt. In der gleichen Weise können die Gleichungen 22a und 23a umgeformt werden.

Berechnungsbeispiele für Kreisdiagramme.

In den beiden vorhergehenden Abschnitten sind die Gleichungen für ein Drehstromnetz bei einer beliebigen ungleichmäßigen Belastung sowie die Grundlagen für die Entstehung von Kreisdiagrammen entwickelt. Nunmehr sollen die aufgestellten Formeln auf bestimmte praktisch auftretende Belastungsfälle angewendet und die dabei entstehenden Kreisdiagramme entwickelt werden.

a) Belastung nach Fig. 10.

Dieser Belastungsfall tritt ein, wenn eine Leitung über einen induktionsfreien Widerstand (z. B. einen Baumzweig) geerdet und die Leitfähigkeit des Erdreiches als ∞ groß angenommen ist.

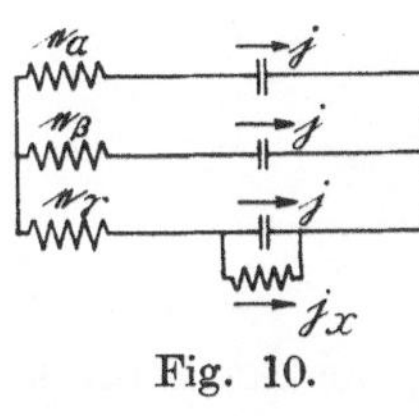

Fig. 10.

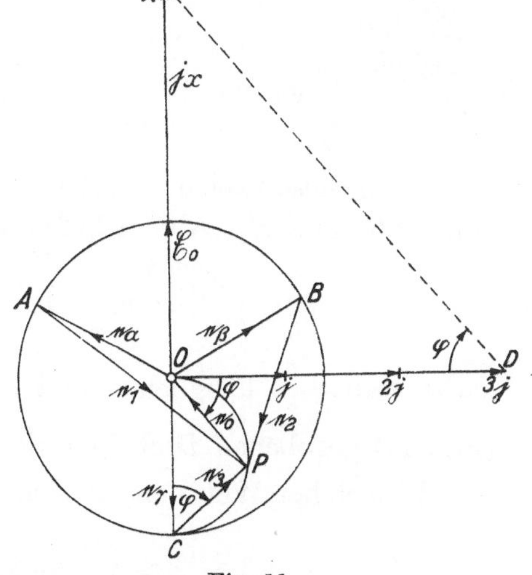

Fig. 11.

Die 3 Drehstromleitungen besitzen eine Kapazität, welche durch die Werte j, j, j charakterisiert ist. Parallel zur Kapazität der dritten Leitung ist aber ein induktionsfreier Erdschluß vorhanden, der durch j_x dargestellt ist. Es ist daher

$$(25) \qquad j_1 = j_2 = j \qquad \text{und}$$

$$(26) \qquad j_3 = j + j_x. \qquad \text{Dann ist nach Gl. 16}$$

$$(27) \qquad \frac{e_0}{e_3} = \frac{j_3 - j'}{3\,j} = \frac{j + j_x - j}{3\,j} = \frac{j_x}{3\,j}$$

Eine Gegenüberstellung dieser Gleichung mit Gleichung 22 und Fig. 7 zeigt, daß sich e_0 und e_3 nach einem Kreise verändern. Da ferner $\mathfrak{h}$ und $c = o$ sind, so geht der Kreis durch die Punkte O und C, Fig. 11. Da die Bezugsspannung $\mathfrak{E}_0 = - e_\gamma$ gesetzt war, so ist j_x durch die Strecke $\overrightarrow{O\,X}$ (phasengleich mit $- e_\gamma$) und $3\,j$ durch $\overrightarrow{O\,D} \perp$ zu $- e_\gamma$ und voreilend gegen $- e_\gamma$ dargestellt. Ferner ist Winkel $X\,O\,D = O\,P\,C = 90°$, daher ist $C\,P\,O$ ein Halbkreis über $O\,C$ und $\sphericalangle O\,C\,P = \sphericalangle O\,D\,X = \varphi$, worin

$$(28) \qquad \operatorname{tg} \varphi = \frac{j_x}{3\,j}$$

ist. Die zweite Hälfte des Kreises scheidet hier aus, da j_x negative Werte nicht annehmen kann. Die Spitze P der Vektoren e_1 und e_2 liegt auf dem gleichen Halbkreis, ihre Festpunkte A und B liegen aber außerhalb desselben.

Der durch Gleichung 28 bestimmte Winkel φ ist auch für die nachfolgende Berechnung der Stromvektoren maßgebend. Nach Gleichung 18 ist

$$(29) \qquad \mathfrak{i}_3 = 3\mathfrak{j}\,\frac{\mathfrak{j}_3}{2\mathfrak{j}+\mathfrak{j}_3} = 3\mathfrak{j}\,\frac{\mathfrak{j}+\mathfrak{j}_x}{2\mathfrak{j}+\mathfrak{j}+\mathfrak{j}_x} = 3\mathfrak{j}\,\frac{\mathfrak{j}+\mathfrak{j}_x}{3\mathfrak{j}+\mathfrak{j}_x} \qquad \text{oder}$$

$$(30) \qquad \frac{\mathfrak{i}_3-\mathfrak{j}}{\mathfrak{i}_3-3\mathfrak{j}} = \frac{-\mathfrak{j}_x}{3\mathfrak{j}}$$

Eine Gegenüberstellung dieser Gleichung mit Gleichung 23 (Fig. 8) zeigt, daß sich $\mathfrak{i}_3$ nach einem Kreise ändert, von dem durch $\mathfrak{g}_3 = \mathfrak{j} = OG_3$ und $\mathfrak{h}_3 = 3\mathfrak{j} = OH_3$ die beiden Punkte G_3 und H_3, Fig. 12, bestimmt sind. Da ferner $-\mathfrak{j}_x$ und $3\mathfrak{j}$ aufeinander $\perp$ stehen, so handelt es sich um einen Halbkreis $G_3 J_3 H_3$, und der $\sphericalangle\, OH_3J_3$ ist wieder der oben ermittelte $\sphericalangle\,\varphi$.

Ferner ist nach Gleichung 19

$$\mathfrak{i}_1 = \mathfrak{j}\,\frac{e_\alpha}{e_\gamma} + \mathfrak{j}\,\frac{\mathfrak{j}-\mathfrak{i}_3}{2\mathfrak{j}+\mathfrak{j}_3} = \mathfrak{j}\,\frac{e_\alpha}{e_\gamma} + \mathfrak{j}\,\frac{\mathfrak{j}-(\mathfrak{j}+\mathfrak{j}_x)}{2\mathfrak{j}+\mathfrak{j}+\mathfrak{j}_x}\,.$$

$$(31) \qquad \mathfrak{i}_1 = \mathfrak{j}\,\frac{e_\alpha}{e_\gamma} - \mathfrak{j}\,\frac{\mathfrak{j}_x}{3\mathfrak{j}+\mathfrak{j}_x} \qquad \text{oder}$$

$$(32) \qquad \frac{\mathfrak{i}_1 - \mathfrak{j}\dfrac{e_\alpha}{e_\gamma}}{\mathfrak{i}_1 - \left(\mathfrak{j}\dfrac{e_\alpha}{e_\gamma} - \mathfrak{j}\right)} = \frac{-\mathfrak{j}_x}{3\mathfrak{j}}\,.$$

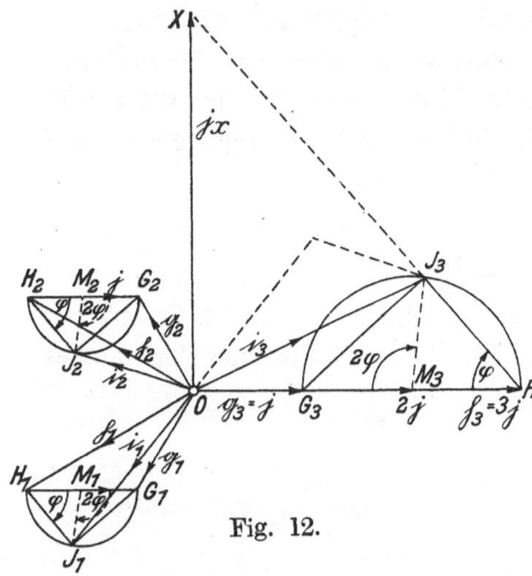

Fig. 12.

Auch diese Gleichung ist nach Gleichung 23 eine Kreisfunktion, bei der 2 Kreispunkte G_1 und H_1, Abb. 12, durch

$$\mathfrak{g}_1 = \mathfrak{j}\,\frac{e_\alpha}{e_\gamma} = OG_1 \quad \text{bzw.} \quad \mathfrak{h}_1 = \mathfrak{j}\,\frac{e_\alpha}{e_\gamma} - \mathfrak{j} = OH_1 \text{ gegeben sind.}$$

Dabei stellt $\mathfrak{j}\,\dfrac{e_\alpha}{e_\gamma}$ lediglich eine Verdrehung des Vektors $\mathfrak{j}$ um $120°$ in dem durch $\dfrac{e_\alpha}{e_\gamma}$ (Fig. 11) gegebenen Drehsinne dar. Der Winkel $G_1 H_1 J_1$ ist $=\varphi$.

In gleicher Weise ergibt sich schließlich nach Gleichung 20

$$\mathfrak{i}_2 = \mathfrak{j}\,\frac{e_\beta}{e_\gamma} + \mathfrak{j}\,\frac{\mathfrak{j}-\mathfrak{i}_3}{2\mathfrak{j}+\mathfrak{j}_3} = \mathfrak{j}\,\frac{e_\beta}{e_\gamma} + \mathfrak{j}\,\frac{\mathfrak{j}-(\mathfrak{j}+\mathfrak{j}_x)}{2\mathfrak{j}+\mathfrak{j}+\mathfrak{j}_x}$$

$$(33) \qquad \mathfrak{i}_2 = \mathfrak{j}\,\frac{e_\beta}{e_\gamma} - \mathfrak{j}\,\frac{\mathfrak{j}_x}{3\mathfrak{j}+\mathfrak{j}_x} \qquad \text{oder}$$

$$(34) \qquad \frac{\mathfrak{i}_2 - \mathfrak{j}\dfrac{e_\beta}{e_\gamma}}{\mathfrak{i}_2 - \left(\mathfrak{j}\dfrac{e_\beta}{e_\gamma} - \mathfrak{j}\right)} = \frac{-\mathfrak{j}_x}{3\mathfrak{j}}\,.$$

Auch diese Gleichung stellt nach Gleichung 23 eine Kreisfunktion dar, bei der 2 Kreispunkte G_2 und H_2, Abb. 12, durch $\mathfrak{g}_2 = \mathfrak{j}\dfrac{e_\beta}{e_\gamma} = OG_2$ und $\mathfrak{h}_2 = \mathfrak{j}\,\dfrac{e_\beta}{e_\gamma} - \mathfrak{j} = OH_2$ gegeben sind. Der $\sphericalangle\, G_2 H_2 J_2$ ist $=\varphi$.

Im vorstehenden sind die Spannungs- und Stromvektoren graphisch ermittelt. Man kann sie aber schließlich auch trigonometrisch berechnen, wobei die betreffenden Formeln direkt aus dem Diagramm abzulesen sind. Am besten geschieht dies in der Weise, daß die Komponenten der Spannungen und Ströme in der Richtung e_γ und j bestimmt werden.

Setzen wir dabei nach Gleichung 28 $\operatorname{tg}\varphi = \dfrac{j_x}{3\,j}$ und $|e_\gamma| = e$, $|j| = i$ sowie die Phasenstellungen von e_1, e_2, e_3 gegenüber e_γ gleich φ_1, φ_2, φ_3 und diejenigen von i_1, i_2, i_3 gegenüber e_γ gleich ψ_1, ψ_2, ψ_3 und beachten, daß

$$\sphericalangle\, G_3 M_3 J_3 = G_1 M_1 J_1 = G_2 M_2 J_2 = 2\,\varphi,$$

dann ist

Vektor	Komponente in der Richtung e_γ	Komponente in der Richtung j	Tang. des Phasenwinkels.
e_1	$e\,(\sin\varphi^2 + \cos 60°)$	$e\,(\sin\varphi\cos\varphi + \sin 60°)$	$\operatorname{tg}\varphi_1 = \dfrac{\sin\varphi\cos\varphi + \sin 60°}{\sin\varphi^2 + \cos 60°}$
e_2	$e\,(\sin\varphi^2 + \cos 60°)$	$e\,(\sin\varphi\cos\varphi - \sin 60°)$	$\operatorname{tg}\varphi_2 = \dfrac{\sin\varphi\cos\varphi - \sin 60°}{\sin\varphi^2 + \cos 60°}$
e_3	$-\,e\cos\varphi^2$	$e\sin\varphi\cos\varphi$	$\operatorname{tg}\varphi_3 = -\operatorname{tg}\varphi$
i_1	$\tfrac{1}{2}\,i\,(\sin 2\varphi + \sqrt{3})$	$\tfrac{1}{2}\,i\,(\cos 2\varphi - 2)$	$\operatorname{tg}\psi_1 = \dfrac{\cos 2\varphi - 2}{\sin 2\varphi + \sqrt{3}}$
i_2	$\tfrac{1}{2}\,i\,(\sin 2\varphi - \sqrt{3})$	$\tfrac{1}{2}\,i\,(\cos 2\varphi - 2)$	$\operatorname{tg}\psi_2 = \dfrac{\cos 2\varphi - 2}{\sin 2\varphi - \sqrt{3}}$
i_3	$-\,i\sin 2\varphi$	$i\,(2 - \cos\varphi)$	$\operatorname{tg}\psi_3 = \dfrac{\cos 2\varphi - 2}{\sin 2\varphi}$
$i_1 + i_2 + i_3$	0	0	—

b) Belastung nach Fig. 13.

Dieser Belastungsfall tritt ein, wenn der Widerstand $\dfrac{\mathfrak{E}_0}{j_x}$ des Erdreiches an der Stromeintrittsstelle konzentriert gedacht ist.

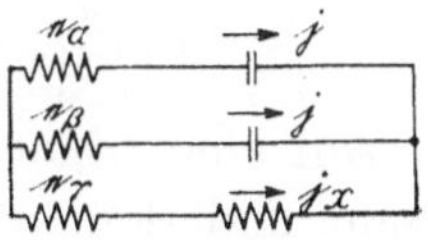

Es ist daher

$$(35)\qquad j_3 = j_x \qquad \text{und nach Gl. 16}$$

$$\frac{e_0}{e_3} = \frac{j_3 - j}{3\,j} = \frac{j_x - j}{3\,j} \qquad \text{oder}$$

Fig. 13.

$$\frac{3\,e_0 + e_3}{2\,e_3} = \frac{j_x}{2\,j} \qquad \text{und mit } e_0 + e_3 = -\,e_\gamma\,.$$

$$(36)\qquad \frac{e_0 - \tfrac{1}{2}\,e_\gamma}{e_3} = \frac{j_x}{2\,j}$$

Diese Formel stellt nach Gleichung 22 eine Kreisfunktion dar mit $\mathfrak{c} = -\tfrac{1}{2}\,e_\gamma = OF$ und $\mathfrak{b} = 0$ (Punkt C), Fig. 14, wobei

$$(37)\qquad \operatorname{tg}\varphi = \frac{j_x}{2\,j} \quad \text{ist.}$$

Ferner ist nach Gleichung 18

$$(38) \qquad i_3 = 3\,j\,\frac{j_3}{2\,j + j_3} = 3\,j\,\frac{j_x}{2\,j + j_x} \qquad \text{oder}$$

$$(39) \qquad \frac{i_3}{i_3 - 3\,j} = \frac{j_x}{2\,j}$$

Diese Formel stellt nach Gleichung 23 eine Kreisfunktion dar mit $\mathfrak{g} = 0$ (Punkt O) und $\mathfrak{h} = 3\,j = O\,G$, Fig. 14.

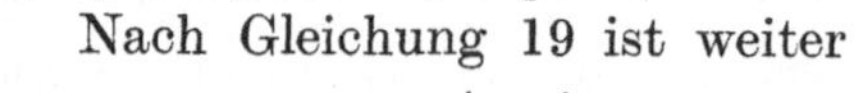
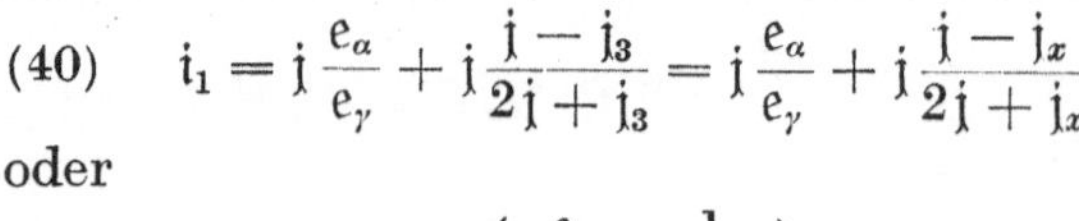
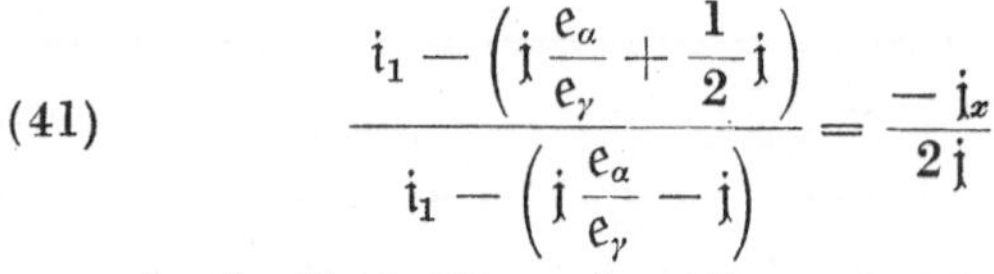

Nach Gleichung 19 ist weiter

$$(40) \qquad i_1 = j\,\frac{e_\alpha}{e_\gamma} + j\,\frac{j - j_3}{2\,j + j_3} = j\,\frac{e_\alpha}{e_\gamma} + j\,\frac{j - j_x}{2\,j + j_x}$$

oder

$$(41) \qquad \frac{i_1 - \left(j\,\dfrac{e_\alpha}{e_\gamma} + \dfrac{1}{2}\,j\right)}{i_1 - \left(j\,\dfrac{e_\alpha}{e_\gamma} - j\right)} = \frac{-\,j_x}{2\,j}\,.$$

Auch diese Formel stellt nach Gleichung 23 eine Kreisfunktion dar mit

$$\mathfrak{g} = j\,\frac{e_\alpha}{e_\gamma} + \frac{1}{2}\,j = O\,H + H\,K \qquad \text{und}$$

$$\mathfrak{h} = j\,\frac{e_\alpha}{e_\gamma} - j = O\,H + H\,L\,,$$

d. h. einen Halbkreis über $K\,L = 1,5\,j$.

Fig. 14.

In gleicher Weise ergibt sich nach Gleichung 20

$$(42) \qquad i_2 = j\,\frac{e_\beta}{e_\gamma} + j\,\frac{j - j_3}{2\,j + j_3} = j\,\frac{e_\beta}{e_\gamma} + j\,\frac{j - j_x}{2\,j + j_x} \qquad \text{oder}$$

$$(43) \qquad \frac{i_2 - \left(j\,\dfrac{e_\beta}{e_\gamma} + \dfrac{1}{2}\,j\right)}{i_2 - \left(j\,\dfrac{e_\beta}{e_\gamma} - j\right)} = \frac{-\,j_x}{2\,j}\,.$$

Auch diese Formel ist nach Gleichung 24 eine Kreisfunktion mit

$$\mathfrak{g} = j\,\frac{e_\beta}{e_\gamma} + \frac{1}{2}\,j = O\,N + N\,Q \qquad \text{und} \qquad \mathfrak{h} = j\,\frac{e_\beta}{e_\gamma} - j = O\,N + N\,R\,.$$

Auf eine trigonometrische Ableitung der Komponenten der Vektoren mag bei diesem und dem nächsten Beispiel verzichtet werden, da sich die Formeln ohne Schwierigkeiten aus dem Diagramm ablesen lassen.

c) Belastung nach Fig. 15.

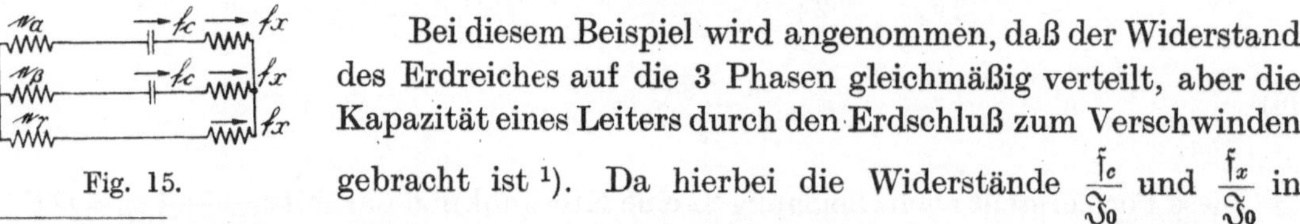

Fig. 15.

Bei diesem Beispiel wird angenommen, daß der Widerstand des Erdreiches auf die 3 Phasen gleichmäßig verteilt, aber die Kapazität eines Leiters durch den Erdschluß zum Verschwinden gebracht ist [1]. Da hierbei die Widerstände $\dfrac{j_c}{\mathfrak{J}_0}$ und $\dfrac{j_x}{\mathfrak{J}_0}$ in

<hr>

[1] Alle diese Voraussetzungen treffen in Wirklichkeit niemals zu, es sollte nur geprüft werden, ob und in welcher Weise die nach diesen Annahmen ermittelten drei Spannungen $e_1, e_2, e_3,$ von wirklich gemessenen Werten abwichen.

Reihe geschaltet sind, wird als Bezugseinheit der Strom $\mathfrak{J}_0$ (statt $\mathfrak{E}_0$) gewählt und die Gleichungen 8a bis 20a angewendet. Es ist daher

$$(44) \qquad \mathfrak{f} = \mathfrak{f}_c + \mathfrak{f}_x$$

$$(45) \qquad \mathfrak{f}_3 = \mathfrak{f}_x \quad \text{und nach Gl. 16a}$$

$$(46) \qquad \frac{e_0}{e_3} = \frac{\mathfrak{f} - \mathfrak{f}_3}{3\,\mathfrak{f}_3} = \frac{\mathfrak{f}_c + \mathfrak{f}_x - \mathfrak{f}_x}{3\,\mathfrak{f}_x} = \frac{\mathfrak{f}_c}{3\,\mathfrak{f}_x}.$$

Diese Formel stellt nach Gleichung 22a eine Kreisfunktion dar mit $\mathfrak{b} = 0$ (Punkt C) und $\mathfrak{c} = 0$ (Punkt O), Fig. 16, wobei

$$(47) \qquad \operatorname{tg}\varphi = \frac{\mathfrak{f}_c}{3\,\mathfrak{f}_x} = \frac{\frac{1}{3}\,\mathfrak{f}_c}{\mathfrak{f}_x} \quad \text{ist.}$$

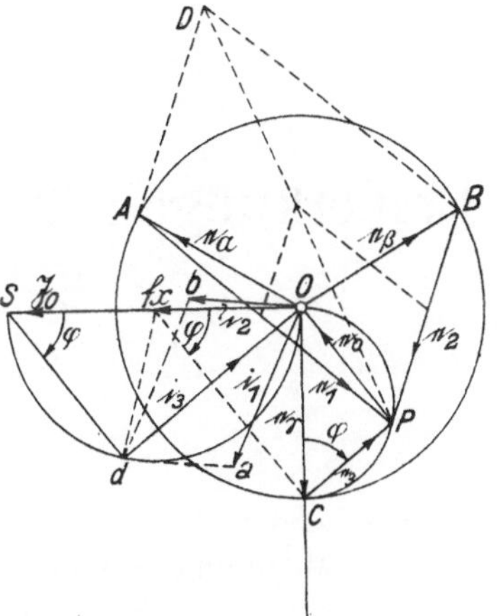
Fig. 16.

Da $\mathfrak{J}_0$ nach Größe und Richtung beliebig gewählt werden kann, ist es praktisch, die Wahl so zu treffen, daß die durch $\mathfrak{J}_0 = OS$ an der Kapazität erzeugte Spannung $\mathfrak{f}_c$ mit e_γ gleichgerichtet ist und daß

$$(48) \qquad \tfrac{1}{3}\,\mathfrak{f}_c = e_\gamma$$

ist. Unter dieser Voraussetzung ist nach Gleichung 18a

$$i_3 = -\,\mathfrak{J}_0\,\frac{3\,e_\gamma}{2\,\mathfrak{f}_3 + \mathfrak{f}} = -\,\mathfrak{J}_0\,\frac{3\,e_\gamma}{3\,\mathfrak{f}_x + \mathfrak{f}_c} = -\,\mathfrak{J}_0\,\frac{e_\gamma}{\mathfrak{f}_x + \tfrac{1}{3}\,\mathfrak{f}_c} = -\,\mathfrak{J}_0\,\frac{e_\gamma}{\mathfrak{f}_x + e_\gamma}$$

$$(49) \qquad \frac{i_3}{i_3 + \mathfrak{J}_0} = \frac{e_\gamma}{-\,\mathfrak{f}_x}.$$

Diese Formel stellt nach Gleichung 23a eine Kreisfunktion dar mit $\mathfrak{g} = 0$ (Punkt O) und $\mathfrak{h} = -\,\mathfrak{J}_0 = OS$, Fig. 16.

Die Berechnung von i_1 bzw. i_2 nach Gleichung 19a bzw. 20a ergibt dagegen, daß diese beiden Vektoren nicht durch Kreisfunktionen darstellbar sind.

Die Bestimmung von i_1 und i_2 gestaltet sich aber nach der Berechnung von i_3 sehr einfach, denn nach Gleichung 9a ist

$$(50) \qquad \frac{i_1}{i_2} = \frac{e_1}{e_2}\,\frac{\mathfrak{f}_2}{\mathfrak{f}_1} = \frac{e_1}{e_2}.$$

Andererseits ist $-\,i_3 = i_1 + i_2$, daher

$$(51) \qquad i_1 : i_2 : (-\,i_3) = e_1 : e_2 : (e_1 + e_2);$$

das heißt aber, daß das aus e_1 und e_2 gebildete Parallelogramm $P\,A\,D\,B$ ähnlich ist dem aus i_1 und i_2 gebildeten Parallelogramm $O\,a\,d\,b$ und daß die Diagonale $e_1 + e_2 = P\,D$ des ersteren der Diagonale $-\,i_3 = O\,d$ des letzteren entspricht. Hieraus ergibt sich die in Fig. 16 dargestellte Konstruktion von i_1 und i_2.

Schlußbetrachtung.

Die vorstehenden Beispiele zeigen, in wie einfacher und übersichtlicher Weise sich mit der neuen Berechnungsart Probleme der Wechselstromtechnik behandeln und Gesetzmäßigkeiten entwickeln lassen. Es liegt nahe, das Verfahren auch auf dem Gebiet der drahtlosen Telegraphie mit ungedämpften Schwingungen und bei der Berechnung von Wechselstrommaschinen anzuwenden, wobei zu beachten ist, daß jede Wirkleistung in einem Motor ersetzt werden kann durch die Leistungsaufnahme in einem induktionsfreien Widerstand. Handelt es sich um einen Generator, so ist dieser Widerstand lediglich mit negativem Vorzeichen zu versehen.

Bemerkungen über das elektromagnetische Verhalten gekreuzter Freileitungen.

Von

Leon Lichtenstein.

Mit 4 Textfiguren.

Mitteilung aus dem Physikalischen Laboratorium des Kabelwerkes der Siemens-Schuckertwerke G. m. b. H. zu Gartenfeld.

Im Felde einer langgestreckten Freileitung möge eine weitere Freileitung liegen. Um Vorstellungen zu fixieren, möge es sich zunächst um zwei Hochspannungsfreileitungen 1, 2, 3; 4, 5, 6 auf einem Gestänge handeln: die eine Freileitung 1, 2, 3 sei im Betrieb, die andere 4, 5, 6 sei beiderseits offen und von der Erde völlig isoliert. Wie man weiß, kommen durch Influenz die Leiter 4, 5, 6 auf Spannung. Ist die Leitung 4, 5, 6 gekreuzt, so sind die durch Influenz erzwungenen Potentiale der einzelnen Leiter vor der Kreuzungsstelle und hinter dieser verschieden. Ein statisches Gleichgewicht ist unmöglich; — die Leitung 4, 5, 6 wird von Ausgleichströmen durchflossen.

Man pflegt bei gekreuzten Leitungen mit den Mittelwerten der elektrischen Konstanten zu rechnen. Dieses Verfahren kann nach dem obigen nur dann eine brauchbare Näherung ergeben, wenn die Entfernung zweier benachbarten Kreuzungsstellen hinreichend klein ist. Um ein Bild über die komplizierten Vorgänge bei Kreuzungen zu gewinnen und um sich ein Urteil über die notwendige Häufigkeit der Kreuzungsstellen zu bilden, soll im folgenden ein besonders einfacher Fall einer s p r u n g w e i s e n Änderung der elektrischen Konstanten einer langgestreckten Leitung näher untersucht werden.

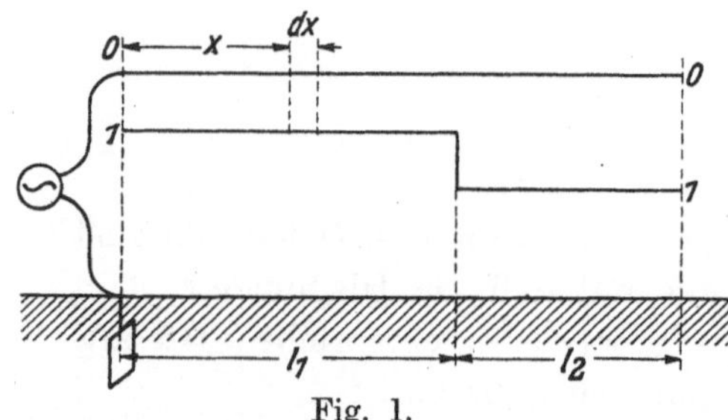

Fig. 1.

Das fragliche System besteht aus nur zwei Leitern (0) und (1). Der Leiter (0) ist horizontal ausgespannt, der Leiter (1) verläuft hierzu parallel; dabei tritt in der Entfernung l_2 vom Leitungsanfang sprungweise eine Lagenänderung ein (vgl. die Fig. 1). Die Gesamtlänge der Leitung heiße $l_1 + l_2$; die Leitung (1) sei beiderseits offen, die Leitung (0) sei am Ende offen und am Anfang an eine sinusförmige Spannungsquelle angeschlossen. Der Einfachheit halber wird der Leerstrom und der Spannungsabfall in (0) vernachlässigt und die Spannung in (0) gleich

$$(1) \qquad V_0 = \mathfrak{V}_0\, e^{i\omega t} \qquad (\mathfrak{V}_0 = \text{einer reellen Konstanten})$$

gesetzt. Demgegenüber kann der Zustand des Leiters (1) nicht als quasistationär angesehen werden. Auch darf sein Widerstand nicht vernachlässigt werden; er sei für die Längeneinheit der Strecke AB gleich w_1, auf der Strecke BC gleich w_2. Dagegen sollen alle Induktivitäten gleich Null gesetzt werden. Wir setzen für die Spannung und den Strom in (1) in der Entfernung x vom Anfang den Ausdruck

$$2) \qquad V = \mathfrak{V}\,e^{i\omega t}, \quad J = \mathfrak{J}\,e^{i\omega t}.$$

Hier sind $\mathfrak{V}$ und $\mathfrak{J}$ im allgemeinen komplexe Funktionen von x.

Für die Ladung auf dem Element dx der Leitung (1) wird in dem Teile AB der Leitung der Ausdruck
$$(3) \qquad (c_0 V_0 + c_1 V)\,dx,$$
in dem Teile BC der Ausdruck
$$(4) \qquad (c_0' V_0 + c_2 V)\,dx$$
angesetzt. In (3) und (4) sind c_0, c_0', c_1, c_2 Konstanten (Teilkapazitäten); c_1 und c_2 sind positiv, c_0, c_0' negativ. In bekannter Weise gewinnt man jetzt die beiden Differentialgleichungen des Problems

$$(5) \qquad \text{in } AB: \quad \begin{cases} c_0\,\dfrac{\partial V_0}{\partial t} + c_1\,\dfrac{\partial V}{\partial t} = -\dfrac{\partial J}{\partial x}, \\[2ex] \dfrac{\partial V}{\partial x} = - w_1 J; \end{cases}$$

$$(6) \qquad \text{in } BC: \quad \begin{cases} c_0'\,\dfrac{\partial V_0}{\partial t} + c_2\,\dfrac{\partial V}{\partial t} = -\dfrac{\partial J}{\partial x}, \\[2ex] \dfrac{\partial V}{\partial x} = - w_2 J. \end{cases}$$

Aus (2), (5) und (6) ergeben sich die weiteren Formeln:

$$(7) \qquad \text{in } AB: \quad \begin{cases} i\omega\,(c_0\mathfrak{V}_0 + c_1\mathfrak{V}) = -\dfrac{d\mathfrak{J}}{dx}, \\[2ex] \dfrac{d\mathfrak{V}}{dx} = - w_1\mathfrak{J}; \end{cases}$$

$$(8) \qquad \text{in } BC: \quad \begin{cases} i\omega\,(c_0'\mathfrak{V}_0 + c_2\mathfrak{V}) = -\dfrac{d\mathfrak{J}}{dx}, \\[2ex] \dfrac{d\mathfrak{V}}{dx} = - w_2\mathfrak{J}. \end{cases}$$

Durch Differentiation der ersten Gleichung (7) nach x erhält man in AB:

$$(9) \qquad i\omega c_1\,\frac{d\mathfrak{V}}{dx} = -\frac{d^2\mathfrak{J}}{dx^2},$$

demnach mit Rücksicht auf die zweite Gleichung (7):

$$(10) \qquad \text{in } AB: \quad \frac{d^2\mathfrak{J}}{dx^2} - i\omega c_1 w_1 \mathfrak{J} = 0.$$

Analog hierzu gilt

$$(11) \qquad \text{in } BC: \quad \frac{d^2\mathfrak{J}}{dx^2} - i\omega c_2 w_2 \mathfrak{J} = 0.$$

Aus den Gleichungen (10) und (11) bestimmt sich der Stromverlauf des Leiters (1), wenn noch die Grenzbedingungen in den Punkten A, B, C berücksichtigt werden. Diese sind:

$$(12) \qquad \text{in } A: \ \mathfrak{J} = 0; \quad \text{in } C: \ \mathfrak{J} = 0.$$

Darüber hinaus weiß man, daß das Potential $\mathfrak{V}$ und der Strom $\mathfrak{J}$ sich in B stetig verhalten. In der üblichen Schreibweise ist

$$(13) \qquad \mathfrak{V}(l_1 - 0) = \mathfrak{V}(l_1 + 0), \quad \mathfrak{J}(l_1 - 0) = \mathfrak{J}(l_1 + 0).$$

Das allgemeine Integral der Differentialgleichung (10) ist, wie man leicht verifizieren kann,

$$(14) \qquad \mathfrak{J} = M e^{\alpha_1 x} + N e^{-\alpha_1 x}, \quad (M, N \text{ konstant})$$

$$\alpha_1 = (1 + i)\sqrt{\frac{\omega\, c_1\, w_1}{2}}.$$

Entsprechend ist das allgemeine Integral von (11) gleich

$$(15) \qquad \mathfrak{J} = P e^{\alpha_2 x} + Q e^{-\alpha_2 x} \quad (P, Q \text{ konstant})$$

$$\alpha_2 = (1 + i)\sqrt{\frac{\omega\, c_2\, w_2}{2}}.$$

Aus (14) und (7) folgt auf AB

$$(16) \qquad \mathfrak{V} = -\frac{c_0}{c_1}\mathfrak{V}_0 - \frac{1}{i\omega c_1}\alpha_1 M e^{\alpha_1 x} + \frac{1}{i\omega c_1}\alpha_1 N e^{-\alpha_1 x}.$$

Auf BC ist entsprechend

$$(17) \qquad \mathfrak{V} = -\frac{c_0'}{c_2}\mathfrak{V}_0 - \frac{1}{i\omega c_2}\alpha_2 P e^{\alpha_2 x} + \frac{1}{i\omega c_2}\alpha_2 Q e^{-\alpha_2 x}.$$

Aus (14) folgt für $x = o$ wegen (12)

$$(18) \qquad M + N = 0.$$

Aus (15) ergibt sich ferner für $x = l = l_1 + l_2$

$$(19) \qquad P e^{\alpha_2 l} + Q e^{-\alpha_2 l} = 0.$$

Schließlich ist wegen (13), (14), (15), (16) und (17)

$$(20) \qquad -\frac{c_0}{c_1}\mathfrak{V}_0 - \frac{1}{i\omega c_1}\alpha_1 M e^{\alpha_1 l_1} + \frac{1}{i\omega c_1}\alpha_1 N e^{-\alpha_1 l_1} = -\frac{c_0'}{c_2}\mathfrak{V}_0 - \frac{1}{i\omega c_2}\alpha_2 P e^{\alpha_2 l_1}$$

$$+ \frac{1}{i\omega c_2}\alpha_2 Q e^{-\alpha_2 l_1},$$

$$(21) \qquad M e^{\alpha_1 l_1} + N e^{-\alpha_1 l_1} = P e^{\alpha_2 l_1} + Q e^{-\alpha_2 l_1}.$$

Aus den Gleichungen (18), (19), (20) und (21) erhält man nach einigen Umformungen

$$(22) \quad M = -N = -\frac{\mathfrak{V}_0\, i\,\omega\,(c_0 c_2 - c_0' c_1)\sin\frac{1}{i}\alpha_2 l_2}{(c_1\alpha_2 - c_2\alpha_1)\sin\frac{1}{i}(\alpha_1 l_1 - \alpha_2 l_2) + (c_1\alpha_2 + c_2\alpha_1)\sin\frac{1}{i}(\alpha_1 l_1 + \alpha_2 l_2)},$$

demnach auf der Strecke AB

$$(23) \quad \left\{ \begin{aligned} &\mathfrak{J} = \frac{\mathfrak{V}_0 \cdot 2\,\omega\,(c_0 c_2 - c_0' c_1)\sin\frac{1}{i}\alpha_1 x \cdot \sin\frac{1}{i}\alpha_2 l_2}{(c_1\alpha_2 - c_2\alpha_1)\sin\frac{1}{i}(\alpha_1 l_1 - \alpha_2 l_2) + (c_1\alpha_2 + c_2\alpha_1)\sin\frac{1}{i}(\alpha_1 l_1 + \alpha_2 l_2)}, \\[2ex] &\mathfrak{V} = -\frac{c_0}{c_1}\mathfrak{V}_0 + \frac{2\alpha_1\mathfrak{V}_0}{c_1}\cdot\cos\frac{1}{i}\alpha_1 x \\[2ex] &\qquad \cdot \frac{(c_0 c_2 - c_0' c_1)\sin\frac{1}{i}\alpha_2 l_2}{(c_1\alpha_2 - c_2\alpha_1)\sin\frac{1}{i}(\alpha_1 l_1 - \alpha_2 l_2) + (c_1\alpha_2 + c_2\alpha_1)\sin\frac{1}{i}(\alpha_1 l_1 + \alpha_2 l_2)}. \end{aligned} \right.$$

Wir nehmen jetzt an, daß $|\alpha_1|$ und $|\alpha_2|$ so klein sind, daß für $\sin\frac{1}{i}\alpha_1 l_1$,

$\sin\frac{1}{i}\alpha_2 l_2$, $\cos\frac{1}{i}\alpha_1 l_1$, $\sin\frac{1}{i}(\alpha_1 l_1 + \alpha_2 l_2)$, ... entsprechend $\frac{1}{i}\alpha_1 l_1$, $\frac{1}{i}\alpha_2 l_2$, 1,

$\frac{1}{i}(\alpha_1 l_1 + \alpha_2 l_2)$, ... gesetzt werden kann. Für $\mathfrak{B}$ erhält man dann angenähert:

$$
(24) \quad
\begin{aligned}
\mathfrak{B} &= -\frac{c_0}{c_1}\mathfrak{B}_0 + \frac{2\alpha_1\mathfrak{B}_0}{c_1} \cdot \frac{(c_0 c_2 - c_0' c_1)\frac{1}{i}\alpha_2 l_2}{(c_1\alpha_2 - c_2\alpha_1)\frac{1}{i}(\alpha_1 l_1 - \alpha_2 l_2) + (c_1\alpha_2 + c_2\alpha_1)\frac{1}{i}(\alpha_1 l_1 + \alpha_2 l_2)} \\
&= -\frac{c_0}{c_1}\mathfrak{B}_0 + \frac{2\alpha_1\mathfrak{B}_0}{c_1} \cdot \frac{(c_0 c_2 - c_0' c_1)\alpha_2 l_2}{(c_1\alpha_2\alpha_1 l_1 + c_2\alpha_1\alpha_2 l_2)} \\
&= -\frac{c_0}{c_1}\mathfrak{B}_0 + \mathfrak{B}_0\frac{(c_0 c_2 - c_0' c_1)l_2}{c_1(c_1 l_1 + c_2 l_2)} = \mathfrak{B}_0\frac{-c_0 c_1 l_1 - c_0 c_2 l_2 + c_0 c_2 l_2 - c_0' c_1 l_2}{c_1(c_1 l_1 + c_2 l_2)} \\
&= -\mathfrak{B}_0\frac{c_0 l_1 + c_0' l_2}{c_1 l_1 + c_2 l_2}.
\end{aligned}
$$

Demnach ist auch

$$(25) \qquad V = -V_0\frac{c_0 l_1 + c_0' l_2}{c_1 l_1 + c_2 l_2}.$$

Betrachten wir jetzt vorübergehend eine homogene Leitung (1*) im Felde einer weiteren Leitung (0*) (vgl. die Fig. 2). Die Teilkapazitäten der Leitung (1*) heißen jetzt c^*, c_1^*. Jetzt kommt (1*), wenn wieder der Leerstrom und der Spannungsabfall in (0*) vernachlässigt werden, auf das Potential V^*, das von x unabhängig ist. Beim Betriebe nach Fig. 2 ist (1*) Sitz einer Ladung vom Betrage

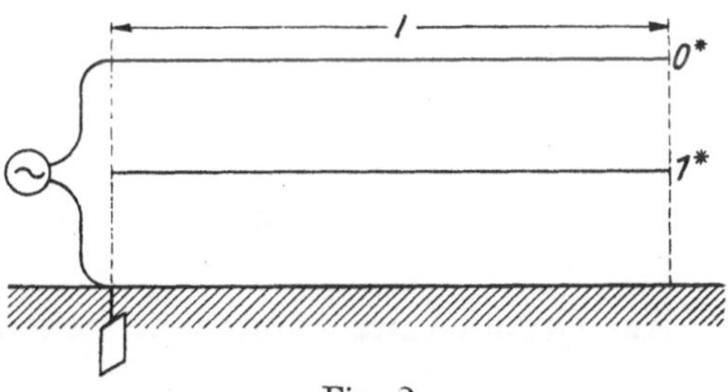

Fig. 2.

$$(26) \qquad c_0^* V_0 + c_1^* V_1^*.$$

Da (1*) von der Erde isoliert ist, so muß

$$(27) \qquad c_0^* V_0 + c_1^* V_1^* = 0$$

sein. Aus (27) folgt

$$(28) \qquad V_1^* = -\frac{c_0^*}{c_1^*} V_0.$$

Den Formeln (25) und (28) gemäß verhält sich das Leitersystem (0), (1) wie eine homogene Leitung mit den Teilkapazitäten

$$(29) \qquad c_0^* = \frac{c_0 l_1 + c_0' l_2}{l_1 + l_2}, \qquad c_1^* = \frac{c_1 l_1 + c_2 l_2}{l_1 + l_2}.$$

Das sind aber Mittelwerte aus den Teilkapazitäten der beiden Strecken AB und BC.

In dem von uns betrachteten Spezialfalle ist der Ersatz der sprungweise unstetigen Leitung durch eine homogene Leitung nach dem Prinzip der Mittelwertbildung in dem Maße zulässig, in dem die Werte $\sin\frac{1}{i}\alpha_1 l_1$, $\sin\frac{1}{i}\alpha_2 l_2$, $\cos\alpha_1 l_1$, ...

entsprechend durch $\frac{1}{i}\,\alpha_1 l_1$, $\frac{1}{i}\,\alpha_2 l_2$, 1, $\ldots$ ersetzt werden können. Dieses Kriterium dürfte allgemeiner bei beliebigen gekreuzten Leitungen unbedenklich angewandt werden können. Für l_1 und l_2 treten dort die Entfernungen zweier aufeinanderfolgenden Kreuzungsstellen, für c_1, c_2, $\ldots$ gewisse aus Teilkapazitäten einzelner Leiter des Systems sinngemäß zu bildende Betriebswerte.

Von Interesse ist jetzt ferner die in dem Leiter 1 in Wärme umgesetzte Energie $\mathfrak{W}$:

$$(30) \qquad \mathfrak{W} = \tfrac{1}{2}\int_0^{l_1} w_1\,|\mathfrak{J}|^2\,dx + \tfrac{1}{2}\int_{l_1}^{l_2} w_2\,|\mathfrak{J}|^2\,dx = \mathfrak{W}_1 + \mathfrak{W}_2,$$

unter $|\mathfrak{J}|$ den absoluten Betrag der komplexen Zahl $\mathfrak{J}$ verstanden.

Wir begnügen uns bei der weiteren Berechnung mit den Annäherungswerten für $\mathfrak{J}$. Es ist nach (23) angenähert auf $A\,B$:

$$(31) \qquad \mathfrak{J} = -\frac{\mathfrak{B}_0 \cdot 2\,\omega\,(c_0 c_2 - c_0' c_1)\,\alpha_1 \alpha_2 l_2 x}{\dfrac{2}{i}\,\alpha_1 \alpha_2\,(l_1 c_1 + l_2 c_2)} = -\,\mathfrak{B}_0\,\omega\,\frac{c_0 c_2 - c_0' c_1}{l_1 c_1 + l_2 c_2}\,l_2 x i,$$

darum

$$(32) \qquad |\mathfrak{J}| = \mathfrak{B}_0\,\omega\left|\frac{c_0 c_2 - c_0' c_1}{l_1 c_1 + l_2 c_2}\right|\,l_2 x$$

und

$$(33) \qquad \mathfrak{W}_1 = w_1\,\mathfrak{B}_0^2\,\omega^2\left(\frac{c_0 c_2 - c_0' c_1}{l_1 c_1 + l_2 c_2}\right)^2 l_2^2\,\frac{l_1^3}{6}.$$

Aus Gründen der Symmetrie finden wir

$$(34) \qquad \mathfrak{W}_2 = w_2\,\mathfrak{B}_0^2\,\omega^2\left(\frac{c_0 c_2 - c_0' c_1}{l_1 c_1 + l_2 c_4}\right)^2 l_1^2\,\frac{l_2^3}{6},$$

demnach

$$(35) \qquad \mathfrak{W} = \frac{1}{6}\,\mathfrak{B}_0^2\,\omega^2\left(\frac{c_0 c_2 - c_0' c_1}{l_1 c_1 + l_2 c_2}\right)^2 l_1^2 l_2^2 \cdot (l_1 w_1 + l_2 w_2).$$

Der Gesamtwiderstand des Leiters (1) ist $W = l_1 w_1 + l_2 w_2$.
Wir finden mithin endgültig

$$(36) \qquad \mathfrak{W} = \frac{1}{6}\,\mathfrak{B}_0^2\,\omega^2\,W\left(\frac{c_0 c_2 - c_0' c_1}{l_1 c_1 + l_4 c_2}\right)^2 l_1^2 l_2^2.$$

Betrachten wir für einen Augenblick einen Leiter, dessen Gesamtkapazität gegen Erde den Wert

$$(37) \qquad \frac{(c_0 c_2 - c_0' c_1)\,l_1 l_2}{l_1 c_1 + l_1 c_2} = C$$

hat[1]). Der Gesamtwiderstand des Leiters sei W, seine Gesamtlänge l, die Spannung gegen Erde
$$(38) \qquad V_0 = \mathfrak{B}_0\,e^{i\omega t}.$$

Der effektive Wert des Ladestromes in der Entfernung x vom Leiteranfang ist dann gleich

$$(39) \qquad \omega\,\frac{\mathfrak{B}_0}{\sqrt{2}}\,C\,\frac{l-x}{l}.$$

---

[1]) Man überzeugt sich leicht, daß der Ausdruck (37) eine Kapazität darstellt.

Die in Wärme umgesetzte Energie ist, wie man leicht sieht,

$$(40) \qquad \omega^2 \frac{\mathfrak{B}_0^2}{2} C^2 \int_0^l \frac{(l-x)^2}{l^2} \frac{W}{l} dx = \frac{1}{6} \omega^2 \mathfrak{B}_0^2 C^2 W .$$

Aus (36), (37) und (40) ergibt sich, daß **unser Leiter, was die in Wärme umgesetzte Energie betrifft, sich wie ein ungekreuzter, freihängender Leiter von der Gesamtkapazität**

$$(41) \qquad \frac{(c_0 c_2 - c_0' c_1) l_1 l_2}{l_1 c_1 + l_2 c_2}$$

verhält.

Es erscheint erwünscht, die Ergebnisse durch ein Zahlenbeispiel zu illustrieren.

Betrachten wir die in den Fig. 3 und 4 angegebenen Leiteranordnungen; Fig. 3 stellt den Querschnitt durch die Strecke AB, die Fig. 4 denjenigen durch die Strecke

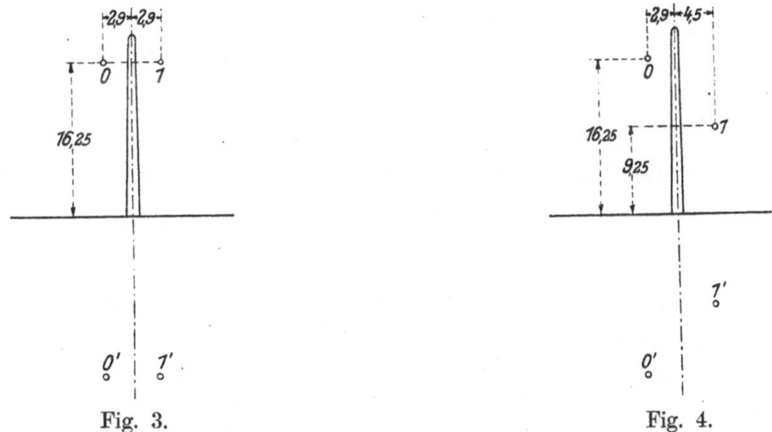

Fig. 3.   Fig. 4.

BC dar. Wir beginnen mit der Bestimmung der Koeffizienten c_0, c_0', c_1, c_2 und führen hierzu in bekannter Weise die Spiegelbilder der Leiter 0 und 1 in bezug auf die Erdoberfläche $0'$, $1'$ ein. Es mögen die Potentiale der jetzt isoliert gedachten Leiter 0 und 1 entsprechend V_0, V_1, ihre Ladungen Q_0, Q_1 heißen. Die Entfernungen der Leiterpaare $0, 1$; $0, 1'$; $0', 1$; $0', 1'$ seien ϱ_{01}, $\varrho_{01'}$, $\varrho_{0'1}$, $\varrho_{0'1'}$, ihre Halbmesser r_0, r_1. Dann ist allgemein

$$(42) \qquad \begin{cases} V_0 = 2 Q_0 \log \dfrac{\varrho_{00'}}{r} + 2 Q \log \dfrac{\varrho_{01'}}{\varrho_{01}} , \\[2ex] V_1 = 2 Q_0 \log \dfrac{\varrho_{10'}}{\varrho_{10}} + 2 Q \log \dfrac{\varrho_{11'}}{r} . \,^1) \end{cases}$$

In unserem besonderen Falle findet man auf der Strecke AB im elektrostatischen Maßsystem

$$(43) \qquad \begin{cases} \dfrac{1}{4,6052} V_0 = 3,61278 Q_0 + 0,75511 Q , \\[2ex] \dfrac{1}{4,6052} V = 0,75511 Q_0 + 3,61278 Q , \end{cases}$$

$^1)$ Das Zeichen $\log$ bedeutet den natürlichen Logarithmus.

auf der Strecke BC

$$(44) \quad \begin{cases} \dfrac{1}{4,6052}\, V_0 = 3,61278\, Q_0 + 0,55121\, Q \, , \\[2mm] \dfrac{1}{4,6052}\, V = 0,55121\, Q_0 + 3,36791\, Q \, . \end{cases}$$

Nach Auflösung der Gleichungen (43) und (44) erhalten wir auf AB:

$$(45) \qquad Q = 0,0629\, V - 0,01316\, V_0 \, ,$$

auf BC

$$(46) \qquad Q = 0,0660\, V - 0,0101\, V_0 \, .$$

Die Werte der Konstanten c_0, c_0', c_1, c_2 sind darum, umgerechnet auf $\dfrac{\mathrm{Mi}}{\mathrm{km}}$, gleich:

$$(47) \quad \begin{cases} c_1 = \dfrac{0,0629}{9}\, \dfrac{\mathrm{Mi}}{\mathrm{km}} = 6,99 \cdot 10^{-3}\, \dfrac{\mathrm{Mi}}{\mathrm{km}} = 6,99 \cdot 10^{-9}\, \dfrac{\mathrm{Farad}}{\mathrm{km}} \, , \\[3mm] c_2 = \dfrac{0,0660}{9}\, \dfrac{\mathrm{Mi}}{\mathrm{km}} = 7,33 \cdot 10^{-3}\, \dfrac{\mathrm{Mi}}{\mathrm{km}} \, , \\[3mm] c_0 = -\,\dfrac{0,01316}{9}\, \dfrac{\mathrm{Mi}}{\mathrm{km}} = -\,1,46 \cdot 10^{-3}\, \dfrac{\mathrm{Mi}}{\mathrm{km}} \, , \\[3mm] c_0' = -\,\dfrac{0,0106}{9}\, \dfrac{\mathrm{Mi}}{\mathrm{km}} = -\,1,12 \cdot 10^{-3}\, \dfrac{\mathrm{Mi}}{\mathrm{km}} \, . \end{cases}$$

Der Leiterwiderstand für die Längeneinheit (Aluminiumleiter 150 mm²) ist gleich

$$(48) \qquad w_1 = w_2 = w = \frac{1000}{150 \cdot 32}\, \frac{\mathrm{Ohm}}{\mathrm{km}} = 0,208\, \frac{\mathrm{Ohm}}{\mathrm{km}} \, .$$

Sei endlich $l_1 = l_2 = 15$ km, $\mathfrak{V}_0 = 150\,000\,\sqrt{2}$ Volt, entsprechend $150\,000$ Volt, mithin der Gesamtwiderstand $\qquad W = 6,24$ Ohm .

Wir finden weiter

$$\alpha_1 = (1 + i)\sqrt{\frac{\omega c_1 w_1}{2}} = (1 + i)\sqrt{\frac{314 \cdot 6,99 \cdot 10^{-9} \cdot 0,208}{2}}$$

$$= (1 + i)\sqrt{2,29 \cdot 10^{-7}} = (1 + i) \cdot 4,8 \cdot 10^{-3} \, , \quad \alpha_1 l_1 = (1 + i) \cdot 0,072 \, ,$$

$$\alpha_2 = (1 + i)\sqrt{\frac{314 \cdot 7,33 \cdot 10^{-9} \cdot 0,208}{2}} = (1 + i) \cdot 4,89 \cdot 10^{-3} \, , \quad \alpha_2 l_2 = (1 + i) \cdot 0,0734 \, .$$

$$\alpha_1 l_1 + \alpha_2 l_2 = \gamma i = (1 + i) \cdot 0,1454 \, , \quad \frac{\alpha_1 l_1 + \alpha_2 l_2}{i} = \gamma = \frac{1 + i}{i} \cdot 0,1454 \, .$$

Es ist nun

$$\frac{\sin \gamma - \gamma}{\gamma} = -\,\frac{1}{3!}\,\gamma^2 + R \, ,$$

$$R = \frac{1}{5!}\,\gamma^4 - \frac{1}{7!}\,\gamma^6 + \cdots \, .$$

Offenbar ist

$$|R| < \frac{1}{5!}\,|\gamma|^4 (1 + |\gamma|^2 + |\gamma|^4 + \cdots) = \frac{1}{5!}\,|\gamma|^4 \frac{1}{1 - |\gamma|^2} \, ,$$

darum

$$\left|\frac{\sin \gamma - \gamma}{\gamma}\right| < \frac{1}{3!}\,|\gamma|^2 + \frac{1}{5!}\,|\gamma|^4 \frac{1}{1 - |\gamma|^2} \, .$$

Im vorliegenden Falle ist

$$|\gamma| = \sqrt{2} \cdot 0,1454 = 0,205 \, ,$$

$$\left| \frac{\sin \gamma - \gamma}{\gamma} \right| < \frac{1}{6} \cdot 0,0416 + \frac{1}{120} \cdot 0,00173 \cdot \frac{1}{0,96} = 0,007 \, .$$

In ähnlicher Weise findet man

$$\left| \frac{\sin \gamma_1 - \gamma_1}{\gamma_1} \right| < 0,007 \, , \qquad \gamma_1 = \frac{1}{i} (\alpha_1 l_1 - \alpha_2 l_2) \, ,$$

$$\left| \frac{\sin \dfrac{\alpha_1 l_1}{i} - \dfrac{\alpha_1 l_1}{i}}{\dfrac{\alpha_1 l_1}{i}} \right| < 0,00173 \, , \qquad \left| \frac{\cos \dfrac{\alpha_1 x_1}{i} - 1}{1} \right| < 0,005 \, .$$

Es ist jetzt leicht, den prozentualen Fehler $\left| \dfrac{\delta \mathfrak{B}}{\mathfrak{B}} \right|$ abzuschätzen, den man begeht, wenn man für $\mathfrak{B}$ den Mittelwert (24) setzt. Man findet

$$\left| \frac{\delta \mathfrak{B}}{\mathfrak{B}} \right| < 0,0137 \, .$$

Der prozentuale Fehler beträgt demnach weniger als $1,37\%$. Es dürfte darum erlaubt sein, wenigstens für $l = 15$ km mit den Mittelwerten der elektrischen Konstanten der Strecken $A\,B$ und $B\,C$ zu rechnen.

Es ist anzunehmen, daß dieses Ergebnis auch noch bei den in der üblichen Weise belasteten Drehstromleitungen gilt. Eine vollständige Kreuzung (Drehung um $360°$) entspricht hier einer Entfernung von 45 km.

Es ist nicht ohne Interesse, die infolge der Kreuzung von den Ausgleichströmen in Wärme umgesetzte Energie zu ermitteln.

Nach (36) ist diese für $l_1 = l_2 = 15$ km gleich

$$\mathfrak{B} = \frac{1}{3} (150\,000)^2 (314)^2 \cdot 6,24 \left(\frac{-1,46 \cdot 7,33 \cdot 10^{-18} + 1,12 \cdot 6,99 \cdot 10^{-18}}{15 (6,99 + 7,33) \, 10^{-9}} \right)^2 \cdot 15^2 \cdot 15^2 \, \text{Watt}$$

$$= \frac{1}{3} \cdot 225 \cdot 10^8 \cdot 9,86 \cdot 10^4 \cdot 6,24 \left(\frac{2,84 \cdot 10^{-18}}{214,8 \cdot 10^{-9}} \right)^2 \cdot 225 \cdot 225 \cdot 10^{-3} \, \text{KW}$$

$$= 75 \cdot 9,86 \cdot 6,24 \cdot 1,745 \cdot 5,07 \cdot 10^{-9} \, \text{KW} = 4,28 \cdot 10^{-5} \, \text{KW} .$$

Diese Leistung könnte auf den ersten Blick zu klein erscheinen. Wir haben indessen angenommen, daß die beiden Leiter beiderseits offen sind und wir haben vor allem den Spannungsabfall in dem Leiter 0 vernachlässigt. Unter diesen Voraussetzungen würde, wenn in (1) keine Kreuzung vorgelegen hätte, die in beiden Leitungen in Wärme umgesetzte Leistung völlig verschwinden. Sie ist in dem Leiter 0 in Wirklichkeit tatsächlich nur darum vorhanden, weil dieser von Ladestrom durchflossen wird und darum $\mathfrak{B}_0$ von x nicht unabhängig ist.

Über die Bestimmung des Magnesiums in Legierungen.

Von

Ernst Wilke-Dörfurt.

Mitteilung aus den Forschungslaboratorien des Siemens-Konzerns zu Siemensstadt.
Physikalisch-Chemisches Laboratorium.

In einem Betriebslaboratorium hatte die Untersuchung von Zink-Aluminium-Magnesium-Legierungen mit kleinem Magnesiumgehalt die unerklärliche Schwierigkeit ergeben, daß durch die Analyse ständig viel kleinere Magnesiumwerte erhalten wurden, als nach der Herstellung der Legierungen erwartet werden mußten. Die Wertbestimmung dieser Metallmischungen, für die ihr Magnesiumgehalt maßgebend war, wurde auf diese Weise in hohem Maße unsicher, ja schließlich unmöglich, wenn z. B. bei einem erwarteten Gehalt von 6% Mg die Analyse nur 3 und 1% anzeigte. Das benutzte analytische Verfahren hatte bei einer dem kleinen Magnesiumgehalt angepaßten Einwage ordnungsgemäß mit Ammoniak, Ammonchlorid und Schwefelammon das Zink als Sulfid und das Aluminium als Hydroxyd gefällt und im Filtrat mit Natriumphosphat das Magnesium aufgesucht. Die Nachprüfung ergab nun, daß Magnesium bei so reichlichem Schwefelammonniederschlag nicht durch Chlorammonium in Lösung gehalten, sondern im Schwefelammonniederschlag festgehalten wird. Diese Gefahr liegt bei allen Abtrennungen des Magnesiums von Metallen der Schwefelammoniumgruppe vor und ist seit langem bekannt. Nach den Anweisungen der analytischen Lehr- und Handbücher begegnet man ihr meist durch doppelte Ausführung der Fällung mit Schwefelammonium. Im vorliegenden Falle jedoch war selbst nach dreimaliger Wiederholung noch viel Magnesium im Niederschlag enthalten. Die Menge des mitgerissenen Magnesiums stieg mit der Einwage, also der Masse des Sulfid-Hydroxyd-Niederschlages. Wählte man die Einwage so klein, daß kein Mitreißen erfolgen bzw. doppelte Fällung den Fehler beseitigen konnte, so wurde bei der Kleinheit des Magnesiumgehalts die Menge des Magnesium-Ammoniumphosphatniederschlages unzulässig klein und der Magnesiumwert nun aus diesem Grunde wieder unsicher. Man mußte also eine Analysenmethode aufsuchen, für welche die Zusammensetzung der Legierung nicht derartige Schwierigkeiten machte. Der Versuch, die salzsaure Metall-Lösung mit Ätznatron zu fällen und dabei die Bedingungen so zu wählen, daß Zinkat und Aluminat löslich bleiben, während Magnesiumhydroxyd ausgeschieden wurde, mißlang. In Konzentrationen zu arbeiten, die alles Zink und alles Aluminium mit Sicherheit in Lösung hielten, stellte sich als unmöglich heraus, da so stark alkalische Flüssigkeiten das Filterpapier zu stark angreifen, und bei Anwendung schwächeren Natriumhydroxyds wurden während des Filtrierens Tonerde und Zinkhydroxyd durch Einwirkung der Luft ausgeschieden und verunreinigten den Magnesiumniederschlag. Dagegen führte zum Ziele der Versuch,

das Zink und das Aluminium mit Weinsäure bzw. weinsaurem Salz in Lösung zu halten
und mit Natriumphosphat das Magnesium direkt zu bestimmen. Eine gleichartige
Verwendung der Weinsäure ist in der analytischen Praxis viel geübt. Es fehlte der
Nachweis, daß in Gegenwart von weinsaurem Ammoniak durch Natriumphosphat
weder Zink noch Aluminium gefällt werden, daß in Anwesenheit weinsauren Salzes
die Abscheidung des Magnesiums auch noch quantitativ erfolgt und daß aus Gemi-
schen das Magnesium-Ammoniumphosphat unter diesen Umständen frei von Zink
und Aluminium ausfällt. Daß alle drei Bedingungen erfüllt sind, wurde durch genaue
Einzelversuche erwiesen: In einer Lösung von Kalialaun (C. A. F. Kahlbaum,
„zur Analyse"), die in 1 l 66 g $K_2Al_2(SO_4)_3 \cdot 24 H_2O$ enthielt und in einer 36 g $ZnSO_4 \cdot$
7 H_2O in 1 l enthaltenden Lösung von Zinksulfat (E. Merck, puriss. pro anal.)
wurde nach Zusatz von 5 g Weinsäure zu je 50 ccm mit Ammoniak, Ammonchlorid
und Natriumphosphat auch nach längerem Stehen keine Spur einer Fällung erhalten.
Eine Lösung von Magnesiumsulfat (E. Merck, puriss. pro anal., 16 g in 1 l) ergab
ohne Zusatz von Weinsäure aus 10 ccm in üblicher Weise mit Natriumphosphat
0,163, 0,164, 0,166, 0,163 g Mg in 100 ccm; mit 15 g Weinsäure versetzt: 0,164,
0,164 g Mg. Schließlich wurden die genau analysierten Standardlösungen in dem
Verhältnis gemischt, das der Zusammensetzung einer der in Frage stehenden Legierungen entsprach, und man nahm nun eine direkte Magnesiumbestimmung in
Gegenwart von 15 g Weinsäure auf 50 + 50 + 10 ccm vor. Es wurde ein Magnesiumgehalt von 0,163 g gefunden[1]).

Da es für technische Zwecke sehr oft genügen wird, von solchen Legierungen
lediglich den Magnesiumsgehalt zu ermitteln, so kann dies Verfahren dazu empfohlen
werden, weil es in sehr einfacher Weise schnell und unmittelbar zu einem genauen
Magnesiumwert führt. Das Zink kann hinterher als Sulfid bestimmt und das Aluminium aus der Differenz ermittelt werden. Da, wo derartige Qualitätslegierungen
für besondere Zwecke nur gelegentlich analysiert werden, wird die Verwendung
des nicht wohlfeilen weinsauren Salzes zulässig, und in Betrieben, wo Massen-Analysen
einen hohen Verbrauch davon verursachen, eine Wiedergewinnung des Tartrats
aus den Filtraten ohne weiteres zu organisieren sein.

Für den praktischen Gebrauch wird im folgenden eine Arbeitsanweisung gegeben, mit Hilfe deren Zink-Aluminium-Magnesium-Legierungen mit kleinem Magnesiumgehalt zu analysieren sind:

1 g der Legierung wird in der üblichen Weise gelöst und die zur Trockne gebrachte,
mit Wasser aufgenommene Lösung von Spuren Kieselsäure durch Filtration befreit.
Man verdünnt dann auf etwa 150 ccm, versetzt mit Chlorammonium in der für
Ammoniakfällungen in Gegenwart von Erdalkalien oder Magnesium nötigen Menge
und mit 15 g Weinsäure oder der entsprechenden Menge weinsauren Ammoniaks.
Gibt man nun 70 ccm konz. Ammoniak hinzu, so darf keine Fällung entstehen.
Hierauf fällt man in gewöhnlicher Weise mit Natriumphosphat das Magnesium aus,
läßt 12 Stunden stehen, wäscht zuerst mit einer Waschflüssigkeit aus, die Ammoniak,
Ammoniumchlorid und etwas weinsaures Ammoniak enthält, dann mit sehr ver-
dünntem Ammoniak und schließlich mit reinem Wasser und verarbeitet den Niederschlag vorschriftsgemäß auf Magnesiumpyro-phosphat $Mg_2P_2O_7$. Das Zink wird
im Filtrat aus essigsaurer Lösung als Zinksulfid niedergeschlagen und in der üblichen

---

[1]) Die Beleganalysen sind z. T. von Herrn Dr. Max Hagedorn ausgeführt.

Weise zur Wägung gebracht, und der Prozentgehalt an Aluminium ergibt dann mit genügender Genauigkeit die Differenz gegen 100.

Zusammenfassung. Es wird von einem Fall berichtet, bei dem die übliche Bestimmungsweise des Magnesiums nach zuvorgegangener Schwefelammonfällung versagt, ein Analysen-Verfahren mitgeteilt, in Zink-Aluminium-Magnesium-Legierungen mit kleinem Magnesiumgehalt das Magnesium ohne vorherige Ausfällung des Zinks und des Aluminiums direkt genau zu bestimmen und eine Arbeitsanweisung dafür gegeben.

Die Versuche wurden im Frühjahr 1919 ausgeführt.

Beiträge zur Bestimmung der Molekulargröße des Kautschukkohlenwasserstoffs auf chemischem Wege.

Von

C. Harries und **Fritz Evers.**

Mitteilung aus den Forschungslaboratorien des Siemens-Konzerns zu Siemensstadt, Organische Abteilung.

Über Reduktion des Parakautschuk.

Aus den Abbauprodukten des Kautschuks bzw. seiner Derivate durch Ozon hat man schließen können, daß in ihm ein großer Kohlenstoffring enthalten ist, dessen Struktur man genau kennt. Nur seine wahre Gliederzahl ob C_{20}, C_{24}, C_{28}, hat sich nicht endgültig feststellen lassen[1]). Ja es ist sogar noch unsicher, ob der Naturkautschuk durch Polymerisation einer Anzahl gleichartiger Kohlenwasserstoffmoleküle der oben gegebenen Größenordnung zustande kommt, oder ob die Molgröße des dem Kautschuk zugrunde liegenden Kohlenwasserstoffes identisch ist mit derjenigen des Naturkautschuks selbst. Im letzteren Falle wäre es möglich, daß die Zahl C_{28} für die Kohlenstoffringglieder erheblich übertroffen wird.

Es wurde auch schon dargelegt, warum es plausibel ist, daß der natürliche Kautschuk ein Polymerisationsprodukt von variabler Molekulargröße ist und deshalb sein Grundkohlenwasserstoff kein sehr hohes Molekulargewicht besitzen dürfte, obgleich auch in Rücksicht gezogen wurde, daß eine Reihe von Veränderungen des Kautschuks, die man bisher als Folgen von Poly- und Depolymerisationserscheinungen anzusehen pflegte, kolloidchemisch auf Unterschiede in der Dispersion bei gleicher Molgröße zurückgeführt werden könnten.

Es erscheint schwierig diese Frage allein auf physikalisch-chemischem Wege lösen zu können, man muß sie auch von der chemischen Seite anzugreifen versuchen. Eine einfache chemische Methode bestände darin, den Kautschuk, der sich einer Reihe von Reagentien gegenüber wie ein stark ungesättigter Körper der allgemeinen Formel $(C_{10}H_{16}\overline{|2}})x$ verhält, zu reduzieren. Der hierbei entstehende gesättigte Kohlenwasserstoff besäße dann entweder die Formel $n\,(C_{10}H_{20})\dfrac{x}{n}$ bei Annahme von Polymerisation oder bei Identität der Molgröße von Kohlenwasserstoff mit Kautschuk $(C_{10}H_{20})x$. Im ersten Falle müßte man eine Verbindung von verhältnismäßig niederer Molgröße etwa von C_{25} bis C_{40} erhalten, die sich wahrscheinlich im Hochvakuum destillieren ließe. Im zweiten wäre das Produkt zwar in seinen allgemeinen Eigenschaften dem ersten ähnlich, aber wegen der zu hohen Kohlenstoffzahl nicht mehr destillierbar.

---

[1]) Harries, Liebigs Annalen d. Chemie **406**, 197 (1914).

Bisher waren die Versuche, den Kautschuk zu reduzieren, ohne Erfolg, so hat sich insbesondere bei ihm die katalytische Methode vermittelst Platin bzw. Palladium und Wasserstoff nach Paal, Skita und Willstätter vorläufig nicht anwenden lassen[1]). Wir unternahmen es daher auf indirektem Wege die Hydrierung zu bewerkstelligen.

Wenn man Kautschuk in Chloroformlösung mit Chlorwasserstoff sättigt, so nimmt er auf $C_{10}H_{16}$ 2 Mol HCl auf und geht in das bekannte feste weiße Kautschukdihydrochlorid über[2]). Reduziert man dasselbe in Chloroformlösung mit Zinkstaub und Essigsäure, so gewinnt man nachher ein Produkt, welches immer noch 6,5 proz. Chlor enthält. Da das neue Präparat aber in Äther leichter löslich geworden ist, läßt es sich mit Natrium, Äther und Wasser bequem erschöpfend reduzieren und man bekommt ein praktisch chlorfreies Produkt von elastischen, an den Naturkautschuk erinnernden Eigenschaften, welches aber sauerstoffhaltig ist. Bei dem Versuche dieses Verfahren technisch zu vereinfachen, gelangten wir zu ganz anderen Resultaten, so daß wir die zunächst erhaltene kautschukartige Verbindung vorläufig nicht näher untersucht haben und nur die neue weiter verfolgten.

Vereinfacht man nämlich die Reduktion dergestalt, daß man das Kautschukdihydrochlorid gar nicht erst isoliert, sondern den in Äthylenchlorid in Lösung gebrachten Kautschuk mit Salzsäuregas sättigt und dann direkt mit Zinkstaub ohne Essigsäure behandelt, so erhält man ein ganz anderes chlorfreies Produkt. Dasselbe ist weiß, fest und besitzt keine Kautschukeigenschaften mehr. Ozonisiert liefert es ein festes Ozonid, welches mit Wasser gespalten nicht die Pyrrolreaktion anzeigt. Daraus geht hervor, daß es zwar noch Doppelbindungen besitzt, die Konstitution sich aber hinsichtlich ihrer Lagerung wesentlich gegenüber dem Kautschuk geändert hat. Ungereinigt enthält es etwa 8 proz. Sauerstoff. Den sauerstoffhaltigen Anteil kann man durch ein fraktioniertes Lösungsverfahren abscheiden. Eine umfangreiche analytische Kontrolle hat ergeben, daß man es mit einem Kohlenwasserstoff zu tun hat, der durch Aufnahme von sehr wenig Wasserstoff aus dem Kautschuk entstanden ist. Die empirische Formel stimmt auf etwa $C_{30}H_{52}$ oder auch $C_{35}H_{62}$. Danach müßten noch 4 Doppelbindungen vorhanden sein, denn die unreduzierte Formel ist $C_{30}H_{48}$ und die vollständig hydrierte $C_{30}H_{60}$ bzw. $C_{35}H_{56}$ und $C_{35}H_{70}$. Mit Hilfe des Ozon-Additionsprodukts läßt sich nachweisen, daß dies ungefähr der Fall sein kann, denn das Ozonid stimmt annähernd auf die Formel $C_{30}H_{52}O_{12}$ bzw. $C_{35}H_{62}O_{12}$ aber auch auf $C_{40}H_{70}O_{15}$ also einem Derivat eines Kohlenwasserstoffes $C_{40}H_{70\overline{|5}}$. Dadurch ist aber die Tatsache wahrscheinlich gemacht, daß bei der oben angegebenen Methode eine partielle Hydrierung des Kautschukkohlenwasserstoff erfolgt. Wir nennen die neue Substanz bis, zur genaueren Festlegung ihrer Konstitution α-Hydrokautschuk.

Für die Beurteilung der Molekulargröße des α-Hydrokautschuks ist sein Verhalten bei der Destillation im Hochvakuum von Bedeutung. Dieser Vorgang ist eingehend untersucht worden. Hierbei wurde beobachtet, daß, obwohl starke Zersetzungserscheinungen auftreten, sich eine bei 240 bis 300° unter 0,1 bis 0,5 mm Druck siedende Fraktion gewinnen läßt, die fest wird und immerhin so ähnliche Eigenschaften in

---

[1]) Vgl. Harries, Vortrag Wien 1910. — Hinrichsen - Kempf, Ber. d. d. chem. Ges. **46**, 2106 (1912).

[2]) Weber, Ber. d. d. chem. Ges. **33**, 779 (1900). — Harries - Fonrobert, ibid. **46**, 733 (1913).

Zusammensetzung, Verhalten gegen Ozon und Chlorwasserstoffsäure wie der nicht destillierte Körper aufweist, daß wir glauben annehmen zu können, der Hydrokautschuk siedet zum Teil unzersetzt. Obwohl nun eine genaue Festlegung des Siedepunktes nicht gelungen ist, sind doch mit der oben gegebenen Zahl Schätzungen der Molgröße in gewissen Grenzen möglich. Wir kommen auf Grund von Überlegungen, die später wieder gegeben werden (S. 92), zu dem Schluß, daß die obere Grenze in der Kohlenwasserstoffzahl für eine bei 240 bis 280° unter 0,1 bis 0,5 mm siedende Substanz die zyklische Formel $C_{40}H_{70}\overline{5}$ und die untere $C_{35}H_{62}\overline{4}$ repräsentieren kann.

Mit beiden Formeln sind die Ergebnisse der Elementaranalyse des Kohlenwasserstoffs selbst wie seines Ozonids in Einklang zu bringen. Andererseits scheint es nach dem ständig steigenden Siedepunkt, als wenn ein Gemisch von Kohlenwasserstoffen vorläge. Hiermit stimmen übrigens noch andere Beobachtungen überein[1]). Wir haben natürlich versucht die Molgröße des α-Hydrokautschuks auch auf kryoskopischem Wege festzustellen und haben das von E. Fischer und Freudenberg mit Erfolg bei hochmolekularen Verbindungen gebrauchte Bromoform, worin er im Gegensatz zum Naturkautschuk leicht löslich ist, benutzt. Hierbei fanden wir aber bei einer sehr kleinen Depression abnorm hohe Werte, im Mittel 6067, die zunächst nur erklärt werden können, wenn man annimmt, daß eine kolloidale Lösung vorhanden ist. Wir haben daher die Versuche in dieser Richtung nicht fortgesetzt. Für die reduzierten Verbindungen $C_{35}H_{62}$ und $C_{40}H_{70}$ kämen etwa folgende Konstitutionsformeln in Frage, die der Forderung gerecht werden, daß das Ozonid bei der Spaltung keinen Laevulinaldehyd bzw. Säure liefert. Von diesen sind natürlich noch eine Reihe von Isomeren möglich.

$$
\begin{array}{l}
\text{C}_{35}\text{H}_{62} \quad = \overset{\displaystyle}{\text{CH}_3} \cdot \overset{\displaystyle}{\text{C}} \cdot \text{CH}_2 \cdot \text{CH}_2 \cdot \text{CH}_2 \cdot \overset{|}{\text{CH}} \cdot \text{CH} \cdot \text{CH}_2 \cdot \text{CH}_2 \cdot \text{CH} = \overset{\text{CH}_3}{\text{C}} \cdot \text{CH}_2 \cdot \text{CH}_2 \cdot \text{CH}_2
\end{array}
$$

Ringgliederzahl $\overset{||}{\text{HC}}$ .... $\overset{\cdot}{\text{CH}} \cdot \text{CH}_3$

C_{28} $\text{H}_2\text{C} \cdot \text{CH}_2 \cdot \text{C} \cdot \text{CH}_2 \cdot \text{CH}_2 \cdot \text{CH}_2 \cdot \text{C} = \text{CH} \cdot \text{CH}_2\,\text{CH} = \text{C} \cdot \text{CH}_2 \cdot \text{CH}_2 \cdot \text{CH}_2$

with methyl substituents $\overset{\cdot}{\text{CH}_3}$ below.

Ringgliederzahl $\overset{||}{\text{HC}}$ .... $\overset{\cdot}{\text{CH}_2}$

C_{32} $\text{H}_2\text{C} \cdot \text{CH}_2 \cdot \text{CH} \cdot \text{CH}_2 \cdot \text{CH}_2 \cdot \text{CH}_2 \cdot \text{C} = \text{CH}_2 \cdot \text{CH}_2 \cdot \text{CH} = \text{C} \cdot \text{CH}_2 \cdot \text{CH}_2 \cdot \text{CH}_2 \cdot \text{CH} \cdot \text{CH}_3$

Aus diesen Formeln lassen sich dann ganz bestimmte Rückschlüsse auf diejenige des Naturkautschuks selbst ziehen. Leider haben sich bei der Untersuchung der Spaltungsprodukte des Ozonids größere Schwierigkeiten ergeben als wir erwarteten, so daß wir eingehende Erörterungen über diesen Gegenstand vorläufig zurückstellen müssen.

---

[1]) Wenn in dem α-Hydrokautschuk ein Gemenge von Kohlenwasserstoffen und zwar verschiedenartiger Kohlenstoffzahl vorliegt, so ist es wahrscheinlich, daß auch im Rohkautschuk selbst ein solches enthalten ist. Es sei darauf hingewiesen, daß hiermit zum ersten Male Beobachtungen gemacht worden sind, die nach dieser Richtung hin Anhaltspunkte geben können. Die Reduktion des Hydrochlorkautschuks mit Zinkstaub ist ein so sanfter chemischer Eingriff, daß dabei der Eintritt einer Veränderung des Kohlenstoffgerüstes des Kautschuks durch Abspaltung von Kohlenwasserstoffrestgruppen ausgeschlossen erscheint. Allerdings sind Umlagerungen im Sinne derjenigen des Pinen zum Campher oder intramolekulare Brückenbildungen, aber unter Erhaltung der Kohlenstoffzahl, nicht unmöglich.

Experimenteller Teil.

Je 100 g roher fein ausgewalzter Parakautschuk wurden in 4,5 kg Äthylenchlorid geworfen und etwa 5 Stunden auf der Maschine geschüttelt. Wenn der größte Teil gelöst ist, leitet man einen mäßig starken Strom Chlorwasserstoffgas bis zur Sättigung ein. Diese Lösung läßt man in der Kälte 8 Tage stehen. Darauf wird in kleinen Portionen etwa 90 bis 100 g Zinkstaub eingetragen und der Kolben mit der Reduktionsmasse unter Rückfluß in einem kochenden Wasserbade unter ständigem starken Umschütteln erhitzt. Nach einiger Zeit erscheint die vorher stark viscose Lösung plötzlich dünnflüssig, ein Zeichen für das Eintreten der Reduktion, die man noch durch einundhalbstündiges Kochen auf dem Wasserbade vervollständigt. Darauf wird noch heiß vom unverbrauchten Zinkstaub filtriert und das Filtrat in ein Porzellangefäß mit abnehmbarer Glashaube gegossen, um das Äthylenchlorid zuletzt bei der Temperatur des kochenden Wasserbades im Vakuum abdestillieren zu können. Der Rückstand läßt sich nun aus dem Porzellangefäß gut herausnehmen, er stellt eine bröcklige stark aufgeblähte Masse von rötlich oder auch gelblich weißer Farbe dar. Man behandelt sie zur Entfernung der Zinksalze mit Wasser und trocknet das Produkt nachher auf dem Wasserbade. Die Ausbeute beträgt in diesem Zustande etwa 70% des angewandten Kautschuks. Die Analyse ergibt einen Sauerstoffgehalt von 7,5 bis 8 proz. (Bei der Reduktion setzt sich am Boden des Kolbens eine gummiartige Masse mit Zinkstaub durchsetzt ab. Durch Kochen mit verdünnter Schwefelsäure läßt sich letzter entfernen. Die Untersuchung über dieses Produkt steht noch aus).

Die weitere Reinigung bzw. Abtrennung des sauerstoffhaltigen Anteils war schwierig. Es wurden eine Anzahl Lösungsmittel zum Umfällen und zur Extraktion angewandt und die erhaltenen Produkte einer genauen Kontrolle durch Elementaranalyse unterworfen. Diese Zahlenreihen sollen als zu umfangreich hier nicht mitgeteilt werden. Es hat sich schließlich herausgestellt, daß folgendes Verfahren vorläufig als das geeignetste zu empfehlen ist, um eine Substanz konstanter Zusammensetzung zu erhalten. Der Rohkörper wird in Benzol etwa im Verhältnis 10 : 200 aufgenommen, und zunächst 8 Tage stehen gelassen. Danach wird von einem dicken Bodensatz dekantiert, die Lösung durch Glaswolle filtriert und mit dem gleichen Volumen abs. Alkohol gefällt. Es scheidet sich ein weißer wenig gelblich gefärbter fadenziehender Stoff aus, während in der Flüssigkeit eine starke Emulsion nachbleibt. Bei längerem Stehen setzt sich diese allmählich ab und kann filtriert werden. Man sammelt Niederschlag und Filterrückstand durch Wiederaufnahme in Benzol, wiederholt den Prozeß des Fällens und trocknet schließlich im Vakuum. Man erhält so einen hellgelblichweißen sehr voluminösen Körper von etwas elastischeren Eigenschaften als das Rohprodukt, der sich indessen auch zu einem Pulver zerreiben läßt.

$$
\begin{array}{llll}
\text{I.} & 0{,}0980 \text{ g i. V. bei } 100° \text{ getr. ergaben} & 0{,}1138 \text{ g } H_2O, & 0{,}3154 \text{ g } CO_2 \\
\text{II.} & 0{,}1220 \text{ ,,} & \text{,,} \quad 0{,}1407 \text{ ,,} & \text{,,} \quad 0{,}3927 \text{ ,,} \quad \text{,,} \\
\text{III.} & 0{,}0870 \text{ ,,} & \text{,,} \quad 0{,}0987 \text{ ,,} & \text{,,} \quad 0{,}2770 \text{ ,,} \quad \text{,,} \\
\text{IV.} & 0{,}0509 \text{ ,,} & \text{,,} \quad 0{,}0615 \text{ ,,} & \text{,,} \quad 0{,}1616 \text{ ,,} \quad \text{,,} \\
\end{array}
$$

ber. für	$C_{10}H_{16}$	$C_{30}H_{52}$	$C_{40}H_{70}$	$C_{35}H_{62}$	$C_{10}H_{18}$
C	88,16	87,29	87,19	87,05	86,87
H	11,84	12,71	12,81	12,95	13,13

	I	II	III	IV
gef. C	87,80	87,81	86,86	86,61
H	12,99	12,91	12,70	13,52

Analyse III und IV stammen von dem unter 0,1 bis 0,5 mm Druck über 240° destillierenden mit Essigester gewaschenen Präparat, siehe unten.

Löslichkeit: Der α-Hydrokautschuk wird in der Kälte spielend von Benzol, Chloroform, in der Wärme von Äthylenchlorid aufgenommen. Er ist schwer oder nicht löslich in Ligroin, Essigester, Eisessig, Alkohol, Äther, Azeton. Die Lösungen besitzen, trotzdem das Präparat selbst weiß ist, immer eine dunkle Färbung.

Verhalten beim Erhitzen: Der Körper schmilzt ungenau ähnlich wie reine Guttapercha zwischen 120 bis 130° im Kapillarrohr.

Versuch zur Bestimmung der Molekulargröße auf kryoskopischem Wege.

Beckmannscher Apparat:
Angewandt 0,3361 g Subst., 79,77 g Bromoform $\triangle = 0,001°$ (Mittel von 12 Bestimm.), $K = 14,4$;
gef. M. 6067; ber. für $(C_{35}H_{62})_{12} = 5792$
für $(C_{40}H_{70})_{11} = 6058$.

Da die Bromoformlösung des α Hydrokautschuk aber viscos ist, liegt augenscheinlich eine kolloidale Lösung vor, so daß auf diese Bestimmungen allein kein Gewicht gelegt werden darf. Indessen ist der α-Hydrokautschuk noch stark ungesättigter Natur, weshalb bei ihm gerade sowie beim Kautschuk selbst Polymerisation des getrockneten Präparats eingetreten sein könnte. Die Zersetzung beim Destillieren wäre dann auf eine Begleiterscheinung der Depolymerisation zurückzuführen.

Verhalten des Hydrokautschuks bei der Destillation im Hochvakuum.

Je 6 g des gereinigten α-Hydrokautschuk wurden im Hochvakuum destilliert, dabei ergaben sich folgende Erscheinungen:

Temp.	Vak.	
60—120°	0,04—0,09 mm	Schmelzen
120—130°	0,04—0,09 mm	Es bilden sich unter starker Zersetzung Nebel und kleine Öltropfenscheiden sich in der Vorlage ab: 1,1 g; Isopren ist darin nicht nachweisbar.
140—200°	0,08—0,16 mm	Es destilliert ein hellgelbes Öl, etwa 1,3 g
230—320°	0,16—0,5 mm	Zersetzungserscheinungen etwas geringer, es destilliert ein dickes, hellbraunes Öl, welches zu einer harten, spröden Masse erstarrt, 3,5 g.

Um das feste Produkt zu gewinnen, wurde der Inhalt der Vorlage nochmals der Rektifikation unterworfen. Zu dem Ende wurde zunächst alles bis 230° unter 0,12 mm abdestilliert und der feste Rückstand mit Essigester gewaschen, um ev. ölige Anteile davon zu trennen, da das feste Produkt sich darin langsamer löst. Das gewaschene feste Produkt wurde nun i. V. bei 100° sorgsam getrocknet, es ist dann spröde, zerreiblich wie das Ausgangsmaterial und zeigt ähnliche Löslichkeitsverhältnisse. Um seine Natur zu ergründen wurde es zunächst analysiert, die Resultate siehe vorher unter III und IV, dann ozonisiert, Analysen siehe nachher unter Ozonide II und III und mit Chlorwasserstoffgas behandelt, siehe unter Hydrohalogenide unter V und VI. Um den Siedepunkt genauer festzulegen wurde dieses Präparat nochmals im Hochvakuum destilliert. Dabei wurden folgende Beobachtungen gemacht:

Temp.	Vak.	
240—260°	0,06—0,08 mm	Unter Zersetzungserscheinungen destilliert etwa die Hälfte über; honiggelbe Masse, die in der Vorlage erstarrt.
Therm. g. im D.		
270—290°	0,05—0,12 mm	ähnlich wie vorher, wenig dunkler gefärbte Masse
Thermometerfaden		
a. d. Dampf		
Rückstand		geringfügige Menge eines schwarzbraunen Harzes.

Nach diesen Ergebnissen könnte man glauben, daß ein Gemenge von Kohlenwasserstoffen vorliegt, indessen ist dies auch nicht unbedingt nötig, da die Zersetzungserscheinungen an sich genügend Erklärung für den steigenden Siedepunkt bieten. In der Literatur findet man natürlich keine Angaben über Siedepunkte ähnlich konstituierter Körper. Nur das Phyten, bzw. das Phytadien von Willstätter[1] kommt in etwas in Betracht, obwohl sie offene Kohlenwasserstoffe sind, aber verzweigte Kohlenstoffketten besitzen. Das Phyten $C_{20}H_{40}$ = siedet bei 167 bis 168° unter 7,5 mm. Das Phytadien $C_{20}H_{38}$ $\overline{2}$ siedet bei 186 bis 187° unter 13 mm. Wir schätzen ihre Siedepunktserniederung im Hochvakuum bei 0,15 auf etwa 50°. Es ist möglich, daß dann ein zyklischer Körper $C_{40}H_{70}$ $\overline{5}$ unter gleichem Druck ungefähr 150° höher siedet. Leider ist das Verhalten des Carotins[2] aus Brennesseln $C_{40}H_{56}$ beim Erhitzen im Vakuum noch nicht beschrieben worden. Wenngleich dasselbe weniger Wasserstoff enthält, C 89,50 H 10,59, so hat Willstätter mit Recht darauf hingewiesen, daß es möglicherweise pflanzenphysiologisch zum Isopren und damit indirekt auch zum Kautschuk in Beziehungen zu bringen ist. Die Molekulargröße $C_{40}H_{64}$ $\overline{8}$ für den unreduzierten Grundkohlenwasserstoff des natürlichen Kautschuks erhielte durch diese Überlegungen eine gewisse Stütze und das Carotin stünde vielleicht in ähnlichen Beziehungen zum Kautschukkohlenwasserstoff wie das Cymol zum Limonen.

Vergleichende Untersuchung über das Verhalten des Naturkautschuks im Hochvakuum.

Zum Vergleich haben wir den natürlichen Kautschuk (Para) genau unter den vorher beschriebenen Bedingungen im Hochvakuum 0,1 bis 0,5 mm destilliert. Auch hier erhält man unter starker Zersetzung (das Vak. schwankt fortwährend) mehrere Fraktionen. Uns interessierte nur die hochsiedende letzte Fraktion, welche über 220 bis 280° bei 0,8 mm übergeht. Sie bildet ein dickes braunes, nicht erstarrendes Öl und beträgt etwa 5 g bei 10 g angewandter Substanz. Die Ozonisierung dieser Fraktion (gelbes Öl)[3] ebenso wie seine Behandlung mit Chlorwasserstoff lieferte total verschiedene Produkte von mit denjenigen des destillierten α-Hydrokautschuk. Die Analyse des nach dem Einleiten von Chlorwasserstoff in die Chloroformlösung des Öles sofort mit Alkohol gefällten Hydrochlorids — eine plastische Masse — ergab bedeutende höhere Cl-Werte, nämlich Cl. 22, 99 proz. und 23, 29 proz. (vgl. S. 94).

Technische Versuche:
Walzfähigkeit und Plastizierbarkeit des α-Hydrokautschuks.

Für technische Versuche sind mehrere Kilogramm des α Hydrokautschuk dargestellt worden. Zunächst wurde seine Walzfähigkeit untersucht. Er läßt sich im rohen Zustande auf einer 80 bis 100° heißen Walze zu einem Fell auswalzen, dessen Ablösen aber unmöglich ist, weil die Masse bei einer Temperatur von 50 bis 60° brüchig wie Kolophonium wird. Er läßt sich mit Ölen zu plastischen Massen verarbeiten, die aber keine besonderen Vorzüge vor anderen ähnlichen Produkten aufweisen.

[1] R. Willstätter, E. W. Mayer u. E. Huni, Liebigs Annalen d. Chemie **378**, 108 (1910).
[2] R. Willstätter u. W. Mieg, Liebigs Annalen d. Chemie **355**, 4 (1907).
[3] Liefert keine Pyrrolreaktion.

Elektrische Konstanten.

Herr Dr. Weiset vom Kabelwerk S. S. W. hatte die Güte für uns diese Konstanten zu bestimmen.

Oberflächenwiderstand $= \infty$

Durchschlagsfestigkeit (gemessen an einer Schichtdicke von 0,6 bis 0,7 mm)

für 1 mm Dicke $= 15\,000$ bis $20\,000$ V

Widerstand pro cdm $= 6{,}7 \cdot 10^{15}\ \Omega$

Die Isolationsfähigkeit kommt also der von Glas und Hartgummi nahe, wird aber von Glimmer übertroffen. Da der α-Hydrokautschuk in dieser Beziehung keine besonders vorteilhaften Eigenschaften besitzt, steht seine praktische Verwendung nicht in Frage.

Derivate des α-Hydrokautschuks.

Ozonide. Die Ozonisation ist sowohl in Chloroform wie in Essigester-Tetrachlorkohlenstofflösung vorgenommen worden, im letzten Falle dauert die Operation viel länger.

In Chloroform: 25 g wurden in Chloroform gelöst und solange ein kräftiger Ozonstrom eingeleitet, bis eine herausgenommene Probe Brom in Eisessig nicht mehr entfärbt. Die Lösung hat sich danach vollständig aufgehellt. Nach dem Abdunsten des Chloroform im Vakuum hinterbleibt eine stark aufgeblähte harte Masse von schwach gelblicher Farbe, 35 g Ausbeute. Das Ozonid zeigt die bekannten Ozonideigenschaften, ist nicht explosiv, sondern schäumt beim Erwärmen auf. In heißem Wasser löst es sich nicht, sondern scheint beim Kochen damit zu verharzen. Zur Analyse wurde es zunächst nicht weiter gereinigt.

I.   0,1386 g i. V. getr. gaben 0,1112 g H_2O und 0,3055 g CO_2
II. 0,1164 „   „ 0,0969 „ „   „ 0,2595 „ „.
III. 0,1818 „   „ 0,1396 „ „   „ 0,4118 „ „.

		I	II	III
gef.	C	60,13	60,82	61,80
	H	8,97	9,32	8,59
	O	30,90	29,86	29,61

Die Analysen II und III stammen von einem Ozonid, welches aus einem im Vakuum unter 0,1 bis 0,5 mm Druck über 240° siedenden Präparat durch Ozonisieren in Chloroform bereitet war.

Die Theorie verlangt für Ozonide der Formel

	$C_{25}H_{44}O_9$	$C_{30}H_{52}O_{12}$	$C_{35}H_{62}O_{12}$	$C_{40}H_{70}O_{15}$
C	61,44	59,57	62,28	60,72
H	9,08	8,67	9,26	8,93
O	29,48	31,76	28,46	30,35

Nach dem Siedepunkt des α Hydrokautschuks i. V. dürfte nur eine der beiden letzten Formeln oder auch vielleicht beide in Frage kommen.

Der im Äther-Essigester verbleibende Teil des Ozonids kann durch Eindampfen im Vakuum gewonnen werden, er bildet nach dem Trocknen über Schwefelsäure eine sirupöse honiggelbe Masse und beträgt an Gewicht 20 proz. des Unlöslichen vorher

beschriebenen. Die direkte Analyse ergibt die in folgendem unter I und II angeführten
Werte:

I. 0,2614 g i. V. getr. gaben 0,1888 g H_2O und 0,5599 g CO_2
II. 0,2969 „   „ 0,2074 „ „   „ 0,6361 „ „
III. 0,3570 „   „ 0,2460 „ „   „ 0,7174 „ „
IV. 0,2849 „   „ 0,1939 „ „   „ 0,5750 „ „

		I	II	III	IV
gef.	C	58,43	58,45	54,81	55,06
	H	8,08	7,81	7,71	7,61
	O	33,49	33,74	37,48	37,33

[ber. für $C_{35}H_{58}O_{18}$ C 54,81   H 7,62   O 37,87]
[ber. für $C_{40}H_{66}O_{21}$ 54,40   7,53   38,07].

Nimmt man das Produkt wieder in Essigester auf und behandelt es noch 5 Stunden mit Ozon weiter, isoliert das Ozonid wie vorher, so erhält man bei der Analyse
die Werte in III und IV. Die Folgerung liegt nahe, daß ein Gemenge von Kohlenwasserstoffen vorliegt. Die Spaltungsversuche mit den Ozoniden haben noch zu keinem
greifbaren Resultat geführt. Wir hoffen später darüber berichten zu können.

Verhalten des α-Hydrokautschuks und seines Destillates gegenüber Chlorwasserstoff.

Der α-Hydrokautschuk verhält sich dem natürlichen Kautschuk gegenüber
insofern ähnlich, als er beim Absättigen mit Chlorwasserstoffgas in Chloroformlösung und Fällen mit Alkohol ein festes, bröckliches, graugelbes Produkt ergibt.
Dasselbe unterscheidet sich aber wesentlich durch seinen viel geringeren Gehalt an
Chlor von dem Dihydrochlorid des Naturkautschuks.

Für die Untersuchung wurden 5 g Hydrokautschuk in 100 ccm Chloroform gelöst
und 4 Stunden lang Salzsäuregas eingeleitet. Die Lösung wurde in zwei gleiche
Teile geteilt und der eine Teil sofort, der andere Teil nach 3 Tagen mit je 75 ccm
abs. Alkohol gefällt.

1. Hydrochlorid sofort gefällt: grauweiße Masse schäumt bei 185°, schmilzt
bei 195° (Dihydrochlorid des Parakautschuk 185°).

I. 0,0965 g i. V. getr. n. Dennst. 0,1041 g H_2O, 0,2811 g CO_2, 0,0085 g Cl
II. 0,1875 „   0,1885 „ „ 0,5405 „ „ 0,0162 „ „

2. Hydrochlorid nach 3 Tagen gefällt: weißgraue harte Masse sintert bei 150°,
schäumt bei 180°, schmilzt bei 190°.

III. 0,1068 g i. V. getr. n. Dennst. 0,1067 g H_2O, 0,3078 g CO_2, 0,0098 g Cl
IV. 0,1134 „   0,1072 „ „ 0,3217 „ „ 0,0103 „ „

3. Im Vakuum destilliertes Präparat ebenso behandelt. Durch direkte
Fällung schieden sich nur ganz geringe Mengen aus.

4. Im Vakuum destilliertes Präparat ebenso behandelt, nach 3 Tagen gefällt,
grauweiße harte Masse, schmilzt schon bei 83°.

V. 0,1637 g . . . . 0,1580 g H_2O, 0,4785 g CO_2, 0,0126 g Cl
VI. 0,1269 „ . . . . 0,1206 „ „ 0,3715 „ „ 0,0100 „ Cl.

Zusammenstellung der aus den Analysen I—VI berechneten Werte

	I	II	III	IV	V	VI
C	79,47	78.64	78,63	77,39	79,74	79,87
H	12,07	11,21	11,18	10,58	10,80	10,63
Cl	8.80	8,64	9,18	9,08	7,70	7,88

Da diese Produkte leicht beim Umfällen Chlorwasserstoff abgeben, ist eine Reinigung zunächst nicht weiter möglich. Aus den angegebenen Werten lassen sich keine Rückschlüsse auf eine Verbindung einer bestimmten Zusammensetzung ziehen etwa der Formel $C_{35}H_{63}Cl$ oder $C_{40}H_{73}Cl$, die 80,94 C, 12,23 H, 6,83 Cl bzw. 81,50 C, 12,49 H, 6,01 Cl verlangen. Bromid. Nach dem gleichen Verfahren wie aus dem natürlichen Kautschuk das Tetrabromid gewonnen wird, erhält man aus dem α-Hydrokautschuk einen festen Körper, der aber wegen der starken Bromwasserstoffentwicklung, welche beim Bromieren auftrat und die auf Substitution hinwies, nicht näher untersucht wurde.

Zusammenfassung.

Durch Reduktion des Kautschukdihydrochlorids entsteht ein Kohlenwasserstoff, der nur wenig mehr Wasserstoff als der Naturkautschuk enthält. Die regenerierten Doppelbindungen haben zum Teil eine Umlagerung erfahren. Der Körper scheint im Hochvakuum zum Teil unzersetzt zu destillieren. Aus dem Siedepunkt und dem Verhalten gegen Ozon wird auf das Vorliegen von Verbindungen der Formel I $C_{35}H_{62\overline{\overline{4}}}$ oder II $C_{40}H_{70\overline{\overline{5}}}$ geschlossen. Daraus würde der weitere Schluß zu ziehen sein, daß der Naturkautschuk selbst ein Polymerisationsprodukt dieser Kohlenwasserstoffe und ihm folgende Struktur zuzuerteilen ist:

$$
\mathrm{I} \quad \left[\begin{array}{c} \overset{\displaystyle CH_3}{\overset{\textstyle \cdot}{}} \\ CH_2 - \overset{\cdot}{C} = CH - CH_2 \\ 3\vdots \qquad\qquad\qquad \vdots 2 \\ CH_2 - CH = C - CH_2 \\ \overset{\cdot}{C}H_3 \end{array} \right]_v \qquad \text{oder} \qquad \mathrm{II} \quad \left[\begin{array}{c} \overset{\displaystyle CH_3}{\overset{\textstyle \cdot}{}} \\ CH_2 - \overset{\cdot}{C} = CH - CH_2 \\ 3\vdots \qquad\qquad\qquad \vdots 3 \\ CH_2 - CH = C - CH_2 \\ \big|\ \ CH_3 \end{array} \right]_v
$$

wobei v andeuten soll, daß die Molgröße des polymerisierten Stoffes variabel ist, und die vor den punktierten Linien stehenden Ziffern die Anzahl der einzuschiebenden Reste $.CH_2.\overset{\displaystyle CH_3}{\overset{\cdot}{C}} = CH.CH_2.$ angeben.

Wegen der Beziehungen zu dem Carotin $C_{40}H_{56}$ geben wir der Formel II den Vorzug.

Die Untersuchung wird nach verschiedenen Richtungen hin fortgesetzt.

Über die Rekristallisation bei kalt gerecktem Zinn.

Von

Georg Masing.

Mit 1 Tafel.

Mitteilung aus den Laboratorien des früheren Glühlampenwerkes der Siemens & Halske
Aktien-Gesellschaft zu Charlottenburg.

Es ist eine altbekannte Tatsache, daß die Metalle bei der Verarbeitung in kaltem
Zustande Eigenschaften annehmen, die sich von jenen eines aus der Schmelze erstarrten
Metalles wesentlich unterscheiden. Durch die Kaltverarbeitung werden die Metalle här-
ter, ihre Elastizitätsgrenze steigt, zuweilen sehr beträchtlich, und auch ihre übrigen technischen Eigenschaften werden weitgehend beeinflußt. Die Dichte der Metalle nimmt bei
Verarbeitung etwas ab, ebenso ihre elektrische Leitfähigkeit. Auch ist es allgemein
bekannt, daß dieser „harte" Zustand der Metalle, wie man ihn wohl oft zu bezeichnen
pflegt, bis zu einem gewissen Grade unbeständig ist und leicht teilweise oder ganz
beseitigt werden kann. Hierzu genügt es, ein Metall kürzere oder längere Zeit auf eine
bestimmte, für das Metall charakteristische Temperatur zu erhitzen. Die bei der
Erhitzung eines harten Metalles eintretenden Vorgänge, die in einer Erweichung des
Metalles, in dem allmählichen Herabsinken der durch die Verarbeitung erhöhten
technischen Eigenschaftswerte bis nahe an die des geschmolzenen Metalles, wie auch
in einer Vergrößerung der Dichte und der Leitfähigkeit bestehen, werden allgemein
als Rekristallisationserscheinungen bezeichnet wegen der sie begleitenden charakteristischen Änderung der Struktur der Metalle, die mit fortschreitender Rekristallisation zu Gebilden eines charakteristischen und schön ausgebildeten Kristallgefüges
führt. Bei einigen Metallen ist zur Einleitung der Rekristallisation eine Erhitzung
überhaupt nicht notwendig. Für diese Metalle, die sich durch einen verhältnismäßig tiefen Schmelzpunkt auszeichnen, kann bereits die gewöhnliche Temperatur
als eine verhältnismäßig „hohe" betrachtet werden, so daß die Beweglichkeit der Metall-
teilchen auch bei gewöhnlicher Temperatur für die Rekristallisation ausreicht.

Diese Rekristallisationserscheinungen treten sowohl bei reinen Metallen als auch
bei Legierungen auf und haben deshalb für sämtliche metallische Körper eine grundsätzliche Bedeutung. Allerdings verlaufen sie bei Legierungen oft wesentlich anders
als bei reinen Metallen, was zum Beispiel durch eine Wechselwirkung von Rekristallisationserscheinungen mit chemischen Reaktionen in derartigen Legierungen
erklärt werden kann.

Bereits aus den ganz kurz angedeuteten, bei der Rekristallisation stattfindenden
Änderungen der Eigenschaften der Metalle geht hervor, daß sie sowohl eine Verbesserung wie auch eine Verschlechterung der technischen Eigenschaften bedeuten
können. Handelt es sich darum, ein Metall in weichem Zustande zu erhalten, so
wird man sich hierzu des Mittels der Rekristallisation bedienen müssen. Handelt

In einem Zuge kalandert

Nr. 1 nach dem Kalandern
Nr. 2 18ʰ bei gewöhnlicher Temperatur
Nr. 3 5′ auf 100° erhitzt
Nr. 4 2ʰ auf 100° erhitzt
Nr. 5 10′ auf 170° erhitzt
Nr. 6 2ʰ auf 180-200° erhitzt

Zwischenrekristallisation bei 100°

Nr. 7 nach dem Kalandern
Nr. 8 18ʰ bei gewöhnlicher Temperatur
Nr. 9 5′ auf 100° erhitzt
Nr. 10 2ʰ auf 100° erhitzt
Nr. 11 2ʰ auf 180-200° erhitzt

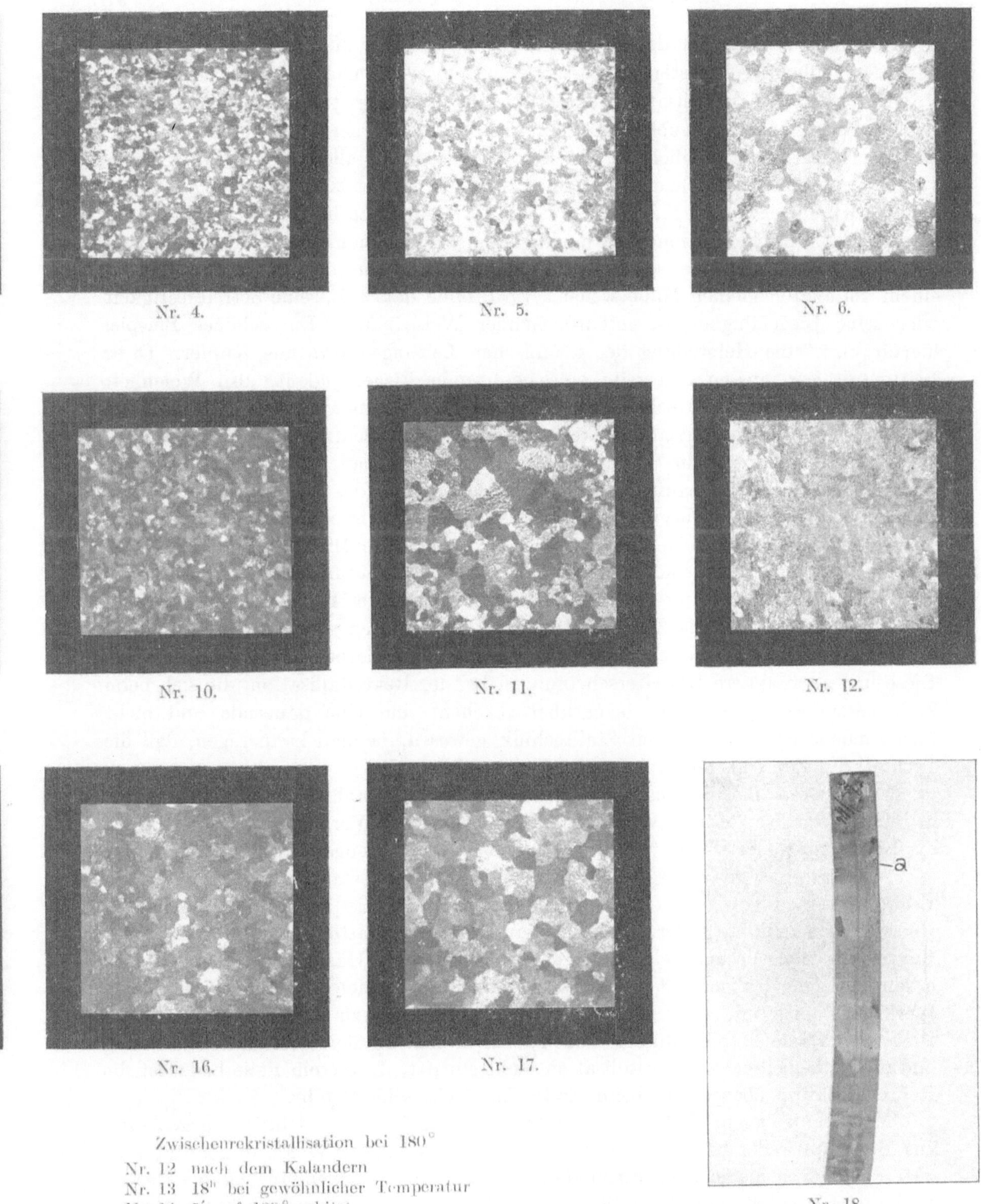

Nr. 4.   Nr. 5.   Nr. 6.

Nr. 10.   Nr. 11.   Nr. 12.

Nr. 16.   Nr. 17.   Nr. 18.

Zwischenrekristallisation bei 180°

Nr. 12 nach dem Kalandern
Nr. 13 18^h bei gewöhnlicher Temperatur
Nr. 14 5′ auf 100° erhitzt
Nr. 15 2^h auf 100° erhitzt
Nr. 16 10′ auf 170° erhitzt
Nr. 17 2′ auf 180-200° erhitzt

Nr. 1-17 28fache Vergrößerung
Nr. 18 natürliche Größe

es sich im Gegenteil darum, das Metall in hartem Zustande zu erhalten oder ihm eine besonders hohe Zerreißfestigkeit zu verleihen, so wird man sorgfältigst auf eine Vermeidung der Rekristallisation achten müssen. Die Rekristallisation bildet sowohl ein technisches Mittel als auch eine technische Gefahr. Ferner ist zu berücksichtigen, daß es meistens nicht möglich ist, durch Kaltverarbeitung allein ein Metall in einem vorgeschriebenen technischen Zustande zu erhalten. So ist zum Beispiel kalt verarbeitetes Kupfer oder Zink für die technische Verwendung zu hart. Um nun die technischen Eigenschaften rationell zu modifizieren, bedient man sich einer vorsichtigen Erhitzung, das heißt einer partiellen Rekristallisation, bei der das Metall etwa in einem verlangten kleinen Maße weicher wird, ohne daß z. B. seine Zerreißfestigkeit oder seine Biegefähigkeit in gefahrdrohender Weise sinkt. Ein schönes Beispiel hierfür bietet die Herstellung der technischen Leitungsdrähte aus Kupfer. Diese Leitungsdrähte müssen einerseits eine genügende Biegefähigkeit, also Weichheit besitzen und andererseits, insbesondere für Freileitungen, aus verständlichen Gründen eine möglichst hohe Zerreißfestigkeit. Diese beiden Bedingungen führen dazu, daß die Leitungsdrähte in der Elektrotechnik unter genau bestimmten und sorgfältig eingehaltenen Bedingungen, die je nach der Qualität des Kupfers etwa zwischen 100 und 300° liegen, zur beginnenden Rekristallisation gebracht werden. Die Rekristallisation bedeutet also in diesem Falle ein technisches Mittel und zugleich eine Gefahr. Dieses kleine Beispiel möge genügen, um die Bedeutung der Rekristallisation für die Elektrotechnik zu erläutern. Ein anderes bekanntes Beispiel aus der Kriegszeit bildet das Zink. Das Zink rekristallisiert bekanntlich schon bei gewöhnlicher Temperatur und hat die unangenehme Eigenschaft, hierbei brüchig zu werden. Diese und auch andere Begleiterscheinungen bei der Rekristallisation, die sich beim Zink besonders unangenehm bemerkbar machen, sind eine dauernde und nicht überwundene Schwierigkeit der Zinktechnik gewesen, ja man kann sagen, daß die Technik des Zinks an der Rekristallisation gescheitert ist.

Ein weiteres Beispiel aus der Technik, wo die Rekristallisation allerdings nicht in reiner Form, sondern in Verbindung von chemischen Vorgängen auftritt, bilden die Stähle und speziell die Werkzeugstähle. Ein Werkzeugstahl, etwa ein Bohrer oder ein Fräser, wird bei seiner Benutzung bekanntlich stark erhitzt. Sobald die Erhitzung einen gewissen Grad erreicht, treten nun die erwähnten chemischen Umsetzungen (Bildung der Perlit-Bestandteile aus Martensit) und gleichzeitig Rekristallisationsvorgänge ein, wodurch der Stahl seine Härte verliert und außerordentlich schnell abgenutzt wird. Dieser Umstand verbietet es, bei gewöhnlichen Werkzeugstählen mit zu großer Arbeitsgeschwindigkeit zu arbeiten und hat das Problem der Schnelldrehstähle ins Leben gerufen, bei dem die betreffende Umsetzung und die sie begleitende Rekristallisation nicht eintritt. In diesem Falle bedeutet die Rekristallisation ebenso wie beim Zink eine technische Gefahr.

Man kann sagen, daß die Rekristallisation bei jedem Gebrauchsgegenstand aus Metall entweder bei seiner Herstellung in zweckmäßiger Weise ausgenutzt wird oder aber durch die mit ihr verbundene Gefahr seiner Verwendung Grenzen setzt. In diesem Sinne hat die Rekristallisation für die ganze Welt der verarbeiteten Metalle eine große und grundsätzliche Bedeutung. Trotzdem muß festgestellt werden, daß ihre Erkenntnis noch sehr wenig fortgeschritten ist und insbesondere sich in einem noch ausschließlich roh-empirischen Stadium befindet. Es stehen uns ausgedehnte Reihen von Beobachtungen zur Verfügung, die sowohl in der Technik als auch in der Wissenschaft ausgeführt worden sind. Die theoretische Deutung und Erklärung der Rekristallisation steckt aber doch noch so tief in den Kinderschuhen, daß es zur Zeit kaum möglich ist, von Beobachtungen in beschränktem Umfange weitere grundlegende Schlüsse zu ziehen. Man ist vielmehr im wesentlichen auch in seinen Voraussagen auf den Umfang des bereits unmittelbar experimentell Festgestellten beschränkt. Das bedeutet selbstverständlich nicht nur theoretisch, sondern auch praktisch eine große Unbeholfenheit. Sobald ein neues technisches Problem uns zu neuen Methoden führt oder zu Arbeitsverfahren unter Bedingungen, die von den bisher bekannten oder üblichen abweichen, stößt man deshalb auch auf dem Gebiet der Rekristallisation immer wieder auf Überraschungen, die man nicht erwartet hat und zunächst nicht zu deuten weiß.

Die weiter unten beschriebenen Versuche sollten nun vor allen Dingen **dem** Zweck dienen, nach Möglichkeit über das Wesen der Rekristallisation einige systematische und grundsätzliche Aufklärungen zu geben. Deshalb erschien es zweckmäßig, zu Untersuchungen einerseits ein experimentell bequemes Metall zu wählen und andererseits ein solches, über welches schon möglichst viel systematisch gearbeitet worden war. Ein solches Metall ist nun das Zinn. Dank dem niedrigen Schmelzpunkt des Metalles verläuft seine Rekristallisation bereits bei verhältnismäßig tiefen Temperaturen von etwa 100° sehr schnell und führt zu Strukturen, die sehr schön und deutlich sind. Ferner ist im Jahre 1916 von Czochralsky[1]) eine umfangreiche theoretische und experimentelle Studie über Rekristallisation veröffentlicht worden, die speziell am Beispiel des Zinns durchgeführt wurde. Zum Studium bei der Rekristallisation wurde also zunächst das Zinn gewählt.

Die Versuche wurden in der Weise ausgeführt, daß reinstes käufliches Zinn von **Kahlbaum** vorgehämmert und dann in einer Kalanderwalze, das heißt in einem Walzenstuhl, dessen beide Walzen mit verschiedenen Geschwindigkeiten rotieren, zu Bändern von 0,1 bis 0,2 mm Stärke heruntergewalzt wurde. Auf diese Weise hatte man am Arbeitsgut von vornherein Planflächen, die nach der Ätzung ohne weiteres mikroskopischen Beobachtungen zugänglich wurden, ohne daß man das Metall hierzu zu schleifen oder zu polieren brauchte. Letzteres läßt sich bei Zinn, wie insbesondere **Czochralsky** gezeigt hat, ohne eine nennenswerte Störung der Struktur überhaupt nicht durchführen. Als Ätzmittel wurde die von **Czochralsky** empfohlene Lösung Kaliumchlorat in Salzsäure mit bestem Erfolge verwendet.

Um das Studium der Rekristallisation systematisch durchzuführen, wurden nun die gewalzten Bänder in Stücke zerschnitten, diese Stücke bei verschiedenen Temperaturen zur Rekristallisation gebracht und dann geätzt. Auf dem Photogramm Nr. 1 ist die Struktur eines so hergestellten Walzbandes sofort nach dem Kaltwalzen dargestellt. Über diese Struktur, die man als griesig und sehr undeutlich bezeichnen kann, läßt sich nur das eine sagen, daß in ihr kein Kristallgefüge mit Sicherheit nachzuweisen ist. Die undeutlichen Unterschiede in der Helligkeit, die den Eindruck des Griesigen hervorrufen, sind vermutlich auf ungleichmäßige Ätzung und damit verbundene Beleuchtungsunterschiede (dieses Photogramm wurde ebenso wie alle folgenden bei schräger Beleuchtung aufgenommen) zurückzuführen. Wenn in diesem Metallband eine Kristallstruktur im üblichen Sinne überhaupt vorliegt, so ist ihr Gefüge jedenfalls sehr fein, da es bei der verhältnismäßig groben Art der Ätzung

---

[1]) Int. Zeitschr. f. Metallographie 1916, 1.

nicht mehr aufgedeckt werden kann. Im weiteren werden wir darauf noch zurückkommen.

Andere Stücke desselben Bandes wurden nun unter Bedingungen zur Rekristallisation gebracht, die in der folgenden Tabelle nebst den dazugehörigen Nummern der Photogramme zusammengestellt sind. Es sei erwähnt, daß die Rekristallisation jedesmal so ausgeführt wurde, daß das betreffende Stück sofort nach dem Walzen auf die betreffende Temperatur gebracht wurde, so daß eine vorangehende Rekristallisation bei tieferen Temperaturen und unter anderen Bedingungen im wesentlichen ausgeschlossen war.

Im Gegensatz zu den Feststellungen von Czochralsky muß darauf hingewiesen werden, daß das kalt gewalzte Zinn bereits bei gewöhnlicher Temperatur rekristallisiert. Das Photogramm Nr. 2 zeigt die Struktur eines solchen über Nacht rekristallisierten Walzbandes. Man sieht deutlich die einzelnen Kristallkörner, die sich gegenseitig durch verschiedene Beleuchtungsfarbe unterscheiden und der Gegensatz zum Photogramm Nr. 1 läßt keinen Zweifel über die stattgefundene weitgehende Änderung der Struktur des Metalles bestehen. Läßt man nun das Metall statt bei gewöhnlicher Temperatur bei 100° während weniger Sekunden oder auch während 2 Stunden rekristallisieren, so erhält man Strukturen, wie sie in den Photogrammen 3 und 4 dargestellt sind. Man findet die auffallende Tatsache, daß die durchschnittliche Größe der Körner des rekristallisierten Zinns dieselbe ist, ob das Metall nun längere Zeit bei gewöhnlicher Temperatur oder kürzere Zeit bei 100° rekristallisiert wurde, ja es zeigt sich, daß, wenn man die Rekristallisation während kurzer Zeit bei Temperaturen bis zu 150° durchführt, man Gebilde von derselben Korngröße erhält. Der Vergleich der Phot. 3 und 4 lehrt ferner, daß das bei 100° sehr schnell entstehende Korn bei längerer Erhitzung auf diese Temperatur gar nicht oder nur sehr langsam wächst. Dieses Wachstum läßt sich erst bei einer 4stündigen Erhitzung auf 100° wahrnehmen.

Während das Walzband, dem die bisher geschilderten Stücke entnommen worden waren, in einem Zuge hintereinander heruntergewalzt worden war, sind auf den Phot. 7 bis 17 Strukturen von rekristallisierten Zinnbändern dargestellt, die mitten in der Verarbeitung einer Zwischenerhitzung auf 100° bei den Stücken der Phot. 7 bis 11 und auf 180° bei den Stücken 12 bis 17 ausgesetzt wurden. Auf den Phot. 7 bis 11 (die Rekristallisationsbedingungen des Metalles sind jedesmal unter dem Phot. angegeben) findet man dieselbe oben geschilderte Regelmäßigkeit. Die griesige Struktur des gewalzten Materials verwandelt sich bei der Rekristallisation in eine körnige kristallinische Struktur, deren Feinheit von den Rekristallisationsbedingungen weitgehend unabhängig ist. Auf dem Phot. 12, das die Struktur des bei einer Stärke von 0,5 mm Durchmesser auf 180° erhitzten und dann heruntergewalzten Stückes darstellt, sieht man Reste der bei der Zwischenerhitzung entstandenen groben Kristalle mit ganz undeutlich verschwimmenden Übergängen. Auch in diesem Falle zeigt es sich, daß bei der Rekristallisation ziemlich unabhängig von den Bedingungen zunächst ein ganz bestimmtes Korn entsteht, das nur sehr langsam weiter wächst.

An dieser Serie mit einer besonders groben Struktur konnten die Anfangsstadien der Rekristallisation bei gewöhnlicher Temperatur genauer verfolgt werden. Wäre die Annahme, daß die große Undeutlichkeit der Struktur des frisch gewalzten Metalles auf eine zu große Feinheit der Kriställchen zurückzuführen ist, richtig, so müßte man erwarten, daß man bei der Rekristallisation zunächst die Entstehung kleinerer

7*

Kristalle durch Vereinigung dieser kleinsten Elemente beobachten könnte, ehe die
grobe Struktur des Phot. 13 entsteht. In Wirklichkeit ist nichts Derartiges beobachtet
worden. Es läßt sich in den ersten Stadien der Rekristallisation keine feinere Struktur
als die des Phot. 14 wahrnehmen. Die Rekristallisation verläuft vielmehr in der Weise,
daß diese erste charakteristische Struktur allmählich wie aus dem Nebel hervortritt.
Diese Struktur ist also tatsächlich die primäre, bei der Rekristallisation auftretende
Kristallstruktur und die Struktur, der soeben gewalzten Bänder läßt sich nicht ohne
weiteres als eine aus feinsten Kristallen bestehende auffassen.

Werden die Metallstücke einer Rekristallisation bei höheren Temperaturen oder
während längerer Zeit (etwa 4 Stunden bei 100°) unterworfen, so findet ein weiteres
Wachsen der Korngröße statt, das beim Zinn anscheinend durchaus kontinuierlich
und normal verläuft. Wie bereits erwähnt, findet dieses Wachstum jedoch unver-
gleichlich langsamer statt als die Bildung des primären Korns, so daß man berechtigt
ist, die Rekristallisation beim Zinn prinzipiell in zwei verschiedene Stufen zu gliedern,
nämlich in die erste Stufe der Ausbildung des primären Korns und in die zweite
Stufe, die man als eine Stufe der Kornvereinigung bezeichnen kann, indem man
annimmt, daß das Ansteigen der Korngröße dadurch zustande kommt, daß die
kleinen Kristallkörner sich durch Vereinigung mit ihren Nachbarn zu größeren um-
gestalten. Dieser letzte Vorgang ist es, der bei der Rekristallisation bisher vorwiegend
beobachtet worden ist und in der Hauptsache die Grundlage für ihre theoretische
Deutung gegeben hat.

Die Größe des primären Korns ist vom Grade und von der Art der vorangegangenen Kaltbearbeitung abhängig und nimmt mit diesen ab. Ebenso findet man
allgemein das Gesetz von Czochralsky bestätigt, nach dem die Korngröße durch
die Rekristallisationstemperatur und durch den Grad der Verarbeitung bestimmt
wird in der Weise, daß die Korngröße mit steigender Temperatur zunimmt, mit
steigendem Grad der Verarbeitung aber abnimmt.

Da der hier geschilderte Vorgang der Ausbildung des primären Korns eine er-
hebliche theoretische Bedeutung hat, so wäre es wichtig, festzustellen, ob er in dieser
Weise auch bei anderen Metallen auftritt oder ob er aus irgendwelchen Gründen
eine Eigentümlichkeit des kaltgewalzten Zinns allein bedeutet. Hierüber fehlt in
der Literatur so gut wie jegliches Material, und die weitere Klärung dieser Fragen
muß späteren Untersuchungen vorbehalten bleiben.

Durch die geschilderten Vorgänge ist die Rekristallisation des kaltgewalzten
Zinns nicht erschöpft. Man beobachtet vielmehr unter gewissen Umständen ganz
auffallende und abnorme Bildungen von großen Kristallen, und zwar an denjenigen
Stellen, die nach dem Walzen einer geringen anderweitigen Deformation unterworfen
waren. Wenn man beispielsweise das Walzband mit einer Schere durchschneidet,
also am Schneiderand einer kleinen Biegung unterwirft, oder wenn man das Band
mit einem Bleistift oder mit einem härteren Gegenstand etwas durchdrückt, oder wenn
man es allgemein knickt und rollt, so treten an den Stellen, wo diese Deformationen
eingesetzt haben, bei nachfolgender Rekristallisation große Kristalle auf, die ihrem
Gesamthabitus nach von den soeben geschilderten normalen Kristallen erheblich
abweichen. Photogramm Nr. 18 gibt das Bild eines zusammengerollt gewesenen und
bei 100° rekristallisierten Zinnstreifens wieder. Die großen Kristalle sieht man in

sehr schöner Entwicklung und ebenso, wie sie etwa bei a) unvermittelt in das fein-körnige Gefüge der normalen Rekristallisation übergehen.

Die Erscheinung eines abnorm großen Rekristallisationskorns ist an und für sich nicht neu und ist bisher entweder als Wirkung einer lokalen Deformation oder aber als einer kleinen Deformation schlechthin aufgefaßt worden. Aus unseren Versuchen folgt, daß diese Erklärungen ungenügend sind, daß das Wesentliche für das Auftreten der großen Körner in der Folge dieser verschiedenen Deformationen liegt. Eine nähere Beschreibung dessen, wie man sich den Unterschied dieser zwei Deformationen genau vorzustellen hat, ist zur Zeit nicht möglich, offenbar kommt es auf die Ver-schiedenheit der Spannungs- und Schubkräfteverteilung bei der Deformation an. Dieses wird uns besonders durch folgendes bestätigt:

Das vorsichtig heruntergewalzte Zinn erleidet während des Walzens eine große Reihe von geringen Deformationen. Trotzdem führt der letzte Walzgang, der ja auch eine kleine Deformation bedeutet, nicht zu einer abnormen Rekristallisation, weil eben diese letzte kleine Deformation sich von der Reihe der vorangegangenen Deformationen nicht unterscheidet. Ändert man jedoch die Verarbeitung in der Weise, daß man das Material vorhämmert und dann einer schwachen einmaligen Walzdeformation aussetzt, so tritt die abnorme grobe Kristallisation in charak-teristischer Weise auf. Wenn man diejenige oft wiederholte Deformation, mittels der das Material verarbeitet wurde, als die primäre Deformation bezeichnet, und die zweite geringe Deformation, die zur abnormen Rekristallisation führt, als sekundäre, so kann man also sagen, daß die primäre und die sekundäre Deformation sich gegen-seitig vertauschen können. Es kommt eben nicht auf den speziellen Charakter jeder dieser Deformationen an, sondern, wie gesagt, auf ihre Wechselbeziehungen.

Das auf dem Photogramm Nr. 18 dargestellte Walzband wurde vom unteren Ende zusammengerollt, so daß der untere Teil eine größere Biegedeformation und der obere Teil eine geringere erlitten hat. Man sieht, daß unten die Kristalle verhältnis-mäßig kleiner sind und daß sie mit abnehmender sekundärer Deformation ständig größer werden, bis der größte Kristall, der die ganze Breite des Walzbandes ausfüllt, ganz unvermittelt in das normale, feine Rekristallisationsgefüge bei a) übergeht. Oberhalb a) ist eben die Biegedeformation für die Entwicklung der abnormen Rekri-stallisation teilweise nicht genügend groß gewesen. Der unvermittelte Sprung von den feinen Kristallen der normalen Rekristallisation zu dem großen bei a) hat zu-nächst etwas Paradoxes an sich und ruft den Eindruck hervor, daß die Wirkung der sekundären Deformation bei Erreichung eines gewissen Grades unvermittelt von Null zu sehr erheblichen Werten hinaufsteigt. Bei näherer Untersuchung ergibt sich jedoch, daß dieser Sprung die sekundäre Folge eines anderen Vorganges ist.

Es zeigt sich nämlich, daß die Rekristallisations-Korngröße eines zusammen-gerollten Zinnbandes geringer wird, wenn man die Rekristallisation bei höherer Temperatur sich vollziehen läßt. Diese Beobachtung führt zum Schluß, daß die abnorm großen Kristalle sich auf dem Wege der Kernbildung entwickeln. Das heißt, daß sie nicht etwa durch ein Weiterwachsen von schon vorhandenen Kristallen sich bilden, sondern dadurch, daß an Stelle dieser Kristalle neue treten. Es ist nun verständlich, daß bei einer höheren Temperatur sich mehr Kerne bilden, da die Kernbildung mit steigender Temperatur und mit steigender Molekularbeweglichkeit stark zunehmen muß. Es ist aber auch damit verständlich, daß sich dann mehr Kristalle bilden und daß jeder einzelne Kristall kleiner ist.

Andererseits erscheint es durchaus plausibel, daß die Kernbildung mit zunehmendem Grade der sekundären Deformation zunimmt. Dementsprechend beobachtet man, wie erwähnt, daß bei höheren Deformationswerten das Korn geringer ist. An Stellen der geringen sekundären Deformation wird die Kernbildung äußerst träge erfolgen, es können sich also nur ganz vereinzelte Kristalle bilden, die eben deshalb sehr groß werden.

Wenn man die Grenzen zwischen dem letzten großen Kristall und dem noch unveränderten normalen Rekristallisationsgefüge bei a) genauer betrachtet, so fällt ihre unregelmäßige Gestalt auf und auch der Umstand, daß der große Kristall stellenweise eigenartig durchlöchert erscheint. Bei stärkerer Vergrößerung nimmt man wahr, daß diese Löcher in Wirklichkeit charakteristische Reste der primären Struktur sind, die von großen Kristallen noch nicht aufgezehrt worden sind. Das ganze bietet ein Bild, das sehr an das Wachsen einer beständigeren Kristallmodifikation innerhalb einer weniger beständigen, wie man es etwa bei Schwefel und zahlreichen anderen Stoffen beobachten kann, erinnert und gibt somit eine weitere indirekte Bestätigung der Auffassung dieser Rekristallisation als auf einer Kernbildung beruhend.

Auf die theoretische Deutung dieser Vorgänge kann hier nicht näher eingegangen werden, es sollen aber einige Worte über ihre praktische Bedeutung gesagt werden.

Nach der Schilderung der normalen Rekristallisation konnte man den Eindruck haben, daß, wenn man das Metall in einer gewissen Weise kalt verarbeitet hat und bei einer bestimmten Temperatur zur Rekristallisation bringt, man mit Sicherheit zu einem durch diese Bedingung bestimmten Kristallgefüge gelangen kann. Die soeben beschriebenen Beobachtungen zeigen jedoch, daß dieses Gefüge äußerst leicht und in einer schier unberechenbaren Weise gestört werden kann, wenn das Metall nach vollendeter Verarbeitung kleinen, vielleicht ungewollten oder technisch unvermeidlichen Deformationen ausgesetzt wird. Es ergibt sich hiermit ein technischer Faktor der Unsicherheit, der zuweilen sehr wohl beachtet werden muß und der bisher wegen Unkenntnis des Zusammenhanges selbstverständlich außer Auge gelassen worden ist.

So würde es z. B. bei einem Zinngegenstand, der während der Benutzung lediglich bis zu Temperaturen von 100° erhitzt wird, genügen, ihn vorher unvorsichtig zu biegen, zu knicken und wieder auszurichten u. dgl. mehr, um ganz abnorme und überraschende Rekristallisationsbilder zu erhalten.

Aber das schönste Beispiel für diesen Fall bietet uns die Praxis der Zinkleitungen. Es ist bekannt, daß die Zinkleitungen nach einer gewissen Benutzungszeit unvermittelt und ohne daß man den Grund dieser Erscheinung ermitteln konnte, brechen. Eine nähere Untersuchung hat ergeben, daß dieser Bruch die Folge von groben Kristallgebilden war. Es ist ferner beobachtet worden, daß besonders die Knick- und Biegestellen der Leitungen dieser Gefahr ausgesetzt waren.

Die beschriebenen Beobachtungen am Zinn geben uns den wahrscheinlichen Schlüssel zur Erklärung dieser Erscheinung. Das Zink rekristallisiert ebenso wie das Zinn bereits bei gewöhnlicher Temperatur. Wenn man beim letzteren die grobe Kristallbildung experimentell zunächst nur bei höherer Temperatur beobachtet hat, so folgt daraus nicht, daß sie nicht auch bei normaler oder nur wenig erhöhter Temperatur eintreten kann. Sie wird dann nur vermutlich zu ihrer Entstehung und Entwicklung sehr viel größerer Zeiträume bedürfen. Dasselbe kann man wahrscheinlich auch beim Zink annehmen, und so stellt sich das Versagen der Zinkleitungen an

Biegestellen und ähnlichen als eine Folge der gewollten oder ungewollten sekundären Deformation dar.

Es ist ferner klar, daß die sekundäre Deformation noch viel mehr bei Metallgegenständen zu berücksichtigen ist, die ständig oder vorübergehend bei höheren Temperaturen gehalten werden müssen, bei denen das Metall nachweislich und bereits schnell rekristallisiert. Das gilt z. B. für alle Heizkörper aus Metallen, sei es für technische Öfen, sei es für häusliche Kochzwecke oder für etwas anderes. Es ist allgemein bekannt, daß der Heizdraht zur Bewicklung von elektrischen Öfen aus den verschiedensten Metallen hergestellt wird und dann nach längerer Benutzung brüchig wird und entzweigeht. Bisher hat man dieses Brüchigwerden so gut wie immer auf chemische Wechselwirkungen mit der Umgebung, etwa mit einem Quarzrohr durch Aufnahme von Silizium oder dgl., zurückgeführt. Aus obigem ergibt sich jedoch, daß die Ursache der groben Kristallbildung und der Brüchigkeit keineswegs immer in chemischen Einwirkungen gesucht werden muß, sondern daß sie zuweilen in kleinen, ja unbemerkten und unbeabsichtigten mechanischen Beeinflussungen liegt.

Wärmedrosseln an stromdurchflossenen Einschmelzungen in Vakuumröhren.

Von

Robert Jaeger.

Mit 4 Textfiguren.

Mitteilung aus dem Physikalischen Laboratorium der M.-Abteilung, Wernerwerk, Siemens & Halske A.-G.

Bei dem Bau von Vakuumröhren, in deren Innern eine bestimmte Leistung vernichtet wird, ist man vor die Aufgabe gestellt, die entstandene Wärme in geeigneter Weise durch Abstrahlung oder Wärmeleitung abzuführen, dabei aber die Einschmelzstellen der Elektroden möglichst vor Erwärmung zu schützen. Es kommen dabei hauptsächlich 3 verschiedene Ursachen in Frage, die diese Temperaturerhöhung der Einschmelzung verursachen. — Zunächst die Strahlung von heißeren Elektroden oder heißeren Stellen derselben Elektrode auf die Einschmelzungen, wie bei Elektronenrohren die Strahlung der Anode oder des Heizfadens, ferner die Wärmeleitung längs einer Elektrode von innen nach außen und schließlich bei stromdurchflossenen Einschmelzungen die Stromwärme.

Bei der folgenden Betrachtung sei angenommen, daß die Wärmestrahlung auf geeignete Weise von den Einschmelzungen ferngehalten sei, wie man es durch entsprechende Anordnung der Elektroden oder Abschirmung erreichen kann. Es bleibt dann im Vakuum nur die Wärmeleitung und die Stromwärme, da die äußere Wärmeleitung ebenfalls fortfällt. (Bzgl. der Wärmeleitung im Glase siehe weiter unten.)

Die Aufgabe reduziert sich für diesen Fall darauf, die Temperaturverteilung in einem stromdurchflossenen, auf stationärem Temperaturgefälle gehaltenen Leiter zu betrachten und dieses Gefälle so zu gestalten, daß die Einschmelzung möglichst wenig erwärmt wird. — Dazu ist es zunächst notwendig, Elektrizitäts- und Wärmeleitung getrennt zu betrachten.

Für die Beeinflussung der Wärmeleitung an sich kann man das bekannte Drosselprinzip verwenden, das in der Praxis in Einschnürungen des Leiters besteht und in besonders deutlicher Weise z. B. von Benedicks[1]) in seiner großen Arbeit über Thermoelektrizität und metallische Wärmeleitung benutzt wurde. Eine solche „Wärmedrossel" staut den Wärmetransport und ergibt an der Einschnürungsstelle ein starkes Temperaturgefälle. Das Wesen einer solchen Einschnürung besteht also bei gleichen Endtemperaturen in einer Temperaturverteilung, die verschieden ist von der bei linearem Gefälle. Nicht ganz so einfach erscheinen zunächst die Verhältnisse, wenn man stromdurchflossene Leiter vor sich hat, wie es z. B. bei den

---

[1]) C. Benedicks, Ann. der Physik **55**, 1 (1918).

üblichen Glühkathodeneinschmelzungen der Fall ist. Die Stromwärme allein bewirkt eine Temperaturerhöhung, die bei gleichmäßigem Leiterquerschnitt ihr Maximum in der Mitte des Leiters hat. Diese Verteilung wird aber durch die Drosseln in einer zunächst noch nicht bekannten Weise verschoben. Wie man in solchen Fällen leicht einen Überblick über die Temperaturverteilung bei dem Zusammenwirken von Wärme durch Leitung und durch den elektrischen Strom gewinnen kann, soll der Zweck der folgenden Überlegungen sein.

Für Wärmeleitung und Elektrizitätsleitung gilt im stationären Zustand ebenso wie auch für die Diffusion und Hydrodynamik dieselbe Differentialgleichung von der Form $\triangle v = 0$ unter der Voraussetzung, daß die Konstante, durch welche die Stärke der Strömung bestimmt wird, von den Koordinaten unabhängig ist. In dem gleichen Bau der Differentialgleichung liegt die theoretische Begründung für die Tatsache, daß die Strömungslinien bei diesen Erscheinungen in gleicher Weise verlaufen, und daß man durch Formgebung die Wärmeleitung und Elektrizitätsleitung in gleicher Weise beeinflußt, soweit man sie getrennt betrachtet. Dabei muß jedoch darauf geachtet werden, daß diese Tatsache nur in beschränktem Maße gilt, weil bei der Betrachtung der Wärmeleitung die Abhängigkeit der Leitfähigkeit von den Koordinaten bzw. der Temperatur berücksichtigt werden muß.

Zur genaueren Betrachtung sei jetzt der oben erwähnte spezielle Fall angenommen, und zwar die Glühkathodeneinschmelzung eines Elektronenrohres. Man hat schematisch die Verhältnisse der Figur 1. In der Praxis ist der Haltestab H nur ein kurzes Stück eingeschmolzen und setzt sich dann beispielsweise als doppelte Platindurchführung D nach außen fort. Hier sei aber der Einfachheit halber angenommen, daß der Stab H mit gleichmäßigem Querschnitt bis nach außen geführt sei. Wenn LL nun vom Heizstrom durchflossen wird, so glüht der Faden Gl. Im stationären Zustand stellt sich eine gewisse Temperatur u_2 am Ende des Glühfadens ein, die vielleicht noch einige hundert Grad beträgt, und von dort einigermaßen gleichmäßig nach außen auf die Zimmertemperatur u_1 abfällt. Dabei sei die Ableitung durch das Glas zunächst nicht berücksichtigt. Die durch die äußere Wärmeleitung in Luft auftretende Abweichung bedingt nach den Untersuchungen

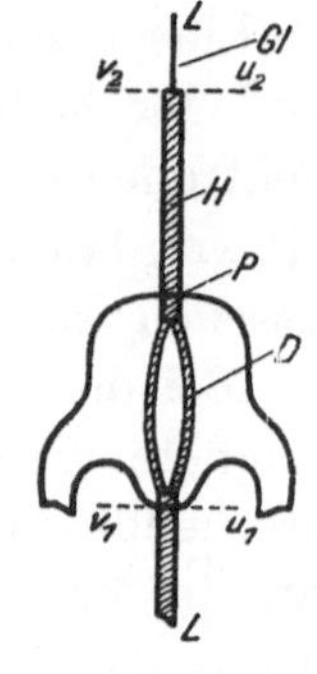

Fig. 1.

von W. Jaeger und H. Diesselhorst nur eine Korrektionsgröße, so daß die Ableitung in Glas hier auch zunächst vernachlässigt werden darf, zumal nur ein kurzes Stück des ganzen Leiters in Glas eingeschmolzen ist.

Ist die Strahlung von den auf hoher Temperatur (2300°) befindlichen Teilen des Glühfadens und vielleicht auch der Anode abgeschirmt, so läßt sich die Temperaturverteilung längs des Leiters theoretisch verfolgen. Als Ziel sei dabei nochmals ins Auge gefaßt, die Temperaturverteilung so günstig zu gestalten, daß die Temperatur der Einschmelzstelle P merklich herabgesetzt wird. Daneben ist zu untersuchen, in welcher Weise dadurch die Stromleitung verändert wird und wie sie auf die Temperaturverteilung einwirkt.

Eine ganz allgemeine Gleichung für die Temperaturfunktion in stromdurchflossenen Wärmeleitern stellte F. Kohlrausch[1] auf. Bedeuten:

[1] Vgl. F. Kohlrausch, Ann. d. Phys. 1, 149 (1900) u. H. Diesselhorst, ebenda S. 313.

$$(1) \quad \begin{cases} u \text{ die Temperatur,} \\ v \text{ das Potential,} \\ \lambda \text{ das thermische} \\ \text{und } \varkappa \text{ das elektrische Leitvermögen,} \end{cases}$$

so gelten im stationären Zustand die Gleichungen[1])

$$(2) \qquad \varkappa \nabla^2 v + \nabla(\lambda \nabla u) = 0 \qquad \text{und}$$

$$(3) \qquad \nabla(\varkappa \nabla v) = 0.$$

Das Zeichen ∇ bedeutet den Gradienten des betr. Skalars.

Gleichung (2) besagt, daß die Summe der Stromwärme $\varkappa \nabla^2 v$ und der durch Leitung zugeführten Wärme $\nabla(\lambda \nabla u)$ stets gleich Null sein muß; Gleichung (3) stellt die Kontinuitätsgleichung der Elektrizität dar. Für $v = 0$ und konstante $\varkappa$ und λ erhält man die Gleichung $\triangle v = 0$. Ausgehend von den beiden Grundgleichungen (2) und (3) gelangte F. Kohlrausch zu dem allgemeinen Ausdruck:

$$(4) \qquad \int \frac{\lambda}{\varkappa} \, du + \frac{1}{2} v^2 + A v + D = 0,$$

in dem A und D Konstanten bedeuten.

Aus dieser Formel ist ersichtlich, daß für gegebenes Potential die Temperaturfunktion nur von dem Verhältnis der Leitfähigkeiten $\dfrac{\varkappa}{\lambda}$ abhängt. Dieser Umstand kann zunächst den Gedanken nahelegen, die eingangs skizzierte Aufgabe dadurch zu lösen, daß man durch die Wahl des Materials eine gute Elektrizitätsleitung mit schlechter Wärmeleitung verbindet. Bis jetzt ist jedoch kein derartiges Material bekannt.

Die größten Abweichungen vom Wiedemann-Franzschen Gesetz zeigen einige Legierungen wie Manganin und Konstantan. Im Vergleich zu Kupfer (Handelsware) und Nickel sind die Zahlen nach W. Jaeger und H. Diesselhorst[2]) folgende:

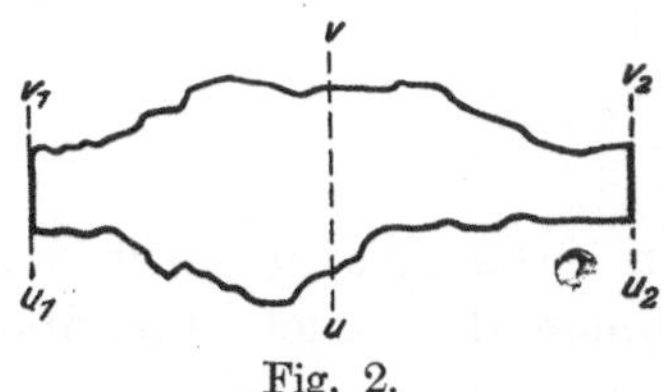

Fig. 2.

	$\dfrac{\lambda}{\varkappa}$ bei 18° C
Kupfer	$676 \cdot 10^{-8}$
Nickel	$699 \cdot 10^{-8}$
Konstantan . .	$1106 \cdot 10^{-8}$
Manganin . .	$914 \cdot 10^{-8}$

Sie zeigen, daß die Unterschiede zu gering sind, um einen praktischen Nutzen daraus zu ziehen, außerdem liegt der Sinn der Verschiedenheit so, daß die Legierungen die Wärme besser leiten als die Elektrizität.

W. Jaeger und H. Diesselhorst[3]) haben die Formel für den Fall, daß sich die Enden des Leiters auf verschiedenen Temperaturen befinden, weiterentwickelt und die Konstanten A und D durch die Grenzwerte bestimmt. Setzt man (s. Fig. 2)

$$(5\,\text{a}) \quad V = \frac{v_1 - v_2}{2}, \qquad (5\,\text{b}) \quad \delta = \frac{v_1 + v_2}{2} - v, \qquad (5\,\text{c}) \quad u' = \frac{u_1 + u_2}{2},$$

[1]) Gött. Nachr. 184, 83; Pogg. Ann. 156, 616 (1875); Zeitschr. f. Instr.-Kunde 18, 139 (1898).
[2]) W. Jaeger u. H. Diesselhorst, Wiss. Abh. d. P. T. R. 3, 424.
[3]) W. Jaeger u. H. Diesselhorst, l. c. S. 424.

so wird

$$(6) \qquad \int_{u'}^{u} \frac{\lambda}{\varkappa}\, du = \frac{1}{2}\,(V^2 - \delta^2) - \frac{1}{2}\,\frac{\delta}{V}\int_{u_2}^{u_1} \frac{\lambda}{\varkappa}\, du + \frac{1}{2}\int_{u'}^{u_1} \frac{\lambda}{\varkappa}\, du + \frac{1}{2}\int_{u'}^{u_2} \frac{\lambda}{\varkappa}\, du.$$

Für den stromlosen Zustand wird $v = 0$ und δ und V einzeln $= 0$, d. h. das erste Glied rechts fällt fort. Da sich δ im selben Verhältnis ändert wie V, bleibt $\frac{\delta}{V}$ eine konstante Größe auch für $\delta = V = O$. Diese Größe wird im allgemeinen wenig verschieden sein von derjenigen bei stromdurchflossenem Leiter, da die durch die zusätzliche Stromerwärmung eintretende Änderung von V bzw. δ nur gering ist.

Für den stromlosen Zustand lautet die Formel also

$$(7) \qquad \int_{u'}^{u} \frac{\lambda}{\varkappa}\, du = -\frac{1}{2}\left(\frac{\delta}{V}\right)_0 \int_{u_2}^{u_1} \frac{\lambda}{\varkappa}\, du + \frac{1}{2}\int_{u'}^{u_1} \frac{\lambda}{\varkappa}\, du + \frac{1}{2}\int_{u'}^{u_2} \frac{\lambda}{\varkappa}\, du.$$

Hierüber lagert sich bei Stromdurchgang das Glied

$$(8) \qquad\qquad \tfrac{1}{2}\,(V^2 - \delta^2).$$

Sehr einfach gestaltet sich der Ausdruck für den Fall, daß man in dem betrachteten Temperaturintervall $\frac{\lambda}{\varkappa}$ als konstant ansehen kann. Man erhält

$$(9) \qquad u = u' + \underbrace{\frac{\delta}{V}\,\frac{u_2 - u_1}{2}}_{\text{I}} + \underbrace{\frac{1}{2}\,\frac{\varkappa}{\lambda}\,(V^2 - \delta^2)}_{\text{II}}.$$

Diese Gleichung hat den großen Vorzug, daß sie für jeden beliebig gestalteten Körper gültig ist.

Term I stellt die Erwärmung durch die Wärmeleitung allein, Term II die Erwärmung infolge des Stromdurchganges allein dar.

Da u', V, $\dfrac{u_2 - u_1}{2}$ und $\dfrac{v_1 + v_2}{2}$ Konstanten sind, läßt sich die Verteilung im stromlosen Zustand durch die Gleichung

$$(10) \qquad\qquad u = a + b\,v$$

ausdrücken, d. h. die Temperaturverteilung im stromlosen Zustand wird durch die Potentialverteilung im gleichtemperierten Zustand vollkommen abgebildet. Dieselbe Folgerung ergibt sich wie oben angedeutet auch daraus, daß für konstantes λ die Differentialgleichungen für Temperatur und Potential die gleichen sind.

Man kann auf diese Weise den Temperaturgradienten eines Leiters durch die Berechnung seines Potentials oder seiner Widerstandsverteilung auffinden.

Die durch Stromdurchgang allein hervorgerufene Temperaturverteilung hat als Funktion des Potentials die durch Gleichung (8) ausgedrückte Parabelform. (Vgl. Fig. 4). Durch Abtragen der an den betreffenden Stellen des Leiters befindlichen Potentiale ergibt sich dann ohne weiteres die durch den Strom bedingte, der übrigen Temperatur übergelagerte Erwärmung in bezug auf die Koordinaten des Körpers.

Beispiel.

Für ein Beispiel ist dies in folgendem angeführt. Gegeben sei ein Stab von zunächst beliebigem Halbmesser D_1 (s. Fig. 3A), der an 3 Stellen Einschnitte besitzt, die den Halbmesser auf den vierten Teil D_2 reduzieren (Fig. 3). Nimmt man nun an, daß bei a das freie Ende, also Zimmertemperatur $= 20°$, und bei d der Anfang des Glühfadens sei, wo eine Temperatur von etwa $400°$ herrsche, so ist der Temperaturabfall längs des Leiters, abgesehen vom Strom, der in Fig. 3B durch die ausgezogene Linie angegebene. Der lineare Abfall für gleichmäßigen Halbmesser D_1 ist durch die gestrichelte Linie dargestellt. An dem Leiterstück $a\,d$, das in den praktischen Fällen einen sehr geringen Widerstand besitzt, möge $\frac{1}{100}$ Volt liegen; mit Hilfe dieser Angabe ergibt sich aus dem Term II der Gleichung (9) die Temperaturverteilung längs des Stabes. Man darf nicht vergessen, daß diese Formel nur für konstantes $\frac{\varkappa}{\lambda}$ gilt; im anderen Fall müßte man den ganz allgemeinen Ausdruck (6) benutzen. Zunächst werde jedoch ein konstanter Wert angenommen. Nach den Tabellen bei J a e g e r und D i e s s e l h o r s t

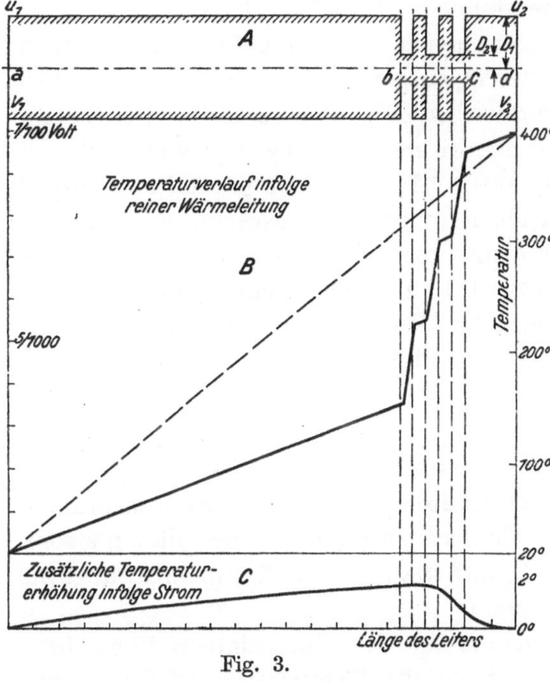

Fig. 3.

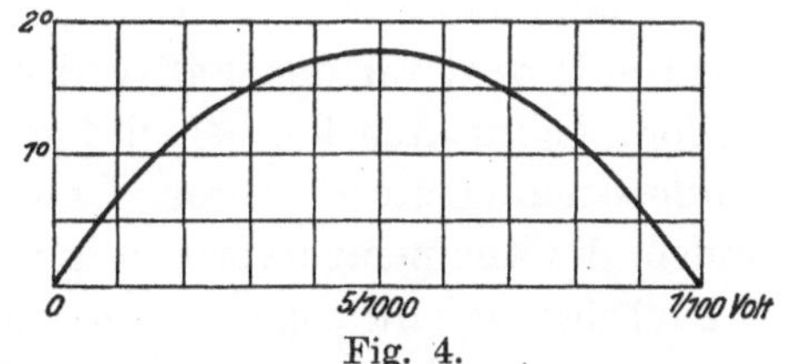

Fig. 4.

ist der Temperaturkoeffizient des Leitverhältnisses von Kupfer etwa $4\%_0$, das mittlere Leitverhältnis werde zu

$$\frac{\varkappa}{\lambda} = \frac{1}{700} \cdot 10^8 = 1{,}43 \cdot 10^5$$

angesetzt. Es wird dann

$$\frac{1}{2}\,\frac{\varkappa}{\lambda}\,(V^2 - \delta^2) = 0{,}71 \cdot 10^5\, v\left(\frac{1}{100} - v\right),$$

wenn noch $v_1 = 0$ gesetzt wird.

Dieser Ausdruck hat für $v = \frac{1}{200}$ sein Maximum, und die durch den Strom hervorgerufene Temperaturerhöhung beträgt demnach an der Stelle des mittleren Potentials $1{,}8°$ oder rund $2°$. Der Verlauf der Abhängigkeit der Stromwärme vom Potential ist in Fig. 4 wiedergegeben. Man sieht daraus, daß bei kleinen Spannungsdifferenzen am Leiter die durch den Strom hervorgerufene Temperaturerhöhung keinen nennenswerten Betrag annimmt; daraus geht ferner hervor, daß die für verschiedenes $\frac{\varkappa}{\lambda}$ anzubringende Korrektion durchaus nicht ins Gewicht fällt und man für Überschlagsrechnungen in ähnlichen Fällen tatsächlich immer $\frac{\varkappa}{\lambda}$ als konstant annehmen darf. Der Term II der Gleichung (9) enthält den Querschnitt des Drahtes überhaupt nicht, doch ist der Widerstand in der anfangs erhaltenen Kurve des Temperaturverlaufes bzw. des Spannungsverlaufes implizite enthalten.

Diese letztere benutzt man dazu, um die längs des Stabes durch die Stromwärme auftretende Temperaturerhöhung zu ermitteln. Für praktische Fälle erreicht man das am leichtesten, indem man die aus Fig. 4 ersichtlichen Spannungen abgreift und für sie die entsprechende Temperaturerhöhung in Fig. 3 einträgt. Die dadurch eintretende Verteilung der durch Stromwärme bedingten Temperaturerhöhung gibt Fig. 3C wieder. Dann fällt, wie zu erwarten war, die durch den Strom hervorgerufene Erwärmung an die Einschnürungsstelle.

Für den Fall, daß die Einschnürung zwischen b und c nicht in verschiedenen Stufen, sondern durchweg mit dem Halbmesser D_2 ausgeführt ist, erhält man zwischen ab und cd ein langsameres Gefälle, während es bei bc steiler verläuft. Die Stromwärme liegt dann etwas höher, aber die an der Einschmelzstelle liegenden Teile des Fadens erhalten eine noch geringere Temperatur. In dem hier gewählten Beispiel findet, wie sich durch Vergleich der gestrichelten mit der ausgezogenen Linie in Fig. 3B ergibt, auf der Strecke ab eine Temperaturerniedrigung etwa auf die Hälfte statt. Wählt man die Drossel länger, so wird man leicht entscheiden können, welchen Kompromiß zwischen Erniedrigung der Temperatur durch Leitung und Erhöhung der Temperatur durch Strom man zu schließen hat.

Zusammenfassung.

An Hand einer von F. Kohlrausch aufgestellten und von W. Jaeger und H. Diesselhorst für den Fall verschiedener Endtemperatur auf praktisch brauchbare Form gebrachten Formel wird gezeigt, wie man bei irgendwie gestalteten stromdurchflossenen Leitern, deren Enden sich auf bestimmter Temperaturdifferenz befinden, die Temperaturverteilung finden kann.

Zunächst erhält man durch die Bestimmung der Potentialverteilung bzw. Widerstandsverteilung des Leiters ohne weiteres die Temperaturverteilung ohne Strom. Der absolute Widerstand des Leiters ist für die Betrachtungen gleichgültig. Er wird in dem beschriebenen Beispiel so gewählt, daß die für die Erhitzung des Wolframfadens nötige Stromstärke ohne merkliche Erwärmung hindurchgeführt werden kann. Sodann bestimmt man aus dem Glied

$$\frac{1}{2}\,\frac{\varkappa}{\lambda}\,(V^2 - \delta^2)$$

der Kohlrauschschen Formel die Abhängigkeit der Temperaturerhöhung durch den Strom vom elektrischen Potential allein und kann dann durch Zuordnung des betreffenden Potentials zu den verschiedenen Stellen des Leiters die Temperaturverteilung durch den Strom ermitteln. Beide Kurven ergeben durch Überlagerung die gesuchte Temperaturverteilung. Für kleinere Potentiale fällt die Stromwärme dabei gar nicht ins Gewicht, so daß man in Vakuumröhren Einschnürungen an stromdurchflossenen Einschmelzungen, wofür insbesondere Glühkathodeneinschmelzungen in Frage kommen, mit Vorteil als Wärmedrosseln verwenden kann.

Röhrenvoltmeter und Maxwellsche Geschwindigkeitsverteilung.

Von

W. Schottky,

Mit 2 Textfiguren.

(Mitteilung aus dem Laboratorium K der Siemens & Halske A.-G., Wernerwerk.)

§ 1. Das Problem und der experimentelle Befund.

Die Strom-Spannungskennlinie der Glühkathodenrohre mit und ohne Gitter ist bekanntlich keine gerade Linie, sondern eine doppelt gekrümmte Kurve, die bei genügend kleinen und genügend großen Spannungswerten parallel der Spannungsachse verläuft. In ihren gekrümmten Teilen ist eine solche Kennlinie zur Messung von Wechselspannungen durch Gleichstromausschläge brauchbar, da bei gleichen Spannungsänderungen die Stromänderungen beispielsweise in der $+$ Richtung größer sind als in der $-$ Richtung und dadurch der zeitliche Mittelwert des von der Anode abfließenden Stromes ein anderer wird als ohne Wechselstromerregung. Als Meßinstrumente sind Glühkathodenrohre in Richtverstärkerschaltung[1]) im Wernerwerk seit Anfang 1917 im Gebrauch; in direkter Schaltung sind sie besonders von H. Hohage[2]) untersucht worden, der dabei vorzugsweise hochempfindliche Gleichstrominstrumente (Spiegelgalvanometer) benutzt.

Man wird nun zunächst glauben, daß im vorliegenden Falle, wie sonst immer, die Empfindlichkeit der Anordnung desto größer wird, daß also desto kleinere Wechselspannungen noch gut meßbar sind, je empfindlicher das benutzte Meßinstrument ist. Die Erfahrung spricht aber gegen diese Annahme. Man findet nämlich, daß man bei gegebenem Meßinstrument immer nur dann eine brauchbare Empfindlichkeit erhält, wenn man die Hilfsspannungen so wählt, daß das Instrument bereits ohne Wechselstromerregung einen Dauerausschlag zeigt; im Bereich der kleinen Stromwerte ist die Empfindlichkeit desto größer, je größer der Dauerausschlag ist. Wählt man nun ein empfindlicheres Meßinstrument, so muß man, um überhaupt noch darauf ablesen zu können, den Dauerausschlag verkleinern[3]), damit setzt man aber wieder die Empfindlichkeit der Rohre herab, und zwar anscheinend um ebensoviel, als man die Empfindlichkeit des Meßinstrumentes vergrößert hat.

Diese Tatsachen, die jedem geläufig sind, der einmal mit Röhrenvoltmetern gearbeitet hat, veranlaßte mich, bei gemeinsam mit Herrn Clausing im Lab. K. des

---

[1]) Vgl. z. B. Höpfner, Über Wechselstrommessungen. Telegr.- u. Fernsprechtechnik 1919, S. 128.

[2]) H. Hohage, „Helios" 29. Juni 1919.

[3]) Auf Kompensationsmethoden, die in Zukunft vielleicht eine nicht unbedeutende Rolle spielen werden, soll hier nicht eingegangen, sondern stets der an sich wichtigste Fall der einfachsten Meßanordnung zugrunde gelegt werden.

Wernerwerkes angestellten Versuchen zur Konstruktion empfindlichster Röhrenvoltmeter, den Wechselstromausschlag bei gegebener Wechselspannung einmal als Funktion des Ruhestromes aufzutragen. Das Ergebnis des Versuches zeigt die Kurve Fig. 1, die mit einem zylindrischen Rohr EVE 173 in der Hohageschen Schaltung und mit der von Hohage benutzten Gitterspannung $v = 0$ aufgenommen worden ist. Als Abszissen sind die Werte der zur Anode fließenden Ruheströme i (hier zwischen $3 \cdot 10^{-7}$ und $17 \cdot 10^{-7}$ Amp. variierend), als Ordinaten die Gleichstromänderungen Δi bei Anlegung einer konstanten Wechselspannung (Effektivwert 0,2 Volt) aufgetragen. Man erkennt, daß mit abnehmenden i-Werten diese Kurve nicht nur in eine gerade Linie übergeht, sondern, daß diese gerade Linie auch ziemlich genau auf den

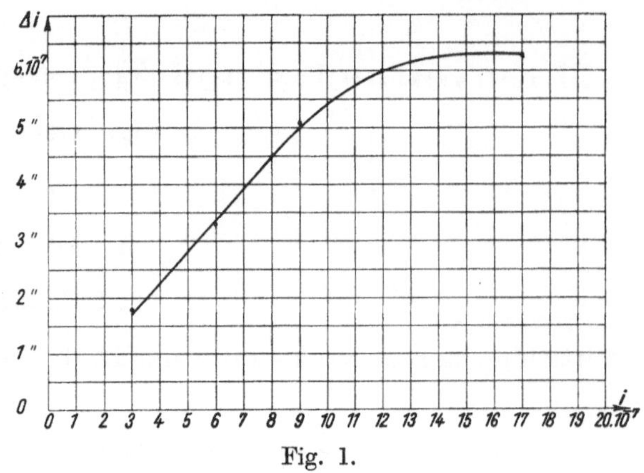

Fig. 1.

Nullpunkt des Diagramms zuläuft, so daß man sagen kann, daß das Verhältnis $\dfrac{\Delta i}{i}$ mit abnehmendem i einen konstanten Grenzwert erreicht.

Damit ist eine exaktere Bestätigung der obigen ungefähren Feststellung gegeben, daß „wegen der notwendigen Reduktion des Nullausschlages die Empfindlichkeit der Rohre bei Vergrößerung der Instrumentempfindlichkeit ebensoviel abnimmt, wie die Empfindlichkeit des Instrumentes zunimmt". Denn wenn durch den Strom i ein Ausschlag von einer bestimmten Anzahl, sagen wir a Skalenteile, auf dem Meßinstrument hervorgerufen wird, und durch die Wechselspannung wird dieser Ausschlag um Δa vergrößert, so bleiben die Verhältnisse genau dieselben, wenn die Empfindlichkeit des Instrumentes verzehnfacht wird und i soweit reduziert, daß wieder a Skalenteile Nullausschlag vorhanden sind. Denn $\dfrac{\Delta a}{a}$ ist durch das Verhältnis $\dfrac{\Delta i}{i}$ gegeben, und dieses Verhältnis ist, wie aus der konstanten Neigung der Kurve zu sehen, unterhalb einer gewissen Grenze von i unabhängig.

§ 2. Aufstellung des Integralgesetzes und Ermittelung der Fadentemperatur aus der Aufladungskurve.

Diese Feststellung hat meßtechnisch die Bedeutung, daß man nicht unnötig empfindliche Meßinstrumente verwenden wird, sondern die Empfindlichkeit nur eben so weit steigern wird, daß bei einem angemessenen Ausschlag (Hohage schlägt etwa 10° vor) und dem dazugehörigen Stromwert i das Verhältnis $\dfrac{\Delta i}{i}$ ungefähr seinen Grenzwert erreicht. Mit dieser Feststellung wird man sich jedoch nicht begnügen, sondern weiter fragen, welches einfache Naturgesetz sich hinter der gefundenen Gesetzmäßigkeit verbirgt, und ferner, wie der Maximal- und Grenzwert von $\dfrac{\Delta i}{i}$ bei kleinen i-Werten von der Art der Rohre, dem Heizstrom usw. abhängt, da ja alles darauf ankommt, dieses Verhältnis möglichst groß zu machen.

Zur Deutung des Gesetzes $\left(\dfrac{\varDelta i}{i}\right)_{\lim i\,=\,0} = C$ (C eine Konstante) fragen wir zunächst nach der Abhängigkeit von $\varDelta i$ von den Eigenschaften der Strom-Spannungskennlinie i, e, wobei e die Spannung zwischen Kathode und der den Strom i steuernden Elektrode bedeutet. (Im Hohageschen Fall ist dies die Anode selbst.)

Dann gilt:

$$\varDelta i = \frac{\partial i}{\partial e}\,\varDelta e + \frac{\partial^2 i}{\partial e^2}\,\frac{\varDelta e^2}{2} + \frac{\partial^3 i}{\partial e^3}\,\frac{\varDelta e^3}{1\cdot 2\cdot 3} + \ldots \ldots \tag{1}$$

Voraussetzung ist hierbei noch, daß keine der anderen in der Röhre vorhandenen Elektroden Spannungsschwankungen aufweisen, und wenn man unter $\varDelta e$ die E. M. K. der angelegten Wechselspannung verstehen will, und diese ist, wie bei Hohage, im Meßkreis selbst angelegt, so ist ferner noch zu fordern, daß der innere Widerstand der Röhre im Meßkreis groß gegen den Widerstand des angelegten Meßinstrumentes (und zwar für Gleich- und Wechselstrom) ist, da sonst die Klemmspannung an der Röhre sich nicht mit der E. M. K. des Stromkreises decken würde. Beide Voraussetzungen sind aber bei den benutzten Schaltungen praktisch stets erfüllt.

Hat $\varDelta e$ den Charakter einer reinen Wechselspannung, $\varDelta e = \mathfrak{E}\cdot\sin\omega t$, so ist im zeitlichen Mittel $\overline{\varDelta e} = 0$, und wenn die Amplituden $\mathfrak{E}$ so klein sind, daß die höheren Glieder vernachlässigt werden können, so reduziert sich die Gleichung (1) auf

$$\overline{\varDelta i} = \frac{\partial^2 i}{\partial e^2}\cdot\frac{\overline{\varDelta e^2}}{2} = \frac{\partial^2 i}{\delta e^2}\cdot\mathfrak{E}^2\cdot\frac{\overline{\sin^2\omega t}}{2} = \frac{\partial^2 i}{\partial e^2}\cdot\frac{\mathfrak{E}^2}{4}\,. \tag{2}$$

Das bei konstanter Wechselspannung $\mathfrak{E}$ gefundene Gesetz $\lim\dfrac{\varDelta i}{i} = \text{const}$ geht also über in

$$\lim_{i\,=\,0}\frac{\dfrac{\partial^2 i}{\partial e^2}}{i} = \alpha^2 \tag{3}$$

wobei α^2 eine (positive) Konstante ist, die mit der oben eingeführten Konstante C durch die Gleichung zusammenhängt.

$$\alpha^2 = \frac{4\,C}{\mathfrak{E}^2}\,. \tag{4}$$

Nun ist bei den betrachteten Kurven die Größe e die einzige unabhängige Veränderliche, alle anderen Spannungen bleiben ja konstant. Wir können also statt $\dfrac{\partial^2 i}{\partial e^2}$ auch $\dfrac{d^2 i}{d e^2}$ schreiben und erhalten für kleine Werte von i die Differentialgleichung:

$$\frac{d^2 i}{d e^2} = \alpha^2 i\,.$$

Die Lösung dieser Differentialgleichung ist:

$$i = A\cdot e^{\alpha e} + B e^{-\alpha e} + \text{const}\,.$$

Verstehen wir nun unter α die positive Wurzel von α^2 und berücksichtigen, daß in der wirklichen Stromspannungskurve $i = 0$ ist für $e = -\infty$, so müssen offenbar die Glieder $B e^{-\alpha e} + \text{const}$ fortfallen, und die Kurve wird für kleine Stromwerte durch eine Funktion

$$i = A\cdot e^{\alpha e} \tag{5}$$

dargestellt.

Das ist nun dieselbe Funktion, die ich für zylindrische Elektrodenanordnungen mit genügend kleinem Drahtradius für das Gebiet von Stromwerten, die gegen den Sättigungsstrom genügend klein sind, in einer 1914 erschienenen Abhandlung[1] theoretisch abgeleitet habe. Voraussetzung ist hierbei, daß die Elektronen aus dem Glühdraht mit der konstanten Maxwellschen Geschwindigkeitsverteilung austreten, und es läßt sich dann die Konstante α aus der absoluten Temperatur T des Glühdrahtes, dem absoluten Betrag der Elementarladung ε eines Elektrons und der Boltzmannschen Konstanten $\varkappa$ vorausberechnen:

$$\alpha = \frac{\varepsilon}{K \cdot T} \qquad (6)$$

(a. a. O. S. 1016). Wird die Spannung e in Volt gerechnet, ε in elektrostat. Einheiten, so kommt noch der Faktor $\frac{1}{300}$ hinzu, und mit Einsetzung der Werte $\varepsilon = 4{,}78 \cdot 10^{-10}$ elektrost. Einheiten, $\varkappa = 1{,}37 . 10^{-16}$ ergibt sich:

$$\alpha \,[\text{Volt}^{-1}] = \frac{11\,600}{T}. \qquad (7)$$

Umgekehrt kann man aus dem gemessenen Wert von α T berechnen:

$$T = \frac{11\,600}{\alpha}.$$

Wir wollen nun in Fig. 1 den Grenzwert von $\dfrac{\overline{\varDelta i}}{i}$ für kleine i-Werte bestimmen, indem wir, freilich nicht ganz genau, als Grenzwert C von $\dfrac{\overline{\varDelta i}}{i}$ das Verhältnis von $\overline{\varDelta i}:i$ für den kleinsten gemessenen i-Wert ansehen. Wir finden: $C = 0{,}50$. Berücksichtigen wir nun, daß in $\alpha^2 = \dfrac{4\,C}{\mathfrak{C}^2}\,\mathfrak{C}^2 = 2 \cdot 0{,}2^2 = 0{,}08$ Volt ist, so erhalten wir aus Gleichung (4)

$$\alpha^2 = \frac{4 \cdot 0{,}5}{0{,}08} = 25, \text{ also } \alpha = 5,$$

$$T = \frac{11\,600}{5} = 2320^0 \text{ absolut.}$$

Wir erhalten also eine ziemlich richtige Bestimmung der Fadentemperatur — der Faden war „normal" geheizt — und damit einen neuen Beleg dafür, daß Teilchen von einer Elementarladung von ungefähr $4{,}78 \cdot 10^{-10}$ elektrost. Einheiten den Glühdraht mit Wärmegeschwindigkeit verlassen. Die Bestätigung des Maxwellschen Verteilungsgesetzes, die durch diese zufällige und ursprünglich für technische Zwecke ausgeführte Messung gewonnen ist, ist sogar besser als in den seinerzeit eigens zur Prüfung des Maxwellschen Gesetzes von mir angestellten Versuchen, wo ich im Durchschnitt 20%, d. h. etwa 400° Abweichungen zwischen errechneter und wahrer Temperatur erhielt.

§ 3. Messungen bei verschiedenen Heizstromstärken.

Um einerseits den günstigsten Heizstromwert für das Röhrenvoltmeter ausfindig zu machen, andererseits den erwarteten thermischen Charakter der Aufladungskurven zu bestätigen, wurden jetzt, und zwar im Gebiet möglichst kleiner Rohrstromwerte i, (mit dem Spiegelgalvanometer) 3 sorgfältige Meß-

---

[1] Über den Austritt von Elektronen aus Glühdrähten bei verzögernden Potentialen. Ann. d. Phys. **44**, 1011—1032 (1914).

reihen von $\overline{\Delta i}$ in Abhängigkeit von i für ein Rohr EVE 173 bei verschiedenen Heizströmen, d. h. verschiedenen Temperaturen aufgenommen. Bei der ersten Meßreihe wurde der Glühfaden, dessen normale Belastung bei 0,55 Amp. lag, nur mit 0,50 Amp. geheizt, die 2. Meßreihe bezog sich auf 0,55, die 3. auf 0,57 Amp. Das Gitter hatte in allen Fällen das Potential Null gegen den negativen Pol der Kathode; das Potential e der Anode wurde variiert. Aus $\overline{\Delta i}$ und dem Scheitelwert $\mathfrak{E}$ der Wechselspannung (deren Effektivwert wieder 0,2 Volt betrug) wurde ebenso wie für die besprochenen Messungen aus Gl. (2) $\dfrac{d^2 i}{d e^2}$ (im folgenden mit i'' bezeichnet) ermittelt; hierbei wurde noch eine kleine Korrektion angebracht, die sich auf die Berücksichtigung höherer Glieder in der Entwicklung von Gl. (1) bezog. In den Kurven, die diese Messungen darstellen, wurde nun nicht i'' gegen i, sondern das Verhältnis $\dfrac{i''}{i}$ gegen i aufgetragen; dieses gestattete eine noch genauere Untersuchung der Frage, ob mit abnehmendem i das Verhältnis $\dfrac{i''}{i}$ einem konstanten Wert zustrebt.

Tabelle I.

$J = 0{,}50$ Amp., $s = 5{,}17 \cdot 10^{-4}$ Amp., $V = 2{,}42$ Volt.

i	$\dfrac{i''}{i}$	$\alpha^2\mathfrak{B}$	$\alpha^2\mathfrak{R}$
$4{,}17 \cdot 10^{-8}$	29,8	34,8	38,5
8,32 ,,	28,1	33,3	37,1
12,5 ,,	27,1	32,5	36,4
20,8 ,,	24,9	30,4	34,2
29,2 ,,	23,4	29,0	32,9
41,8 ,,	20,8	26,5	29,7
67,0 ,,	17,6	22,8	25,8
83,5 ,,	15,9	20,8	23,8
100,0 ,,	14,3	19,1	21,4

Tabelle II.

$J = 0{,}55$ Amp., $s = 2{,}4 \cdot 10^{-3}$ Amp., $V = 2{,}87$ Volt.

i	$\dfrac{i''}{i}$	$\alpha^2\mathfrak{B}$	$\alpha^2\mathfrak{R}$
$4{,}17 \cdot 10^{-8}$	29,8	33,8	37,0
8,32 ,,	28,0	32,1	35,5
12,5 ,,	27,1	31,3	34,6
20,8 ,,	25,0	29,1	32,2
29,2 ,,	23,4	27,6	30,5
41,8 ,,	21,2	26,3	28,1
67,0 ,,	18,4	22,3	24,9
83,5 ,,	17,2	21,0	23,4
100,0 ,,	16,3	20,5	22,4

Tabelle III.

$J = 0{,}57$ Amp., $s = 3{,}98 \cdot 10^{-3}$ Amp., $V = 3{,}08$ Volt.

i	$\dfrac{i''}{i}$	$\alpha^2\mathfrak{B}$	$\alpha^2\mathfrak{R}$
$4{,}17 \cdot 10^{-8}$	29,8	33,6	36,6
8,32 ,,	28,0	31,9	34,9
12,5 ,,	27,1	31,1	34,2
20,8 ,,	25,0	28,7	32,0
29,2 ,,	[23,4	27,3	30,2
41,8 ,,	21,2	25,0	27,9
67,0 ,,	18,8	22,4	24,9
83,5 ,,	17,9	21,5	23,9
100,0 ,,	16,9	20,4	22,7

Das Resultat der Messungen ist in den Tabellen I—III und in Fig. 2 wiedergegeben; in Fig. 2 ist zur klareren Übersicht die Kurve für 0,55 Amp. weggelassen. Auf die mit

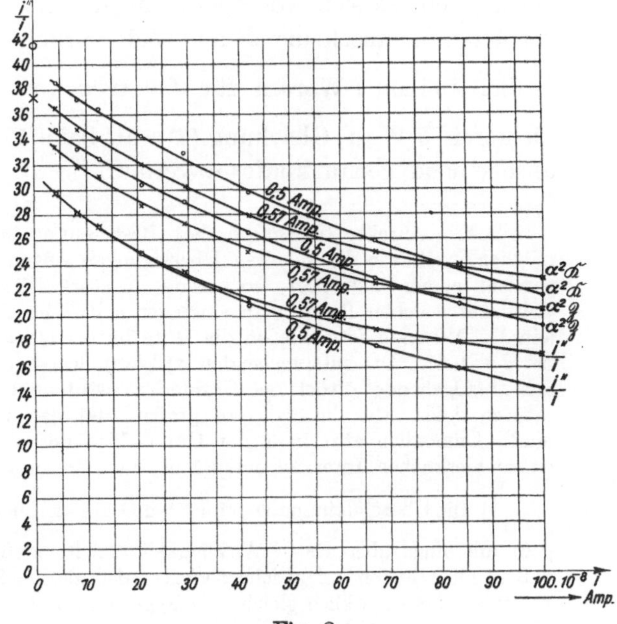

Fig. 2.

den Bezeichnungen $\alpha_{\mathfrak{Z}}^2$ und $\alpha_{\mathfrak{R}}^2$ versehenen Tabellen, Spalten und Kurven wird später zurückzukommen sein. Man sieht, daß die genauere Prüfung der einzelnen Kurve und der Vergleich der verschiedenen Kurven untereinander zwei unerwartete Abweichungen von dem theoretischen Bilde zeigt, das durch die approximativen Feststellungen des vorigen Paragraphen nahegelgt wurde. Erstens liegen die $\dfrac{i''}{i}$ - Werte durchaus nicht, wie nach Gl. (3) und (6) zu erwarten, bei den stärkeren Heizströmen (also höheren Temperaturen[1])) tiefer als bei dem kleinsten Heizstrom; zweitens zeigen selbst bei den kleinsten Elektronenstromwerten — die Messungen erstrecken sich bis herab zu 10^{-8} Amp. — die Kurven keine Tendenz zu konstanten Werten, sondern die bei größeren i-Werten unschwer zu erklärende Steigung der Kurven mit abnehmendem i scheint nach $i = 0$ hin ständig weiter zu wachsen. Allerdings ist durch den Verlauf der Kurven ein schließliches horizontales Einmünden in die Achse $i = 0$ noch nicht ausgeschlossen. Daß zunächst mit abnehmendem i die $\dfrac{i''}{i}$ Kurven immer steiler ansteigen, kann sich vielmehr daraus erklären, daß mit kleiner werdendem i gewissen algebraischen Unterschieden der i immer größere Unterschiede der e-Werte entsprechen; der Verlauf ist ja in erster Annäherung so, daß einer geometrischen Verkleinerung der i eine algebraische Zunahme [absolut genommen] der e-Werte entspricht. Ein Unabhängigwerden der Ausdrücke $\dfrac{i''}{i}$ von e würde also zunächst durch diesen geometrisch-algebraischen Verzerrungseffekt verdeckt sein können.

Da jedoch ein wesentlich weiteres Herabgehen mit dem Stromwerte galvanometrisch nicht möglich ist, auch für die eigentlich technischen Zwecke der Untersuchung nicht in Frage kommt, entsteht die Aufgabe, die aufgenommenen Kurven in dem gegebenen Meßbereich, wenigstens in großen Zügen, zu deuten, nach Gründen, für die Abweichung von dem zunächst erwarteten einfachen Verlauf zu suchen. Hierbei handelt es sich vor allem um die erwähnte, mit dem thermischen Charakter der Kurven anscheinend im Widerspruch stehende Tatsache, daß die Kurve für $\dfrac{i''}{i}$ bei kleinen i-Werten für $J = 0{,}50$ Amp. nicht höher liegt (entsprechend dem kleineren T-Wert, Gleichung (7)), als bei $0{,}57$ Amp., sondern in einem großen Bereich anscheinend genau konform verläuft[2]).

---

[1]) Eine direkte (pyrometrische) Bestimmung der Fadentemperaturen war deshalb nicht gut möglich, weil, wie die späteren Überlegungen zeigen werden, das maßgebende Stück des Glühfadens ganz an einem Ende liegt, wo bereits ein starkes Temperaturgefälle vorhanden ist und man nicht weiß, auf welchen Punkt man einstellen soll. Die Temperaturen der Fadenmitte sind, wie Fräulein Dr. Miething festzustellen die Güte hatte, etwa $2100°$ abs. bei $J = 0{,}50$ und etwa $2400°$ abs. bei $J = 0{,}57$. Die entsprechenden α^2 Werte wären etwa 31 bei $J = 0{,}50$ und 24 bei $J = 0{,}57$. Für das „maßgebende" Stück des Glühfadens wird man nur soviel behaupten können, daß die Temperaturen tiefer, also die α^2-Werte größer und der Unterschied der T- und α^2-Werte kleiner sein muß. Unmöglich aber kann der Unterschied der α^2-Werte so klein sein, daß er in der Figur nicht einem merklichen Intervall entspräche.

[2]) Die Übereinstimmung der letzten Dezimalen in den Tabellen für $\dfrac{i''}{i}$ bei verschiedenen J-Werten geht allerdings über die in Wirklichkeit erzielte Meßgenauigkeit (1—2%) hinaus und beruht darauf, daß in allen Fällen auf gleiche i-Werte, also gleiche Stellen der Galvanometerskala eingestellt wurde. Es wurde dann merklich gleiches Δi abgelesen, und die Gleichheit der Dezimalen ergibt sich durch die Multiplikation mit dem Skalenfaktor.

Dem Wunsch, gerade diesen Umstand aufzuklären, verdanken die nun folgenden theoretischen Betrachtungen ihren Ursprung. Man hat das Folgende also nicht so aufzufassen, als ob nun eine vollständige theoretische Begründung des wahren Verlaufes der $\frac{i''}{i}$-Kurve untersucht werden sollte; dazu sind ja die speziellen Bedingungen der aufgenommenen Kurven viel zu kompliziert und speziell. Man erinnert sich, daß wir es nicht einfach mit einem Glühfaden in einer zylindrischen Anode zu tun haben, sondern mit einer Gitteranordnung, bei der das Gitter speziell den Potentialunterschied Null gegen das negative Kathodenende hat; erst zwischen Gitter und Anode liegt dann das variable Feld, in dem das Potential e der Anode verändert wird. Zwischen Glühdraht und Gitter liegt dagegen das mit axialen Komponenten behaftete Feld, das durch den Spannungsabfall längs des Glühfadens hervorgerufen wird, und ebenso wirkt hier das Magnetfeld des Stromes auf die Elektronen. Ferner kommt, wie wir sehen werden, für die Gestalt der Aufladungskurve wesentlich nur die Umgebung des negativen Glühdrahtendes in Frage, die von der besonderen Gestalt des seitlichen Gitterrandes, Lage des Glühfadenendes gegen Gitter und Anodenrand usw. abhängig ist und wo auch die Temperatur schon von Punkt zu Punkt variiert. Endlich können im allgemeinen Raumladungswirkungen eine Rolle spielen; in dem Gebiet zwischen 10^{-8} und 10^{-6} Amp., in dem wir uns hier bewegen, wird dies allerdings nicht der Fall sein.

Also jedenfalls: Nicht auf alle diese speziellen und komplizierten Abhängigkeiten können sich die folgenden Untersuchungen beziehen, sondern nur auf gewisse Gesichtspunkte, die in allen Fällen bei der Aufladungskurve von Glühdrähten (stromdurchflossen oder nicht) eine Rolle spielen werden. Das ist festzuhalten, wenn auch zur Prüfung der erwarteten Abhängigkeiten zunächst nur die besonderen in den Tabellen 1—3 niedergelegten Messungen zur Verfügung stehen und herangezogen werden können.

§ 4. Die zylindrische Aufladungskurve.

Die fehlenden Unterschiede der $\frac{i''}{i}$-Werte bei verschiedenen Heizstromstärken würden sich — das war die nächstliegende Vermutung — vielleicht erklären lassen, wenn man statt des ja nur für ebene Elektroden streng gültigen $e^{\alpha e}$-Gesetzes das hier in Wirklichkeit in Betracht kommende für zylindrische Anordnung in Rechnung setzte. Bezeichnen wir von hier an, wie in der zitierten Annalenarbeit (Anm. S. 65), den Ausdruck $-\alpha\, e$ (der das Verhältnis des Absolutbetrages der (negativen) Spannung e zu einer durch die Temperatur bestimmten Spannung $\mathfrak{V} = \frac{1}{\alpha} = \frac{T}{11\,600}$ darstellt), wie l. c. mit n, so ist die Gestalt der zylindrischen Aufladungskurve nicht durch

$$i = s \cdot e^{-n} \qquad (s = \text{Sättigungsstrom}) \tag{8}$$

gegeben, sondern durch:

$$i = s \cdot \frac{2}{\sqrt{\pi}} \left(e^{-n} \cdot \sqrt{n} + \frac{1}{2} \int\limits_{n}^{\infty} e^{-n} \cdot \frac{dn}{\sqrt{n}} \right)^{1)}. \tag{9}$$

---

[1] An der zitierten Stelle steht das Integral im Klammerglied in etwas anderer Form. Man überzeugt sich leicht, daß die beiden Darstellungen identisch sind.

Das bedingt gegenüber der Gleichung (8) eine Verkleinerung der i''-Werte bis zu verhältnismäßig großen n-Werten hin, die Verkleinerung wird mit abnehmendem n (kleinerem Gegenpotential) immer größer, und vielleicht wäre dieser Effekt die Hauptursache der Abweichung der $\dfrac{i''}{i}$-Kurven von den erwarteten konstanten Werten α^2.

Auch das unerwartete Zusammenfallen der 0,50 Amp.-Kurve mit der 0,57 Amp.-Kurve ließe sich vielleicht so erklären; ist doch der Sättigungsstrom im ersten Falle 8 mal kleiner und der n-Wert demnach bei gleichem i nach der (angenäherten) Gleichung (8) etwa um 2 größer als bei $J = 0,57$, so daß die 0,50 = Kurve mehr gedrückt wird als die Kurve bei $J = 0,57$. (Die ungefähren n-Werte bewegen sich für die angenommenen Kurvenpunkte von $J = 0,50$ zwischen 4 und 7, für $J = 0,57$ zwischen 6 und 9).

Wäre diese Vermutung richtig, so müßte eine Berechnung von $\dfrac{i''}{i}$ aus Gleichung (9) mit den tatsächlichen Kurven bessere Übereinstimmung ergeben; oder eine Darstellung von α^2 durch $\dfrac{i''}{i}$, die mit Hilfe von Gleichung (9) vorgenommen wurde, müßte nunmehr die erwarteten Unterschiede und die geforderte Konstanz der Größe α^2 für kleinere i-Werte ergeben.

Die Prüfung dieser Folgerung war wegen der komplizierten Abhängigkeiten, die hier vorliegen, — $n = -\alpha e$ ist ja selbst von α abhängig — nicht ganz einfach. Und ehe sie in Angriff genommen wurde, mußte mindestens noch eine andere Abänderung an den Gleichungen (8) und (9) vorgenommen werden; es mußte berücksichtigt werden, daß das Potential der Anode gegenüber den verschiedenen Punkten der Glühkathode nicht, wie bei der Ableitung von Gleichung (8) und (9) vorausgesetzt, konstant, sondern von Punkt zu Punkt des Glühfadens veränderlich ist; wenn also überhaupt die Gleichungen (8) oder (9) angewandt werden sollen, so dürfen sie nicht in dieser Form, sondern mit Mittelwerten bezüglich der Größe n, die über den ganzen Glühfaden gebildet sind, in die Rechnung eingeführt werden.

Was bedeutet das physikalisch? Sehen wir nunmehr von der Gleichung (8) ab, die sich auf ebene Anordnungen bezieht und die sicher nicht anwendbar ist, so bedeutet i in Gleichung (9) zunächst den Strom, der von einer dünnen fadenförmigen gestreckten Kathode von konstantem Potential zu einem koaxialen Zylinder bei einem angelegten Gegenfeld übergeht, sofern Raumladungswirkungen keine Rolle spielen.

Ihrer Ableitung nach kann man jedoch die Gleichung (9) auch etwas allgemeiner deuten. Man kann sagen: i nach Gleichung (9) bedeutet den Strom, der von irgendeinem kleinen Teile einer gestreckten fadenförmigen Glühkathode zu einer benachbarten anderen Elektrode übergeht unter der Voraussetzung, daß diejenigen und nur diejenigen Elektronen die andere Elektrode erreichen, bei denen die radiale Komponente der kinetischen Energie größer oder gleich der (mit der Elementarladung multiplizierten) Gegenspannung ist[1]. Eine entsprechende Gleichung wie Gleichung (9) gilt also für den von jedem Längenelement des

---

[1] Es ist sogar noch eine weitere Verallgemeinerung möglich, die allerdings im vorliegenden Fall nicht notwendig herangezogen zu werden braucht. Ein Verlauf entsprechend Gl. (9) gilt für jeden von einem Oberflächenelement einer beliebig gestalteten Glühkathode zu einer anderen Elektrode übergehenden Teilstrom, falls alle von dem Oberflächenelement ausgehenden Teilchen, deren auf irgendeine zur Oberfläche senkrechte Ebene projizierte Bewegungskomponente eine genügend große kinetische Energie im obigen Sinne liefert, die Gegenelektrode erreichen.

Glühfadens ausgehenden und zur gegenüberstehenden Elektrode übergehenden Strom, falls für jedes Längenelement die auf der Gegenelektrode anlangende Zahl von Elektronen durch deren radiale Geschwindigkeitskomponente bestimmt ist.

Wenn diese Annahme beim heizstromlosen Glühfaden erfüllt ist — wir werden allerdings später sehen, daß die Bedenken, die sich gegen diese Annahme richten, auch bereits beim heizstromlosen Glühfaden eine Rolle spielen —, so werden wir dieselbe Annahme in erster Annäherung auch beim stromdurchflossenen Glühfaden machen können. Denn da es sich bei den beobachteten Elektronenströmen um gegen höhere Gegenpotentiale anlaufende Elektronen, also Elektronen mit großer Anfangsgeschwindigkeit handelt, spielt sowohl das elektrische wie das magnetische Feld in der Nähe des Glühdrahtes für die Bewegung der Elektronen keine allzu große Rolle. Und die Verlangsamung der Elektronen tritt ja bei unserer Anordnung erst zwischen Gitter und Anode ein, wo weder ein tangentiales elektrisches noch ein merkliches magnetisches Feld herrscht. (Bedeutend wichtiger ist der „Randeffekt"; wir kommen später darauf zurück.)

Jedenfalls können wir einmal den vom stromdurchflossenen Glühdraht zur Anode übergehenden Elektronenstrom unter der Annahme berechnen, daß für jeden Teil des Glühfadens nur die Beziehung zwischen radialer Geschwindigkeits-Komponente der Elektronen und dem Potentialunterschied der betreffenden Stelle des Glühdrahtes gegenüber der Auffangelektrode in Frage kommt. Nach einer Rechnung, die ganz in den gewohnten analytischen Bahnen verläuft und deren vollständige Aufführung hier zu weit führen würde, erhält man, unter Vernachlässigung der Potenzen $\dfrac{1}{n^2}$ gegen $\dfrac{1}{n}$ (also in unserem Gebiet von $n = 4$ bis 9, mit einem relativen Fehler von der Größenordnung 1 bis 6%), folgende Gleichung für den vom stromdurchflossenen Glühdraht (Sättigungsstrom s) zur Auffangelektrode übergehenden Strom:

$$i = \frac{s}{\alpha \cdot V} \cdot \frac{2}{\sqrt{\pi}} \left(1 + \frac{1}{n} \right) \cdot \mathrm{e}^{-n} \cdot \sqrt{n} \,. \tag{10}$$

Dabei bedeutet V den in Volt gemessenen Potentialunterschied der beiden Enden des Glühdrahtes gegeneinander. Gleichung (10) unterscheidet sich also von Gleichung (9) vor allem dadurch, daß nicht der ganze Sättigungsstrom s in Frage kommt, sondern nur der durch αV dividierte Teil; oder, da $\alpha = \dfrac{1}{\mathfrak{B}} =$ ca. $\dfrac{1}{0,15}$ Volt^{-1} ist, der $\dfrac{V}{\mathfrak{B}}$-Teil des Glühfadens, d. h. derjenige Bruchteil, in dem der Spannungsabfall infolge des Heizstromes nicht V ($=$ ca. 3 Volt), sondern nur $\mathfrak{B}$ ($= 0,15$ Volt) beträgt, also in unserem Falle von dem im ganzen 18 mm langen Glühfaden weniger als 1 mm. Und zwar muß es sich hier offenbar um den unmittelbar an das negative Ende anschließenden Teil des Glühfadens handeln, gegen den die Auffangelektrode die kleinste Gegenspannung hat; bei allen positiveren Teilen ist die Gegenspannung größer. — Diese Betrachtung gilt übrigens ziemlich unabhängig von den speziellen Annahmen über die Aufladungskurve für das Glühfadenelement, wie wir später noch sehen werden.

In der Abhängigkeit von n ist der Unterschied gegenüber der „heizstromlosen" Gleichung (9) gering, und vernachlässigen wir auch in Gleichung (9) Potenzen 2. Grades in $\dfrac{1}{n}$, so erhalten wir

$$i = s \cdot \frac{2}{\pi} \cdot \left(1 + \frac{1}{2_n} \right) \cdot \mathrm{e}^{-n} \cdot \sqrt{n} \,. \tag{9'}$$

Bis auf einen Faktor $\dfrac{1}{2n}$ gegen 1, d. h. in unserem Gebiete bis auf 5 bis 12%, stimmen also die Abhängigkeiten von n überein.

Mit derselben Annäherung wie in Gleichung (10) erhalten wir für $\dfrac{d^2 i}{d e^2}$, daß wir von jetzt an mit i'' bezeichnen wollen, für den Fall des stromdurchflossenen Glühfadens:

$$ i'' = \frac{s}{\alpha \cdot V} \cdot \alpha^2 \cdot \frac{2}{\sqrt{\pi}} \cdot e^{-n} \cdot \sqrt{n} , \tag{11} $$

also

$$ \frac{i''}{i} = \alpha^2 \left(1 - \frac{1}{n} \right) . \tag{12} $$

Man überzeugt sich, daß dies — immer unter Vernachlässigung der Potenzen mit $\dfrac{1}{n^2}$ — genau dasselbe Resultat ist, das man erhalten würde, wenn man von der Gleichung (9) bzw. (9') Gebrauch machte, also den Fall des stromlosen Glühfadens zugrunde legte.

Wenn Gleichung (12) eine bessere Annäherung an die wirklichen Verhältnisse darstellte als Gleichung (3), nach der ja

$$ \frac{i''}{i} = \alpha^2 $$

wäre, so müßte man sowohl in bezug auf die Verschiedenheit der Werte bei verschiedenen Temperaturen wie betreffs der Abhängigkeit von i eine bessere Übereinstimmung mit den erwarteten Kurven $\alpha^2 = $ const. erhalten, wenn man $\dfrac{\frac{i''}{i}}{1 - \frac{1}{n}}$ bildet und diesen Wert in Abhängigkeit von i aufträgt. Bezugnehmend auf den Umstand, daß diese neue Größe $\dfrac{\frac{i''}{i}}{1 - \frac{1}{n}}$ konstant und $= \alpha^2$ sein müßte, wenn die Voraussetzungen der zylindrischen Aufladungskurve zuträfen, bezeichnen wir diesen Ausdruck mit

$$ \alpha_3^2 = \frac{\frac{i''}{i}}{1 - \frac{1}{n}} . \tag{13} $$

Nun ist es nicht ganz einfach, α_3^2 als Funktion von i zu berechnen, da die rechte Seite noch die Größe $n = -\alpha e$ enthält, die, selbst wenn α bekannt wäre, schon deshalb nicht ohne weiteres aus dem Werte der angelegten Gegenpotentiale entnommen werden könnte, weil e sich von den angelegten Potentialen um die nur sehr ungenau bekannte Kontaktpotentialdifferenz (zwischen Eisen und glühendem Wolfram) unterscheidet. Um hier nicht neue Annahmen einführen zu müssen, ist es notwendig, n selbst wieder durch i oder i'' auszudrücken, was z. B. vermittels Gleichung (11) geschehen kann. Das hierbei auftretende, auch von vornherein unbekannte n wird dabei in erster Annäherung — n ist gegen eine Veränderung von α ziemlich unempfindlich — durch $\sqrt{\dfrac{i''}{i}}$ ausgedrückt werden können. Löst man die Gleichung (11) durch zweimalige Approximation (für den vorliegenden Fall weitaus genügend) nach n auf und ersetzt α durch den obengenannten Ausdruck, so erhält man schließlich

$$n = U + \frac{1}{2}\ln U, \tag{14}$$

wobei

$$U = -\frac{1}{2}\ln i\,i'' + \ln \frac{2}{\sqrt{\pi}} + \ln \frac{s}{V} \tag{15}$$

zu setzen ist. Dieser Ausdruck kann bei gegebenem Werte von i, i'', s und V berechnet werden; die Werte von s und V sind jedesmal am Kopfe der Tabelle mit angegeben.

Die Ausführung der Berechnung von n und Einsetzen in (13), für die ich Herrn Clausing zu Danke verpflichtet bin, ist in der 3. Kolonne der Tabelle unter α_{8}^{2} und in Fig. 2 durch die mit α_{8}^{2} bezeichnete Kurve wiedergegeben.

Man erkennt ein Auseinanderrücken der Kurven für 0,50 und 0,57 Amp., und auch eine kleine Verringerung der relativen Steilheit der Kurven ist vorhanden. Doch hat man sowohl in bezug auf die Steigung wie auf den Unterschied der beiden Kurven den Eindruck, daß nur ein u n v o l l k o m m e n e r Schritt zur Annäherung an die einfachen Kurven $\alpha^2 = $ const. getan ist.

§ 5. Die kugelsymmetrische Lösung. Schlußdiskussion.

Von früheren Überlegungen her war mir bekannt[1]), daß eine noch stärkere Abweichung vom e^{-n}-Gesetz als bei zylindrischer Anordnung bei einer Anordnung zu erwarten ist, wo der Glühfaden als punktförmige Elektronenquelle innerhalb einer kugelförmigen Elektrode angesehen werden kann. Die Stromgleichung lautet in diesem Falle:

$$i = s \cdot e^{-n}(n + 1) \tag{16}$$

und $\dfrac{i''}{i}$ wird, wie sich durch Differenzieren ergibt, $= \alpha^2 \cdot \dfrac{n-1}{n+1}$, d. h. bis auf Glieder 2. Ordnung in $\dfrac{1}{n}$, gleich $\alpha^2 \cdot \left(1 - \dfrac{2}{n}\right)$. Hier ist also in der Tat der Einfluß von n auf die Verminderung von $\dfrac{i''}{i}$ gegenüber α^2 doppelt so groß wie im zylindrischen Fall (Gleichung 12), und es liegt deshalb die Vermutung nahe, daß wir es in unserem komplizierten Versuchsfalle viel eher mit der kugelsymmetrischen Aufladungskurve zu tun haben, als mit der zylindrischen.

Läßt sich das physikalisch begründen? Überlegen wir zunächst wieder die allgemeineren Voraussetzungen von Gleichung (16). Die Rechnung, die zu dieser Gleichung führt, benutzt keine anderen Annahmen, als daß aller Elektronen kinetische Gesamtenergie zur Überwindung des angelegten Gegenpotentials ausreicht, die Auffangelektrode zu erreichen. Würde diese Voraussetzung für die von jedem Oberflächenelement des Glühfadens ausgehenden Elektronen zutreffen, so würde der Potentialabfall längs des Glühdrahtes, der ja eine von Punkt zu Punkt variierende Potentialdifferenz gegen das Potential der Auffangeelektrode bedingt, in Gleichung

---

[1]) Verh. d. D. Phys. Ges. 16, 482, 1914.

(16), wie man durch einfache Überlegungen findet, nur ein dem Unterschied zwischen Gleichung (10) und (9) bzw. (9') ganz analoge Abänderung bewirken (hier sogar, da sich die Rechnung geschlossen durchführen läßt, ohne Vernachlässigung der $\frac{1}{n^2}$-Glieder); es würde sich ergeben:

$$i = \frac{s}{\alpha \cdot V} \cdot \mathrm{e}^{-n}(n+2) \, . \tag{17}$$

Wieder kommt also der durch $\alpha \cdot V$ dividierte Sättigungsstrom in Frage, d. h. der Sättigungsstrom von einem Stück des Glühdrahtes, in dem der durch den Heizstrom verursachte Potentialfall nur von der Größenordnung $\mathfrak{B} = 0{,}15$ Volt ist.

Bilden wir die 2. Ableitung von i nach $\mathrm{e} = -\frac{n}{\alpha}$, so erhalten wir:

$$i'' = \alpha^2 \cdot \frac{s}{\alpha \cdot V} \cdot \mathrm{e}^{-n} \cdot n \, . \tag{18}$$

Durch Division ergibt sich

$$\frac{i''}{i} = \alpha^2 \cdot \frac{1}{1 + \dfrac{2}{n}} \, , \tag{19}$$

also[1]) bis auf Größen 2. Ordnung dasselbe wie bei stromlosen Glühkathoden.

Trifft nun aber die Voraussetzung, daß es für die Erreichung der Auffangelektrode nur auf die kinetische Gesamtenergie ankommt, wirklich zu? Ein Idealfall von sehr allgemeiner Bedeutung, der sich von den Voraussetzungen der Kugelsymmetrie beliebig weit entfernen kann, existiert jedenfalls, bei dem diese Bedingung erfüllt ist. Wir wollen für diesen Fall nichts anderes voraussetzen, als daß die Oberfläche der Kathode und aller Zuführungen und etwaige weitere Elektroden, die sich auf gleichen oder positiveren Potentialen wie die Kathode befinden, außerordentlich klein sei gegen die Fläche der Auffangelektrode. Dann wird die wahre Bahn der Glühelektronen so aussehen: Entweder werden sie, wenn sie die nötige Anfangsgeschwindigkeit besitzen und das Schicksal ihnen günstig ist, gleich beim ersten Losfliegen auf die Auffangelektrode auftreffen und dort absorbiert werden, oder sie werden auf ihrem Wege durch elektrische und magnetische Wirkungen so abgelenkt, daß sie mit einer endlichen, größeren oder kleineren, Aphelgeschwindigkeit umkehren. Nun werden sie anfangen, in einer nicht geschlossenen Bahn die Kathode bzw. die weiteren nur sehr geringen Teile des Bahnraumes in Anspruch nehmenden Elektroden zu umkreisen, mit sehr geringer Wahrscheinlichkeit, bei den nächsten Umläufen auf diese Elektroden aufzutreffen. Wohl aber wird diese ungeschlossene Bahn, da sie ja alle statistischen Möglichkeiten durchlaufen wird, in irgendwelchen Fällen mit der großflächigen Auffangelektrode kollidieren; und die einzige Bedingung für die Möglichkeit dieses Falles ist eben die, daß die kinetische Gesamtgeschwindigkeit zur Überwindung des Potentialunterschiedes zwischen Glühdraht und Auffangelektrode ausreicht. Das Auftreffen auf die Auffangelektrode hat aber die Absorption der Elektronen zur Folge, und da sich alle diese Vorgänge so unmeßbar schnell abspielen, daß ein früheres oder späteres Auftreffen der Elektronen auf der Auffangelektrode sich in keiner Weise in der Messung bemerkbar macht, so sind hier tatsächlich dieselben Bedingungen erfüllt wie bei der kugelsymmetrischen Anordnung, d. h. es gilt

---

[1]) Man vergleiche das oben unter Gl. (16) Gesagte.

die Gleichung (16), bzw. für einen stromdurchflossenen Glühdraht die Gleichungen (17, (18) und (19).

Fragen wir nun zunächst nicht weiter, wieweit die Bedingungen unserer Anordnung sich diesem Extremfall nähern, sondern versuchen wir einfach, ebenso wie für die zylindrische Kurve, wieweit unsere Messungen richtige Unterschiede der verschiedenen Kurven und eine genügende Konstanz des aus Gleichung (19) berechneten α^2-Wertes ergeben, den wir jetzt zum Unterschied von dem aus der zylindrischen Gleichung (12) berechneten mit $\alpha^2_\Re$ bezeichnen wollen.

$$\alpha^2{}_\Re = \frac{i''}{i}\left(1 + \frac{2}{n}\right) \tag{19}$$

(ohne Vernachlässigungen von $\frac{1}{n^2}$-Gliedern).

Wieder müssen wir zur Auswertung dieser Gleichung n durch i und i'' auszudrücken versuchen; analoge Überlegungen wie für den zylindrischen Fall führen zu den Gleichungen:

$$n = W + \ln W, \tag{20}$$

wobei

$$W = -\frac{1}{2}\ln i \cdot i'' + \ln \frac{s}{V} \text{ ist.} \tag{21}$$

Die Ausführung dieser Rechnung ergibt die in der 4. Spalte der Tabelle I—III in den obersten beiden Kurven der Fig. 2 wiedergegebenen $\alpha^2_\Re$-Werte.

Wir finden: Die beiden Kurven für 0,50 und 0,57 Amp. rücken im Sinne des wirklich vorzunehmenden Temperaturunterschiedes noch weiter auseinander. Der Gang mit zunehmendem i zeigt aber auch hier nicht entfernt die erwartete Konstanz von α^2, vielmehr ist die fallende Tendenz von $\frac{i''}{i}$ mit wachsendem i so groß, daß auch die aus der kugelsymmetrischen Lösung sich ergebende n-Korrektion die Steilheit des Abfalles der vermeintlichen Konstanten nicht einmal auf die Hälfte zu reduzieren vermag.

Diese Inkonstanz sowohl von $\frac{i''}{i}$, das wir als die bei ebener Anordnung konstante α^2-Größe auch mit $\alpha^2_\mathfrak{E}$ bezeichnen können, wie von α^2_3 und $\alpha^2_\Re$, weist also darauf hin, daß noch ein anderer Grund für die mit steigenden i-Werten (d. h. kleineren mittleren Anfangsgeschwindigkeiten der übergehenden Elektronen) abnehmende Steilheit der Aufladungskurve vorhanden sein muß, als in den Voraussetzungen dieser Idealfälle — auch in der angegebenen Verallgemeinerung — enthalten ist. Einen stärkeren Abfall von $\frac{i''}{i}$ mit wachsendem i, als es diese Fälle voraussehen lassen, würden wir dann erhalten, wenn für kleine i-Werte wesentlich die kugelsymmetrische Lösung in Frage käme, so daß nur die Gesamtgeschwindigkeit der Elektronen ein Rolle spielte, dagegen bei zunehmendem i, d. h. kleineren Anfangsgeschwindigkeiten, auch die Richtung maßgebend wäre. Es würden dann mit wachsendem i immer mehr Elektronen, die nach der kugelsymmetrischen Lösung eigentlich die Elektrode erreichen müßten, ausscheiden, und die Verkleinerung von $\frac{i''}{i}$ gegenüber dem kugelsymmetrischen Fall wäre dadurch zu erklären. Allgemein kommt aber jede Ursache in Frage, die gegenüber den betrachteten Idealfällen bei kleineren Geschwindigkeiten größere Abweichungen bedingt, als bei größeren Geschwindigkeiten; und diese

Eigenschaft wird sowohl das elektrische Streufeld haben — man behalte immer im Auge, daß es die von dem negativen E n d e des Glühdrahtes ausgehenden Elektronen sind, mit denen wir es zu tun haben — als auch das Magnetfeld des Stromes. Für noch wichtiger halte ich aber die abfangende Wirkung der Kathodenzuführungen und des Hilfsgitters, das ja dasselbe Potential wie die Kathode, also gegenüber der Auffangelektrode (Anode) ein wesentlich positives Potential besitzt und zudem durchaus nicht besonders fein ist, sondern den Weg zwischen Glühdraht und Anode zu etwa $^1/_4$ versperrt. Da nun das Gitter unter der Wirkung der negativen Aufladung der Anode auf die Elektronen entschieden anziehende Kräfte ausübt, so läßt sich denken, daß die Elektronen mit kleinen Anfangsgeschwindigkeiten durch diese Anziehungskräfte viel mehr aus ihrer Bahn abgelenkt und an dem Gitter entladen werden, als die schnell fliegenden Elektronen mit großen Anfangsgeschwindigkeiten; und wenn unsere Betrachtung mit den vielfachen ungeschlossenen Bahnen für die tatsächlichen Verhältnisse eine Bedeutung besitzt, so muß sich dieser Effekt bei dem mehrmaligen Durchgang der Elektronen durch das Gitter noch potenzieren.

Damit wäre wohl eine qualitative Deutung[1]) auch der feineren Abweichungen der beobachteten Aufladungskurve von den bisher behandelten Idealfällen gewonnen, die natürlich auch für die Konstruktion der besten Röhrenvoltmeter (mit möglichst großen und mit wachsendem i möglichst wenig abfallenden $\dfrac{i''}{i}$ oder $\dfrac{\overline{\varDelta i}}{i}$-Werten) nicht ohne Bedeutung ist. Derartige feinere Untersuchungen würden natürlich nicht möglich sein, wenn an der Grundvoraussetzung der ganzen Frage, nämlich daß die Elektronen mit Maxwellscher Geschwindigkeitsverteilung entsprechend der Drahttemperatur aus dem Glühdraht austreten, noch irgendein Zweifel beständen daß diese Voraussetzung sich aber innerhalb aller zu erwartenden Genauigkeit bestätigt, wird man als Nebenresultat dieser Arbeit nunmehr wohl ohne Bedenken konstatieren. Vielleicht liegt in den hier besprochenen Gründen für die Verflachung der Aufladungskurve auch eine der Ursachen, weshalb bei meinen früheren ad hoc mit einem stromlosen Glühdraht und randgeschütztem Auffangzylinder angestellten Untersuchungen (Ann. d. Phys., l. c.) der Temperaturwert zu hoch, d. h. der α^2-Wert (es handelt sich um den Wert α_3^2) zu klein herauskam. Auch beim stromlosen Zylinder werden die Elektronen mit großen axialen Geschwindigkeiten, wenn sie nur die Wahl haben, entweder zur dünnen Kathode zurückzukehren oder sich an dem Auffangzylinder (oder den auf gleichem Potential mit ihm befindlichen Schutzrändern) zu entladen, vielfach das letztere vorziehen, d. h. sie werden den Zylinder in der Längsrichtung bis zu den Enden durchfliegen, dann, durch das Streufeld zur Umkehr gebracht, den Draht in ungeschlossenen Bahnen umkreisen und sich auf den Schutzrändern, zum Teil aber auch auf dem zentralen Auffangzylinder niederschlagen, so daß auch hier bis zu einem gewissen Grade die Bedingungen jenes oben betrachteten Extremfalles erfüllt sind, bei dem statt der zylindrischen die kugelsymmetrische Lösung in Frage kommt. Überhaupt kann man wohl sagen, daß die Bedingungen der zylindrischen Lösung überhaupt nicht oder nur durch ganz besondere Anordnungen genau zu realisieren sein werden.

---

[1]) In welcher Weise die vermutete Inkonstanz der Temperatur in dem maßgebenden Endstück des Glühdrahtes die Aufladungskurve verändern kann, bliebe noch genauer zu untersuchen. Soviel glaube ich aber schon sagen zu können, daß dieser Umstand eher ein Ansteigen als ein Abfallen der $\dfrac{i''}{i}$-Werte mit wachsendem i bedingen müßte, also wohl ein Effekt niederer Ordnung ist.

Zusammenfassung.

1. Für die Güte von Wechselstrom- oder Wechselspannungs-Röhrenvoltmeter ist nicht die absolute Größe des Gleichrichtereffektes, sondern das Verhältnis dieses Effektes zu dem dabei vorhandenen Ruhestrom maßgebend.

2. Dieses Verhältnis ist bei gegebener (nicht zu großer) Wechselspannung e an der Röhre dem Verhältnis $\dfrac{\dfrac{d^2 i}{d e^2}}{i}$ proportional.

3. Im Gebiet der Stromwerte i, die gegen den Sättigungsstrom genügend klein sind, d. h. im Gebiet genügend hoher Gegenpotentiale, wird das Verhältnis $\dfrac{\dfrac{d^2 i}{d e^2}}{i}$ in erster Näherung konstant $= \alpha^2$.

4. Dieser Befund ist so zu deuten, daß auch bei stromdurchflossenen Glühfäden und ziemlich beliebig gestalteten Elektroden für den Verlauf der Aufladungskurve in erster Linie die Geschwindigkeitsverteilung der austretenden Elektronen maßgebend ist; aus dem Maxwellschen Geschwindigkeits-Verteilungsgesetz und seinen Konstanten, d. h. der Boltzmannschen Konstanten K und der absoluten Temperatur des Glühfadens, sowie aus der Größe des in geeigneten Maßeinheiten gemessenen elektrischen Elementarquantums ε läßt sich die Größe $\alpha = \dfrac{\varepsilon}{K T}$ in erster Annäherung berechnen.

5. In dieser Beziehung ist eine absolute Grenze für die Güte von Röhrenvoltmetern mit einfacher Ruhestromschaltung vorhanden, die sich durch keine Hilfsmittel überschreiten läßt.

6. Der Einfluß des Heizstromes auf die Gleichrichterwirkung ist in erster Näherung zu vernachlässigen. Der Absolutwert des Elektronenstromes, bei einem gegebenen Gegenpotential gegen das negative Ende der Glühkathode, läßt sich aus dem Sättigungsstrom in erster Näherung unter der Annahme berechnen, daß nur ein dem negativen Pol unmittelbar benachbartes Stück des Glühdrahtes für den ganzen Vorgang in Betracht kommt; die Länge dieses Stückes verhält sich zur gesamten Fadenlänge wie die in Volt gemessene mittlere thermische Geschwindigkeit der Glühelektronen (etwa 0,15 Volt) zu dem durch den Heizstrom verursachten Spannungsabfall zwischen den Kathodenenden (Größenordnung einige Volt).

7. Das e^{-n}-Gesetz, das der ersten Näherung zugrunde liegt, gilt theoretisch streng nur für unbegrenzte ebene Elektroden. Die zweite Näherung wird bei der benutzten (zylindrischen) Anordnung nicht durch das strenge Zylindergesetz, sondern eher besser durch das kugelsymmetrische Aufladungsgesetz dargestellt.

8. Es wird ein von der kugelsymmetrischen Anordnung wesentlich abweichender Idealfall angegeben, in dem das „Kugelgesetz" seiner Ableitung nach trotzdem streng gültig ist; sein wesentliches Kennzeichen ist eine gegen die Fläche der Auffangelektrode genügend kleine Glühkathodenfläche, eine Voraussetzung, die auch bei zylindrischer Anordnung erfüllt sein kann.

9. Bei der untersuchten Anordnung, bei der ein gegen die Auffangelektrode positives und nicht besonders feines Gitter zwischen Glühdraht und Auffangelektrode

eingeschoben ist, sind die Voraussetzungen dieses Idealfalles jedoch nicht hinreichend genau erfüllt, und infolgedessen gibt auch die kugelsymmetrische Lösung den Gang der Aufladungskurve nicht befriedigend wieder. Das auch gegenüber der kugel-symmetrischen Lösung noch beträchtlich zu starke Absinken der $\dfrac{\dfrac{d^2 i}{d e^2}}{i}$ Werte mit wachsendem i wird wohl hauptsächlich dadurch erklärt, daß von langsameren Elektronen verhältnismäßig mehr an anderer Stelle (Kathode oder Hilfsgitter) absorbiert werden, als von den schnellen Elektronen; eine Folgerung, die mit den allgemeinen Bewegungsgesetzen geladener Teilchen durchaus im Einklang steht.